"十二五"职业教育国家规划教材

经全国职业教育教材审定委员会审定

全国食品药品职业教育教学指导委员会推荐教材

全国医药高等职业教育药学类规划教材

U0297522

# 生物化学

## 第二版

主编　毕见州　何文胜

中国医药科技出版社

# 内 容 提 要

本书是全国医药高等职业教育药学类规划教材之一。全书分十二章，分别介绍：生物化学的研究内容、生物化学与医药学的关系；生物大分子蛋白质、核酸、酶的化学组成、结构、理化性质、生理功能；维生素的来源、结构、性质、生化作用；生物氧化和药物在体内的生物转化；糖、脂类、蛋白质和核酸在体内的代谢过程及代谢紊乱的调节；生物化学关键技术的原理和操作。此外相应的章节还融入了对应的生物药物种类、作用、临床使用和分离鉴定等内容。

本书有较强的实用性和针对性，理论和实践内容对后续课程和岗位标准有支撑作用，并尽可能体现科学性和先进性，特别适合药学高等职业教育药学及相关专业使用，也可供行业培训使用。

**图书在版编目（CIP）数据**

生物化学/毕见州，何文胜主编. —2 版. —北京：中国医药科技出版社，2013.2

全国医药高等职业教育药学类规划教材

ISBN 978 – 7 – 5067 – 5747 – 8

Ⅰ.①生⋯　Ⅱ.①毕⋯ ②何⋯　Ⅲ.①生物化学–高等职业教育–教材　Ⅳ.①Q5

中国版本图书馆 CIP 数据核字（2013）第 004953 号

**美术编辑**　陈君杞

**版式设计**　郭小平

出版　中国医药科技出版社

地址　北京市海淀区文慧园北路甲 22 号

邮编　100082

电话　发行：010 – 62227427　邮购：010 – 62236938

网址　www. cmstp. com

规格　787 × 1092mm $\frac{1}{16}$

印张　15 $\frac{1}{4}$

字数　316 千字

初版　2008 年 6 月第 1 版

版次　2013 年 2 月第 2 版

印次　2015 年 1 月第 2 版第 3 次印刷

印刷　北京昌平百善印刷厂

经销　全国各地新华书店

书号　ISBN 978 – 7 – 5067 – 5747 – 8

**定价　32.00 元**

# 全国医药高等职业教育药学类规划教材建设委员会

# 本书编委会

主　编　毕见州　何文胜
副主编　邱　烈　邱秀芹　陈　羽
编　者　（按姓氏笔画排序）
　　　　毕见州（山东药品食品职业学院）
　　　　杜建红（山西药科职业学院）
　　　　何文胜（福建生物工程职业技术学院）
　　　　邱　烈（重庆医药高等专科学校）
　　　　邱秀芹（苏州卫生职业技术学院）
　　　　张　媛（天津生物工程职业技术学院）
　　　　张颖囡（山东药品食品职业学院）
　　　　陈　羽（沈阳药科大学）
　　　　周志涵（湖南食品药品职业学院）
　　　　洪剑锋（湖南食品药品职业学院）

# 出版说明

  全国医药高等职业教育药学类规划教材自 2008 年出版以来，由于其行业特点鲜明、编排设计新颖独到、体现行业发展要求，深受广大教师和学生的欢迎。2012年 2 月，为了适应我国经济社会和职业教育发展的实际需要，在调查和总结上轮教材质量和使用情况的基础上，在全国食品药品职业教育教学指导委员会指导下，由全国医药高等职业教育药学类规划教材建设委员会统一组织规划，启动了第二轮规划教材的编写修订工作。全国医药高等职业教育药学类规划教材建设委员会由国家食品药品监督管理局组织全国数十所医药高职高专院校的院校长、教学分管领导和职业教育专家组建而成。

  本套教材的主要编写依据是：①全国教育工作会议精神；②《国家中长期教育改革和发展规划纲要（2010－2020 年）》相关精神；③《医药卫生中长期人才发展规划（2011－2020 年）》相关精神；④《教育部关于"十二五"职业教育教材建设的若干意见》的指导精神；⑤医药行业技能型人才的需求情况。加强教材建设是提高职业教育人才培养质量的关键环节，也是加快推进职业教育教学改革创新的重要抓手。本套教材建设遵循以服务为宗旨，以就业为导向，遵循技能型人才成长规律，在具体编写过程中注意把握以下特色：

  1. 把握医药行业发展趋势，汇集了医药行业发展的最新成果、技术要点、操作规范、管理经验和法律法规，进行科学的结构设计和内容安排，符合高职高专教育课程改革要求。

  2. 模块式结构教学体系，注重基本理论和基本知识的系统性，注重实践教学内容与理论知识的编排和衔接，便于不同地区教师根据实际教学需求组装教学，为任课老师创新教学模式提供方便，为学生拓展知识和技能创造条件。

  3. 突出职业能力培养，教学内容的岗位针对性强，参考职业技能鉴定标准编写，实用性强，具有可操作性，有利于学生考取职业资格证书。

  4. 创新教材结构和内容，体现工学结合的特点，应用最新科技成果提升教材的先进性和实用性。

  本套教材可作为高职高专院校药学类专业及其相关专业的教学用书，也可供医药行业从业人员继续教育和培训使用。教材建设是一项长期而艰巨的系统工程，它还需要接受教学实践的检验。为此，恳请各院校专家、一线教师和学生及时提出宝贵意见，以便我们进一步的修订。

**全国医药高等职业教育药学类规划教材建设委员会**
**2013 年 1 月**

前言
Preface

　　为进一步贯彻教育部关于做好高等职业教育课程改革的精神，适应高等职业教育发展的需要，在中国医药科技出版社的组织下，我们编写了全国医药高等职业教育药学类规划教材之———《生物化学》。

　　生物化学是药学相关专业的一门必修专业基础课。通过本课程的学习，学生可以掌握生物化学基本理论，学会生物化学常用技术，熟悉生物化学在职业领域中的应用，为后续课程学习和今后工作实践夯实基础，有利于学生的可持续发展，应对行业和企业对高端技能型人才知识、能力和素质的需求。

　　本教材的编写，突出"以就业为导向，以能力为本位，以发展技能为核心"的职业教育培养理念，理论知识注重以"应用"为目的，以"必需、够用"为前提，强化实践技能的培养。删除了理论性强、与专业及岗位需求联系较少的内容，增加了贴近专业和岗位的知识点和技能点。本教材注重生物化学与药学的联系，对生物化学基本理论、生物化学技术和生物药物三部分进行优化、整合和重构，紧密结合职业资格标准，贴近药学岗位和实际教学需求。同时本教材也彰显生物化学知识在岗位需求中的直接应用，让学生在学习知识的同时，理解其在新药研发、药品生产检验、药品流通销售和药学咨询服务中的应用，缩短理论和应用的距离。

　　本教材力求体现"以学生为中心"的编写理念，尊重学生的职业认知规律，特增设"知识链接"和"知识拓展"环节，扩大了学生的知识面，贴近了专业及岗位需求。为提高学生学习的主动性和目的性、检验学习效果，每章均设有"学习目标"和"目标检测"；为加强理论和实践的联系，强化专业技能的培养，章后附有相关的实训内容及评价标准。

　　全书分十二章，第一章为绪论，简要介绍生物化学的研究内容、与医药学的关系等；第二至四章介绍了生物大分子蛋白质、核酸、酶的化学组成、结构、理化性质、生理功能等；第五章介绍了维生素的来源、结构、性质、生化作用等；第六章介绍了生物氧化和药物在体内的生物转化等；第七至十一章介绍了糖、脂类、蛋白质和核酸在体内的代谢过程及代谢紊乱的调节和相关药物；第十二章介绍了生物化学关键技术的原理和操作；此外相应的章节还融入了对应的生物药物种类、作用、临床使用和分离鉴定等内容。

　　参加本书编写的人员有毕见州（第一章和第二章）、陈羽（第三章）、何文胜（第一章和第四章）、张颖囡（第五章）、洪剑锋（第六章）、邱烈（第七章）、周志涵（第八章）、张媛（第九章）、邱秀芹（第十章和第十一章）、杜建红（第十二章）。

　　本书适于高职高专药学、中药学、中药制药技术、生物制药技术、药物制剂技术、药物分析技术、化学制药技术以及药品经营与管理等医药相关专业的学生作为理论和实训教材，也可供从事相关工作的技术人员参考。

　　本书在编写过程中，参考了多位专家和学者的著作，得到了许多专家的指导及参编单位的支持和帮助，还得到了山东药品食品职业学院领导和同仁的鼎力支持和协助，在此表示衷心的感谢！由于编者水平有限，不当之处在所难免，恳请广大读者批评指正。

编者

2012 年 12 月

目 录
Contents

# 第一章 绪 论

## 第一节 生物化学的研究内容

### 一、生物化学的概念

生物化学（biochemistry）即生命的化学，是从分子水平来研究活细胞和生物体内基本物质的化学组成、结构特征、理化性质以及这些物质在体内发生的化学变化规律及其与生理功能之间关系的一门学科。传统生物化学主要采用化学的原理和方法来揭示生命的奥秘，而现代生物化学已融入了生理学、细胞生物学、遗传学和免疫学、生物信息学等的理论和技术，使其成为一门研究手段多样、研究范围广泛、研究意义深远的前沿学科，同时也为多个领域、多门学科提供原理和研究方法的基础学科。

### 二、生物化学的研究内容

生物化学的研究对象是活细胞和生物体，研究内容十分广泛，其研究的主要目的是从分子水平上探讨生命现象的本质并把这些基础理论、基本原理和技术应用于相关学科领域、生产实践及临床用药指导中。从而控制生物并改造生物，征服自然并改造自然，保障人类健康和提高人类生存质量。现代生物化学的研究主要集中在以下几个方面。

#### （一）构成生物体的物质基础

组成生物体的重要物质有蛋白质、核酸、糖类、脂类、无机盐和水等，另外还有含量较少而对生命活动极为重要的维生素、激素、微量元素。其中蛋白质、核酸、糖类、脂类属于生物大分子，也称为生物信息分子，是一切生命现象的物质基础，对这些物质的化学组成、分子结构、理化性质、结构与功能的关系进行研究是生物化学研究的基础内容。在对这部分内容进行研究时，往往是从相对静止的角度把这些物质孤立起来进行考虑，较少涉及它们的变化及相互关系，故又称为静态生物化学。

### （二）物质代谢及其调节控制

生物区别于非生物的最重要特征是新陈代谢，即生物体不断地与外环境进行有规律的物质交换，摄入养料排出废物，维持体内环境的相对稳定，延续生命。因此，正常的物质代谢是正常生命过程的必要条件，若物质代谢发生紊乱则可引起疾病。人体内的各种代谢途径、代谢途径之间通过复杂的调控机制，彼此协调和制约，从而保证生物体内环境的稳定和各种组织器官功能的正常发挥。研究物质在体内代谢的动态过程及其调节规律是生物化学的中心内容，通常称为动态生物化学。

### （三）遗传信息的储存、传递、表达和调控

生物的另一重要特征是遗传。遗传信息按照中心法则将储存在 DNA 分子中的遗传信息以基因（gene）为单位进行复制、转录、翻译，从而完成蛋白质的合成，使生物性状能够代代相传。生物体内对基因的复制和表达存在着一整套严密的调控机制，保证了基因表达与否、表达的量、表达的时间和部位，能够满足细胞结构和功能的需求并适应内外环境的变化。遗传信息的储存、传递、表达和调控是现代生物化学研究的重要内容，又被称为信息生物化学。目前基因表达调控主要集中在信号转导研究、转录因子研究和 RNA 剪辑研究三个方面。DNA 重组、转基因、基因剔除、新基因克隆、人类基因组及功能基因组等研究的发展，将大大推动这一领域的研究进程。

## 三、生物化学的发展过程

生物化学是一门古老又年轻的学科。古代的酿酒、制酱等仅是对生物化学知识的简单应用，直到 20 世纪初才成为一门独立的学科，近年来又取得了重大的进展和突破。

近代生物化学的发展分为三个阶段：初期阶段、蓬勃发展阶段和快速发展阶段。

### （一）初期阶段

从 18 世纪中叶至 20 世纪初，这一时期的研究主要以生物体的化学组成为主，取得的主要成绩包括：1777 年法国 Lavoisier 阐明了呼吸的化学本质，开创了生物氧化及能量代谢的研究；1828 年德国 Wohler 由氰酸铵合成尿素，开创有机物人工合成先河；1877 年，德国 Hopper - Seyle 提出"Biochemie"一词，建立生理化学学科；1897 年，德国 Buchner 兄弟发现无细胞酵母提取液可发酵糖类生成乙醇，奠定了近代酶学的基础，1903 年德国 Neuberg 提出"biochemistry"一词，至此，生物化学成为一门独立的学科。

### （二）蓬勃发展阶段

20 世纪初期至 20 世纪中期，生物化学进入蓬勃发展时期，即动态生物化学阶段。例如：在营养方面，发现了人类必需氨基酸、必需脂肪酸及多种维生素，1911 年波兰的 Funk 鉴定出糙米中对抗脚气病的物质是胺类，提出维生素的概念；在内分泌方面，1904 年英国的 Atarling 和 Bayliss 发现了促胰液素并于 1905 年提出激素的概念，此后，

多种激素被发现并分离、合成；在酶学方面，1926 年美国的 Sumner 结晶出脲酶，提出酶的化学本质是蛋白质；在物质代谢方面，基本确定体内主要物质的代谢途径，包括糖代谢途径的酶促反应过程、脂肪酸 $\beta$ - 氧化、尿素循环及三羧酸循环等，例如，1937 年英国的 Kerbs 创立了三羧酸循环理论，奠定物质代谢的基础；在生物能研究中，提出了生物能产生过程中的 ATP 循环学说；在遗传学上，1944 年美国的 Avery 完成肺炎球菌转化试验，发现 DNA 是遗传物质。

### （三）快速发展阶段

20 世纪 50 年代以来，生物化学进入了快速发展时期，推动着生命科学各个领域间的交叉渗透和深入研究。1953 年美国的 Waston 和英国的 Crick 创立了 DNA 双螺旋结构模型及 60 年代中期遗传中心法则的初步确立、遗传密码的发现，为揭示遗传信息传递规律奠定了基础，标志着是生物化学发展进入分子生物学时代。1973 年美国 Cohen 建立了体外重组 DNA 方法，标志着基因工程的诞生，极大地推动了医药工业和农业的发展，产生了大量转基因动植物和基因剔除动物模型、创建了基因诊断与基因治疗技术。1981 年 Cech 发现了核酶（ribozyme），打破了酶的化学本质都是蛋白质的传统概念。1985 年 Mullis 发明了聚合酶链反应（polymerase chain reaction，PCR）技术，使人们能够在体外高效率扩增 DNA。1990 年开始实施的人类基因组计划（Human Genome Project，HGP）于 2001 年完成了人类基因组"工作草图"，2003 年绘制成功人类基因组序列图，首次在分子层面为人类提供了一份生命"说明书"，为人类的健康和疾病的研究带来根本性的变革。近十年来，随着蛋白质组学、转录组学、代谢组学、糖组学、生物信息学等新兴研究领域的进展，使生物化学进入了一个崭新的时代。

值得一提的是，20 世纪以来，我国生物化学家在营养学、临床生化、蛋白质变性学说、人类基因组等研究领域都做出了积极的贡献。20 世纪 20 年代，我国生物化学家吴宪等创立了血滤液的制备和血糖测定法，提出了蛋白质变性学说。1963 年，童第周首次成功克隆了脊椎动物（鱼类）。1965 年，我国科学家首先人工合成了具有生物活性的结晶牛胰岛素；1971 年，又完成了用 X 射线衍射方法测定牛胰岛素的分子空间结构。1981 年，采用有机合成和酶促相结合的方法成功合成了酵母丙氨酸 - tRNA。2003 年何福初带领的团队进行的人类肝脏蛋白质组计划取得了阶段性的新进展，已系统构建了国际上第一张人类器官蛋白质组"蓝图"。此外，在酶学、蛋白质结构、生物膜结构与功能方面的研究都有举世瞩目的成就。近年来，我国的基因工程、蛋白质工程、新基因的克隆与功能、疾病相关基因的定位克隆及其功能研究均取得了重要的成果。

# 第二节 生物化学在医药学中的地位和作用

生物化学是现代药学科学的重要理论基础，是药学各专业的重要专业基础学科，是从事药物研究、生产、质量控制与临床用药指导的必要基础学科。

## 一、生物化学与医学学科的联系

生物化学为医学学科从分子水平上研究正常或疾病状态时人体结构与功能乃至疾病的预防、诊断与治疗，提供了理论与技术，对推动医学学科的新发展做出了重要的贡献。例如，近年来对人们十分关注的心脑血管疾病、恶性肿瘤、代谢性疾病、免疫性疾病、神经系统疾病等重大疾病进行了分子水平的研究，在疾病的发生、发展、诊断和治疗方面取得了长足的进步。疾病相关基因克隆、重大疾病发病机制研究、基因芯片与蛋白质芯片在诊断中的应用、基因治疗以及应用重组 DNA 技术生产蛋白质、多肽类药物等方面的深入研究，无不与生物化学的理论与技术相关。可以相信，随着生物化学与分子生物学的进一步发展，将给临床医学的诊断和治疗带来全新的理念。

## 二、生物化学与药学学科的联系

生物化学为药学研究领域特别是新药的发现和研究提供了重要的理论基础和技术手段。生物化学和分子生物学已渗透到药学领域的药物化学、中药学、药理学、药物制剂、药物分析等多个学科之中，并成为当代药学学科发展的先导。如生物化学的研究不仅可以从分子水平阐明活细胞内发生的全部化学过程，而且可以阐明许多疾病的发病机制，为新药合理设计提供依据，以减少寻找新药的盲目性；应用现代生物化学技术，从生物体获取的生理活性物质除可直接开发成有临床价值的生物药物外，还可从中寻找到结构新颖的先导物，设计合成新的化学实体；分子药理学是在分子水平上研究药物分子与生物大分子相互作用的机制，因此生物化学与分子生物学是其理论核心基础，从生物化学的角度阐明药理作用，有助于设计有效的药物。

## 三、生物化学在制药工业中的作用

生物化学在制药工业生产中起着非常重要的作用。生物化学学科的发展促进了制药工业产品更新、技术进步和行业发展。以生物化学、微生物学和分子生物学为基础发展起来的生物技术制药工业，已经成为制药工业的一个新门类。各种生物技术已经广泛应用于制药工业中；愈来愈多的重组药物，如人胰岛素、人生长素、干扰素、白细胞介素 -2、促红细胞生成素，组织纤溶酶原激活剂和乙肝疫苗等均已在临床广泛使用，新的蛋白质工程药物种类正在日益增加。应用生物工程技术改造传统制药工业，已成为行业技术的主力军，生物制药技术和传统的制药技术已经融为一体，已迅速发展成为新型的工业生产模式。

鉴于生物化学在医药学和制药行业中的地位和作用，作为药学、制药专业的学生，通过本门课程的学习，既可以理解生命现象的本质，又可以把生物化学原理和技术应用于药物的研究、制备、检测、储运养护和临床使用中，同时为进一步学习其他后续课程奠定扎实的生物化学基础。

# 第三节　生物药物的研究内容

## 一、生物药物的概念

生物药物（biological drugs）是指利用生物体、生物组织或其成分，综合运用生物学、生物化学、物理化学、生物技术和药学等学科的原理和方法制造的一大类用于预防、诊断和治疗的制品。广义的生物药物包括从动物、植物、微生物等生物体中制取的各种天然生物活性物质及其人工合成或半合成的天然物质类似物。现代生物药物已形成四大种类：①应用重组 DNA 技术（包括基因工程技术、蛋白质工程技术）制造的重组多肽、蛋白质类药物；②基因药物，如基因治疗剂、基因疫苗、反义药物和核酶等；③天然生物药物，即来自动物、植物、微生物和海洋生物的天然提取物；④合成与半合成的生物药物。其中①、②类属生物技术药物，在我国按"新生物制品"研制申报，③、④类按来源不同，按化学药物或中药类研制申报。

2010 年版《中国药典》中生化药物新增 12 个品种，涉及原料、制剂共 36 个标准。如醋酸奥曲肽、环磷腺苷、硫酸软骨素和胰激肽原酶等；生物制品新增品种：预防类 13 种、治疗类 16 种、诊断类 8 种，如重组乙型肝炎疫苗、流感病毒裂解疫苗、重组人干扰素 α2b、重组人白介素－2 和微生物活菌制品等；2010 年版《中国药典》收载的生物药物品种新增数约 30%，体现了生物药物在医药领域的作用日益增强。

## 二、生物药物的特点

### （一）药理学特性

**1. 治疗的针对性强**

生物药物治疗的生理、生化机制合理，疗效可靠。如细胞色素 C 用于治疗组织缺氧所引起的一系列疾病，效果显著。

**2. 药理活性高**

生物药物是体内内源性的生理活性物质，通过现代生物制药技术制得，具有高效的生理活性。如注射用的纯 ATP 可直接供给机体能量。

**3. 毒副作用小、营养价值高**

生物药物如蛋白质、核酸、糖类、脂类等的化学组成更接近人体的正常生理物质，对人体不仅无害，而且还是重要的营养物质。

**4. 生理不良反应时有发生**

生物药物来自生物材料，生物体之间的种属差异或同种生物体之间的个体差异都很大，所以在临床用药时常会出现免疫反应和过敏反应。

### （二）生产、制备的特殊性

**1. 制备工艺复杂**

生物药物的原料是生物体，原料中的有效成分含量低、杂质种类多，因此提取、分离纯化工艺复杂。

**2. 稳定性差**

生物药物的分子结构中具有特定的活性部位，该部位有严格的空间结构，一旦结构破坏，生物活性也就随之消失。如蛋白质类和酶类药物在提取和制剂过程中具有较严格的要求。

**3. 易腐败**

生物药物具有较高的营养价值，但易染菌、腐败，因此生产过程中应严格控制低温和灭菌。

**4. 注射用药有特殊要求**

生物药物易被消化道中的酶分解，所以多采用注射给药，比口服药要求更高，应具有更严格的均一性、安全性、稳定性、有效性。同时对其理化性质、检验方法、剂型、剂量、处方、储存方式等也有明确的要求。

### （三）检验上的特殊性

生物药物具有特殊的生理生化功能，因此生物药物不仅要有理化检验指标，更要有生物活性检验指标。

## 三、生物药物的来源

### （一）动物来源

许多生物药物来源于动物的脏器，如动物的组织、器官、腺体、胎盘、骨、毛发和蹄甲等。动物组织和器官主要来源是猪、牛、羊等哺乳类动物，另外还有家禽和海洋生物。

### （二）微生物来源

微生物易于培养、繁殖快、产量高、成本低，便于大规模生产，许多复杂的化学反应可以利用微生物酶专一地完成，因此用微生物作为原料制备生物药物的前景十分广阔，尤其是利用微生物发酵工艺生产生物药物，已成为近代生物工程的重要分支。利用微生物发酵工程可以生产氨基酸、乳酸、糖类、核苷酸类、维生素、酶、辅助因子、柠檬酸、苹果酸，以及多肽、蛋白质、激素等物质。

### （三）植物来源

从植物中草药中可以提取出许多提高免疫功能、抗肿瘤、抗辐射等的活性多糖及各种蛋白酶抑制剂。但药用植物品种繁多，从植物中提取生物药物的品种尚不多。近年来利用植物材料寻找有效的生物药物已逐渐引起人们的重视。

### （四）现代生物技术产品

包括利用基因工程技术生产的重组多肽、蛋白质类药物、基因疫苗、单克隆抗体及多种细胞生长因子，利用转基因动、植物生产的生物药物及利用蛋白质工程技术改造天然蛋白质，创造功能更优良的蛋白质类药物。利用现代生物技术生产的生物药物将是生物药物的最重要来源。

### （五）化学合成

可利用化学合成或半合成法生产一些小分子生物药物，如氨基酸、多肽、各种胆酸、维生素、激素、核酸降解物及其衍生物等。采用化学合成的方法还可以对天然生物药物进行修饰改构，以提高其产量和质量。

### （六）血液及其他分泌物

血液，包括人血及各种动物血都含有非常丰富的生物活性物质。凡以血为原料生产的生物制品统称为血液制品。

尿液、胆汁和动物的其他分泌物中也含有生物活性物质，可以提取多种药物。

### （七）海洋生物

海洋生物是开发生物药物的重要材料。目前从海藻类植物、鱼类等多种海洋生物中提取出可用于预防和治疗肿瘤、心脑血管疾病等生物活性物质。

## 四、生物药物的分类

生物药物的有效成分多数是比较清楚的，所以按生物药物的化学本质和化学特性可以分为 8 类

**1. 氨基酸及其衍生物类药物**

这类药物主要包括天然氨基酸、氨基酸衍生物及氨基酸的混合物。

**2. 多肽和蛋白质类药物**

多肽和蛋白质的化学本质相同，但相对分子质量有差异。蛋白质类药物有血清清蛋白、丙种球蛋白、胰岛素等；多肽类药物有神经肽、抗菌肽、降钙素等。

**3. 酶和辅助因子类药物**

酶类药物按功能分主要有：消化酶类、消炎酶类、心血管疾病治疗酶类、抗肿瘤酶类、氧化还原酶类等。辅助因子类药物（又称为辅酶类药物）种类多，结构各异。

**4. 核酸及其降解物和衍生物类药物**

这类药物包括核酸、多聚核苷酸、单核苷酸、核苷、碱基等；此外还包括核苷酸、核苷、碱基的类似物及其衍生物等。

**5. 糖类药物**

这类药物包括单糖类、寡糖类和多糖类，其中以多糖中的黏多糖为主。

**6. 脂类药物**

这类药物包括不饱和脂肪酸类、磷脂类、胆酸类、固醇类和色素类等。各种脂类药物的结构和性质相差很大，因此它们的药理作用和临床应用都不同。

**7. 细胞生长因子类**

细胞因子是人类或动物各类细胞分泌的具有多种生物活性的因子，是近年来发展最迅速的生物药物之一，也是生物技术在该领域中应用最多的产品，主要包括干扰素、白细胞介素、肿瘤坏死因子、集落刺激因子等。

**8. 生物制品类**

生物制品是以微生物、细胞、动物或人源组织和体液等为原料，应用传统技术或现代生物技术制成，用于人类疾病预防、治疗和诊断的制剂。

## 五、生物药物的临床应用

### （一）作为治疗药物

对于许多常见病和多发病，生物药物都有很好的疗效。对于遗传病和延缓机体衰老及危害人类健康最严重的一些疾病如肿瘤、糖尿病、心血管疾病、乙型肝炎、内分泌障碍、免疫性疾病等生物药物将发挥更好的治疗作用。按其药理作用主要分以下几大类。

**1. 内分泌障碍治疗剂**

如胰岛素、甲状腺素等各种激素类。

**2. 维生素类药物**

主要起营养作用，用于维生素缺乏症。某些维生素，大剂量使用时有一定治疗和

预防癌症、感冒和骨病的作用。

**3. 中枢神经系统药物**

左旋多巴（治疗神经震颤）、人工牛黄（镇静、抗惊厥）、脑啡肽（镇痛）。

**4. 血液和造血系统药物**

抗贫血药（血红素）、抗凝血药（肝素）、抗血栓药（尿激酶、组织纤溶酶原激活剂、蛇毒溶栓酶）、止血药（凝血酶）、血容量扩充剂（右旋糖酐）、凝血因子制剂（凝血因子Ⅷ和Ⅸ）。

**5. 呼吸系统药物**

平喘药（前列腺素、肾上腺素）、祛痰药（乙酰半胱氨酸）等。

**6. 心血管系统药物**

抗高血压药（血管舒缓素）、降血脂药（弹性蛋白酶、猪去氧胆酸）、冠心病防治药（硫酸软骨素A、类肝素、冠心舒）等。

**7. 消化系统药物**

助消化药（胰酶、胃蛋白酶）、溃疡治疗剂（胃膜素）、止泻药（鞣酸蛋白）等。

**8. 抗病毒药物**

主要有三种作用类型：①抑制病毒核酸的合成，如碘苷、三氟碘苷；②抑制病毒合成酶，如阿糖腺苷、阿昔洛韦；③调节免疫功能，如异丙肌苷、干扰素等。

**9. 抗肿瘤药物**

主要有核酸类抗代谢（阿糖胞苷、6-巯基嘌呤、氟尿嘧啶）、抗癌天然生物大分子（天冬酰胺酶、PSK）、提高免疫力抗癌剂（白介素-2、干扰素、集落细胞刺激因子）、抗体类药物等。

**10. 自身免疫性疾病治疗药物**

主要有治疗风湿性关节炎、银屑病的anti-TNFα的抗体类药物（enbrel、remicade、humira）等。

**11. 遗传性疾病治疗药物**

凝血因子Ⅶα用于治疗血友病等。

**12. 抗辐射药物**

超氧化物歧化酶、2-巯基丙酰甘氨酸等。

**13. 计划生育用药**

口服避孕药（复方炔诺酮）等。

**14. 生物制品类治疗药**

各种人血免疫球蛋白（破伤风免疫球蛋白、乙型肝炎免疫球蛋白）、抗毒素（精制白喉抗毒素）和抗血清（蛇毒抗血清）等。

**（二）作为预防药物**

常见的预防药物有菌苗、疫苗、类毒素及冠心病防治药物（如改造肝素和多种不饱和脂肪酸）。特别是近年发展起来的基因疫苗，已经在许多难治性感染性疾病、自身免疫性疾病、过敏性疾病和肿瘤的预防等领域显示出广泛的应用前景。

**（三）作为诊断药物**

临床上使用的诊断试剂绝大部分来源于生物药物。诊断用药有体内（注射）和体外（试管）两大使用途径。诊断用药发展迅速，品种繁多，剂型也不断改进，正朝着特异、敏感、快速和简便方向发展。

**1. 免疫诊断试剂**

利用生物药物高度特异性和敏感性的抗体机体反应，检验样品中有无相应的抗原或抗体，可为临床提供疾病诊断依据，主要有诊断抗原和诊断血清。常见诊断抗原有：①细菌类，如伤寒、副伤寒菌、布氏菌、结核杆菌等；②病毒类，如乙肝表面抗原血凝制剂、乙脑和森脑抗原、麻疹血凝素；③毒素类，如链球菌溶血素 O、锡克及狄克诊断液等。诊断血清包括：①细菌类，如痢疾菌分型血清；②病毒类，如流感肠道病毒诊断血清；③肿瘤类，如甲胎蛋白诊断血清；④抗毒素类，如霍乱 OT。

**2. 酶诊断试剂**

已普遍使用的常规检测项目有：血清胆固醇、脂肪、葡萄糖、血氨、尿素、乙醇、抗菌肽及血清丙氨酸转氨酶和天冬氨酸转氨酶等。目前已有 40 余种酶诊断试剂盒供临床使用，如人绒毛膜促性腺激素诊断盒、艾滋病诊断盒等。

**3. 器官功能诊断药物**

利用某些药物对器官功能的刺激作用、排泄速度或味觉等检查器官的功能损害程度。如磷酸组胺、促甲状腺素释放激素、促性腺激素释放激素和甘露醇等。

**4. 放射性核素诊断药物**

放射性核素诊断药物有聚集于不同组织或器官的特性，故进入体内后，可检测其在体内的吸收、分布、转运、利用及排泄等情况，从而显出器官功能及其形态，以供疾病的诊断。如 $^{131}I$ 血清清蛋白用于测定心脏放射图、心输出量及脑扫描；柠檬酸 $^{59}Fe$ 用于诊断缺铁性贫血。

**5. 诊断用单克隆抗体（McAb）**

McAb 的特点之一是专一性强，一个 B 细胞所产生的抗体只针对抗原分子上的一个特异抗原决定簇。应用 McAb 诊断血清能专一检测病毒、细菌、寄生虫或细胞的一个抗原分子片段，因此测定时可以避免交叉反应。

**6. 基因诊断芯片**

基因诊断芯片是基因芯片（gene chip，DNA chip）的一大类，它是将大量的分子识别基因探针固定在微小基片上，与被检测的标记的核酸样品进行杂交，通过检测每个探针分子的杂交强度而获得大量基因序列信息。目前主要应用于疾病的分型与诊断，如用于急性脊髓白血病和急性淋巴细胞白血病的分型，以及对乳腺癌、前列腺癌的分型及各类癌症或其他疾病的基因诊断。

## 六、生物药物的研究发展前景

### （一）天然生物药物的研究发展前景

许多生物活性成分作为生物药物在临床广泛使用，而且随着生命科学的发展，人们也在不断发现新的活性物质，这些活性物质除可开发为生物药物外，还可作为应用现代生物技术生产重组药物和通过组合化学与合理药物设计提供新的药物作用靶标和设计合成新的化学实体。

**1. 深入研究开发人体来源的新型生物药物**

如人体血浆蛋白质、胎盘因子、尿液成分等，目前已利用的不多，关键是要提高纯化技术水平和效率。

**2. 扩大和深入研究开发动物来源的天然活性物质**

从鸟类、昆虫类、爬行类、两栖类等动物中寻找具有特殊功能的天然药物，已研究成功蛇毒降纤维酶、蛇毒镇痛肽，还发现多种抗肿瘤蛇毒成分。

**3. 大力开发海洋生物活性物质和海洋药物**

人们对海洋生物的了解还知之甚少，海洋活性物质和海洋药物的开发潜力巨大，虽已有些许多海洋药物应用到临床，但新的活性成分不断发现，今后将加快多肽、萜类、聚醚类、海洋毒素等化合物的筛选及结构改造，以获得更有价值的海洋药物；另外海洋活性物质在功能食品、医用材料、化妆品和海洋中成药等方面也是亟待开发的重要领域。

**4. 综合应用现代生物技术，加速天然生物药物的创新和产业化**

通过基因工程、发酵工程、酶工程、细胞工程、抗体工程、组织工程等现代生物技术的综合应用，不仅可以进行天然活性物质的规模化生产，而且可以对天然生物大分子进行结构修饰和改造，结合生物药物的创新设计和结构模拟，再通过合成或半合成技术，创制和生产新型生物药物。

**5. 中西结合创制新型生物药物**

我国的中医药具有悠久的历史，近年利用生物化学技术和原理整理和发掘了许多祖国医药遗产和民间验方，如人工麝香、天花粉蛋白、骨肽注射液、香菇多糖等。把中医药的经验和现代生物技术有效结合，一定是实现中药现代化的重要途径。如应用生物分离技术从斑蝥、全蝎、地龙、蜈蚣等动物类中药分离纯化活性成分，再应用DNA重组技术克隆表达生产出生物药物。

## （二）生物技术药物研究发展前景

近年来，生物技术药物的品种和市场份额明显增加，随着人类基因组计划的实现，新的靶基因或靶蛋白将成为开发生物药物的源泉。

**1. 生物技术药物的发展已进入蛋白质工程药物发展的新时期**

蛋白质工程技术可以提高重组蛋白的活性、改善药物的稳定性、提高生物利用度、延长其在体内的半衰期、降低药物的免疫原性等。如天然胰岛素制剂在储存中易形成二聚体和六聚体，延缓胰岛素从注射部位进入血液，会增加抗原性。通过蛋白质工程技术改变胰岛素B链中某些氨基酸残基，使其结构发生改变（但不影响生理功能），则可以降低聚合作用，产生快速作用胰岛素。

**2. 发展新型生物技术药物、疫苗和治疗性抗体**

新型生物技术药物近期发展的重点有5个类型：单克隆抗体、反义药物、基因治疗剂、可溶性治疗蛋白药物和疫苗。在进入临床试验的364种生物技术药物中，有175种用于肿瘤治疗。正在研究的以疫苗为最多，基因疫苗在研发及临床使用上尤其活跃，已有35种艾滋病疫苗进入临床。

**3. 新的高效表达系统的研究与应用也取得了重大进展**

除原有的大肠埃希菌、啤酒酵母（如用毕赤酵母生产人清蛋白）和哺乳动物细胞作为生物技术药物最重要的表达或生产系统外，其他的表达系统研究也如火如荼，如真菌、昆虫、转基因动物和转基因植物表达系统，也有许多品种进入临床试验。

**4. 生物技术药物新剂型研究迅速发展**

生物技术药物多数在体内易降解失活，半衰期较短，生物利用度低。目前研究主攻方向是开发方便、安全、合理的给药途径和新剂型。一是植入剂和缓控释注射液；二是非注射剂型，如呼吸道吸入、直肠给药、鼻腔、口服和透皮给药等。继 2004 年第一个吸入型胰岛素被 FDA 批准上市以来，已有 6 种吸入型胰岛素在做后期临床。

另外生物芯片、反义药物等也开始逐渐应用于临床的诊断和治疗。

总之，生物药物未来发展的方向将是应用生物化学原理和技术，扩大开发新资源及资源的综合利用；利用现代生物新技术，大力发展新型药物；发掘中医中药宝库，创制具有我国特色的生物药物；研制药物新剂型，满足临床各种疾病预防、治疗和诊断的需要。

## 本 章 小 结

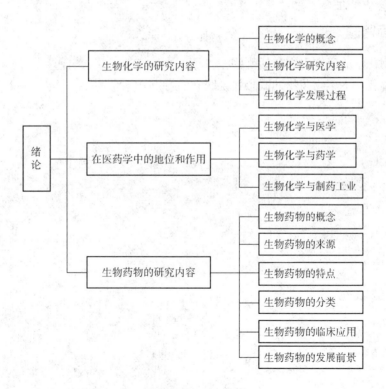

## 目标检测

### 一、单项选择题

1. 1965 年我国在世界上首先人工合成了有生物活性的（　　）。

　　A. 尿素　　　　　　B. 生长激素　　　　　　C. 结晶牛胰岛素

　　D. 猪胰岛素　　　　E. tRNA

2. 研究构成生物体的基本物质的化学组成、结构、性质、功能属于（　　）。

    A. 静态生物化学　　　　B. 动态生物化学　　　　C. 信息生物化学

    D. 机能生物化学　　　　E. 生物技术

3. 下列物质不属于生物大分子的是（　　）。

    A. 蛋白质　　　　　　　B. 维生素　　　　　　　C. 核酸

    D. 脂类　　　　　　　　E. 糖类

4. 下列打破了酶的化学本质都是蛋白质的传统概念的事件是（　　）。

    A. DNA 双螺旋结构模型的创立　　　　　　B. 遗传中心法则的确立

    C. 体外重组 DNA 方法的建立　　　　　　　D. 核酶的发现

    E. 聚合酶链反应（PCR）的发明

5. 下列不是生物药物药理学特性的是（　　）。

    A. 治疗的针对性强　　　　　　　　　　　　B. 药理活性高

    C. 毒副作用小　　　　　　　　　　　　　　D. 易发生免疫反应和过敏反应

    E. 稳定性差

## 二、简答题

1. 生物化学的研究内容包括哪些？

2. 请解释一下生物药物的概念并说明它的特点。

# 第二章 | 蛋白质的化学

蛋白质（protein，Pr）是由 20 种氨基酸（amino acid，AA）组成的生物大分子物质。它是生物体中含量最丰富的物质（约占人体干重的 45%），甚至朊病毒（prion）仅含有蛋白质而不含核酸。蛋白质不仅是构成组织细胞的结构成分（即结构蛋白），如结缔组织的胶原蛋白、血管和皮肤的弹性蛋白、膜蛋白等；更是体内一些特定生理功能的活性蛋白，如催化功能、调节功能、防御功能、运输和贮存功能等。可见，蛋白质是一切生命的物质基础，没有蛋白质就没有生命。

本章主要介绍蛋白质的组成、结构、理化性质、生理功能以及常用的分离纯化技术和蛋白质类药物等知识，通过学习蛋白质的基本知识，可为学好后续内容如核酸、酶、蛋白质的生物合成等章节和后续专业知识如药理知识、生物制药技术等奠定必备的基础，另外，旨在运用这些知识分析和解决实际工作中的具体问题。

## 第一节 蛋白质的化学组成

### 一、蛋白质的元素组成

组成蛋白质的主要元素有 C、H、O、N，有些蛋白质还含有少量的 P 或金属元素 Fe、Cu、Zn、Mn、Co 等，个别的含有 I。各种不同生物蛋白质中 N 的含量很接近，平均为 16%，因此，用凯氏定氮法测定生物样品中的含氮量即可推算出蛋白质的含量。

$$样品中蛋白质含量(g) = 样品中含氮量(g) \times 6.25$$

**课堂互动**

某品牌奶粉，按照标准冲调 100ml，用凯氏定氮法测得含氮量为 0.416g，那么奶粉中蛋白质的含量为多少呢？

## "三鹿奶粉"中毒事件

三聚氰胺（melamine，$C_3H_6N_6$），俗称密胺、蛋白精，是一种三嗪类含氮杂环有机物，被用作化工原料。由于分子中含有6个非蛋白氮（含氮量约为66.67%），且是白色晶体，几乎无味，不法生产商为了降低生产成本，提高经济效益，在奶粉中加入三聚氰胺，用非蛋白氮冒充蛋白氮，在采用凯氏定氮法测定奶粉中粗蛋白含量时，可提高表观粗蛋白含量，造成许多婴幼儿发生生殖、泌尿系统的损害，膀胱、肾部结石，严重者，可诱发膀胱癌。

## 二、蛋白质的基本结构单位——氨基酸

人体内所有蛋白质都是由 20 种氨基酸组成的多聚体，因此蛋白质的基本结构单位是氨基酸。蛋白质在酸、碱、酶的作用下可产生游离氨基酸。自然界的氨基酸已经发现有 300 余种，但组成人体蛋白质的氨基酸仅有 20 种。

### （一）氨基酸的结构特点

因 α–碳原子上连接一个羧基、一个氨基，故称为 α–氨基酸。此外氨基酸上还有一个侧链 R，不同的氨基酸其侧链各异，除甘氨酸外，其余氨基酸的 α–碳原子均为不对称碳原子，有 D 型和 L 型两种旋光异构体，构成天然蛋白质的氨基酸均为 L 型，D 型氨基酸不参与蛋白质的组成；另外，脯氨酸是 α–亚氨基酸。L–和 D–氨基酸的结构通式如下：

$$
\begin{array}{cc}
\text{COOH} & \text{COOH} \\
\text{H}_2\text{N——C——H} & \text{H——C——NH}_2 \\
\text{R} & \text{R}
\end{array}
$$

L-氨基酸结构通式　　　　　D-氨基酸结构通式

### （二）氨基酸的分类

组成蛋白质的 20 种氨基酸，根据其侧链 R 基团结构和理化性质不同，分为五类（表 2 – 1）。

表 2 – 1　氨基酸的分类

| 分类 | 名称 | 缩写代号 | 结构式 | 相对分子质量 | pI |
|------|------|----------|--------|--------------|-----|
| 非极性氨基酸 | 丙氨酸（alanine） | 丙，Ala，A | $H_3C$—CH—COOH　$NH_2$ | 89.06 | 6.0 |
| | 缬氨酸（valine） | 缬，Val，V | $H_3C$＼CH—CH—COOH $H_3C$／　　$NH_2$ | 117.09 | 5.96 |
| | 亮氨酸（leucine） | 亮，Leu，L | $H_3C$＼CH—CH$_2$—CH—COOH $H_3C$／　　　　$NH_2$ | 131.11 | 5.98 |

续表

| 分类 | 名称 | 缩写代号 | 结构式 | 相对分子质量 | pI |
|---|---|---|---|---|---|
| 非极性氨基酸 | 异亮氨酸（isoleucine） | 异亮，Ile，I | $H_3C-CH_2-CH-CH-COOH$ 下：$CH_3$，$NH_2$ | 131.11 | 6.02 |
| | 脯氨酸（proline） | 脯，Pro，P | 环状 COOH，NH | 115.13 | 6.30 |
| | 蛋氨酸（methionine） | 蛋，Met，M | $H_3C-S-CH_2-CH_2-CH-COOH$，$NH_2$ | 149.15 | 5.74 |
| 不带电荷的极性氨基酸 | 甘氨酸（glycine） | 甘，Gly，G | $H-CH-COOH$，$NH_2$ | 75.05 | 5.97 |
| | 丝氨酸（serine） | 丝，Ser，S | $HO-CH_2-CH-COOH$，$NH_2$ | 105.6 | 5.68 |
| | 苏氨酸（threonine） | 苏，Thr，T | $H_3C-CH-CH-COOH$，$OH$，$NH_2$ | 119.8 | 6.17 |
| | 半胱氨酸（cysteine） | 半胱，Cys，C | $HS-CH_2-CH-COOH$，$NH_2$ | 121.2 | 5.17 |
| | 天冬酰胺（asparagine） | 天胺，Asn，N | $H_2N-C(O)-CH_2-CH-COOH$，$NH_2$ | 132.12 | 5.41 |
| | 谷氨酰胺（glutamine） | 谷胺，Gln，Q | $H_2N-C(O)-(CH_2)_2-CH-COOH$，$NH_2$ | 146.15 | 5.65 |
| 芳香族氨基酸 | 苯丙氨酸（phenylalanine） | 苯丙 Phe，F | 苯环$-CH_2-CH-COOH$，$NH_2$ | 165.09 | 5.48 |
| | 色氨酸（tryptophan） | 色，Tre，W | 吲哚$-CH_2-CH-COOH$，$NH_2$ | 204.22 | 5.89 |
| | 酪氨酸（tyrosine） | 酪，Tyr，Y | $HO-$苯环$-CH_2-CH-COOH$，$NH_2$ | 181.09 | 5.66 |
| 酸性氨基酸 | 天冬氨酸（aspartic acid） | 天，ASP，D | $HOOC-CH_2-CH-COOH$，$NH_2$ | 133.60 | 2.77 |
| | 谷氨酸（glutamic acid） | 谷，Glu，E | $HOOC-(CH_2)_2-CH-COOH$，$NH_2$ | 147.08 | 3.22 |
| 碱性氨基酸 | 赖氨酸（lysine） | 赖，Lys，K | $H_2N-CH_2-(CH_2)_3-CH-COOH$，$NH_2$ | 146.13 | 9.74 |
| | 精氨酸（arginine） | 精，Arg，R | $H_2N-C(NH)-NH-CH_2-(CH_2)_2-CH-COOH$，$NH_2$ | 174.14 | 10.76 |
| | 组氨酸（histidine） | 组，His，H | 咪唑$-CH_2-CH-COOH$，$NH_2$ | 155.16 | 7.59 |

**1. 非极性氨基酸**

包括四种带有脂肪烃侧链的氨基酸（丙氨酸、亮氨酸、异亮氨酸和缬氨酸）；一种含硫氨基酸（蛋氨酸，又称甲硫氨酸）和一种亚氨基酸（脯氨酸）。甘氨酸也属此类。这类氨基酸在水中溶解度较小。

**2. 不带电荷的极性氨基酸**

这类氨基酸的侧链 R 具有一定的极性，在水中的溶解度较非极性氨基酸大。包括两种含羟基的氨基酸（丝氨酸和苏氨酸）；两种具有酰胺基的氨基酸（谷氨酰胺和天冬酰胺）和一种含巯基的氨基酸（半胱氨酸）。

**3. 芳香族氨基酸**

包括苯丙氨酸、酪氨酸和色氨酸。苯丙氨酸也属于非极性氨基酸，酪氨酸的酚羟基和色氨酸的吲哚基在一定条件下可解离。这类氨基酸具有紫外吸收的性质。

**4. 带正电荷的碱性氨基酸**

在生理条件下（pH 7.35 ~ 7.45），这类氨基酸带正电荷，包括赖氨酸、精氨酸和组氨酸。

**5. 带负电荷的酸性氨基酸**

在生理条件下，这类氨基酸带负电荷，包括天冬氨酸和谷氨酸。

蛋白质水解后，还发现其他几种氨基酸，如 L – 羟脯氨酸、L – 羟赖氨酸、胱氨酸和四碘甲腺原氨酸等，它们都是 20 种基本氨基酸的衍生物。

此外，生物界还发现 150 多种非蛋白质氨基酸，不参与蛋白质的组成，它们在某些生命活动中发挥重要作用。如 D – 丙氨酸参与细菌细胞壁肽聚糖的组成；D – 苯丙氨酸参与组成短杆菌肽 S；瓜氨酸和鸟氨酸是尿素合成的中间产物；γ – 氨基丁酸（GABA），在脑中含量较高，对中枢神经系统有抑制作用。目前，一些非蛋白质氨基酸已作为药物用于临床。

# 第二节　蛋白质的分子结构

蛋白质分子是由多个氨基酸通过共价键（主要是肽键和二硫键）相连形成的生物大分子，结构极其复杂，其复杂而多样的结构赋予每种蛋白质特有的性质和生理功能，蛋白质的分子结构分为四个层次，即一级、二级、三级和四级结构，后三者统称为空间结构或空间构象（conformation）。由一条肽链形成的蛋白质只有一级、二级和三级结构，由两条或两条以上多肽链形成的蛋白质才可能有四级结构（图 2 – 1）。

一级结构　　　　二级结构　　　　　　三级结构　　　　　　　四级结构

图 2 – 1　蛋白质的结构层次

## 一、蛋白质的一级结构

蛋白质分子中氨基酸之间是怎样连接的呢？每种蛋白质是否有确定的氨基酸排列顺序？

### （一）肽键和肽键平面

一个氨基酸分子的 $\alpha$ - 羧基与另一个氨基酸分子的 $\alpha$ - 氨基之间脱水缩合所形成的共价键称为肽键（peptide bond）。

肽键中的 C - N 键具有部分双键的性质，不能自由旋转，而且与之相邻的 2 个 $\alpha$ - 碳原子由于受到侧链 R 基团和肽键中 H 和 O 原子空间位阻的影响，也不能自由旋转，因此，组成肽键的 4 个原子（C、O、N、H）和与之相邻的 2 个 $\alpha$ - 碳原子均位于同一个平面上，构成肽键平面（peptide plane）或肽单位（peptide unit）（图 2 - 2），但 2 个 $\alpha$ - 碳原子单键是可以自由旋转的，其自由旋转的角度决定了两个相邻的肽键平面的相对空间位置。

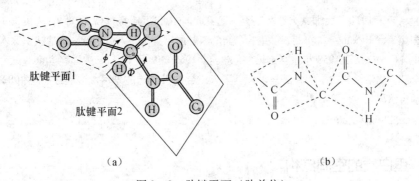

图 2 - 2　肽键平面（肽单位）

### （二）肽和多肽链

氨基酸通过肽键相连形成的化合物称为肽（peptide）。两个氨基酸之间脱水缩合形成的肽叫做二肽，依此类推，三肽、四肽……，一般 10 个以下氨基酸组成的肽，称为寡肽（oligopeptide）；10 个以上氨基酸组成的肽，称为多肽（polypeptide）。肽链分子中的氨基酸相互衔接，形成长链，称为多肽链（polypeptide chain）。多肽链中的 $\alpha$ - 碳原子和肽键的若干重复结构称为主链（backbone），而各氨基酸残基的侧链基团 R 多称为侧链（side chain）。多肽链主链两端有自由的氨基和羧基，分别称为氨基末端（amino terminal）或 N - 末端和羧基末端（carboxyl terminal）或 C - 末端。肽链中的氨基酸分子因脱水缩合而残缺，故称为氨基酸残基（residue）。

## （三）蛋白质的一级结构

蛋白质分子中氨基酸残基的排列顺序称为蛋白质的一级结构（primary structure）。一级结构中的主要化学键是肽键，此外还含有二硫键，是由两个半胱氨酸巯基（—SH）脱氢而成。

牛胰岛素的一级结构是由英国化学家 F. Sanger 于 1953 年测定完成的。牛胰岛素有 A 和 B 两条肽链，A 链有 21 个氨基酸残基，B 链有 30 个氨基酸残基，A 链内形成一个二硫键，两条链之间有两个二硫键（图 2-3）。

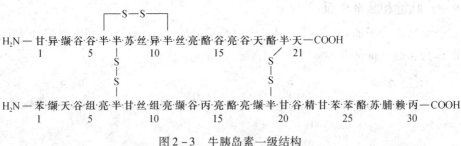

图 2-3  牛胰岛素一级结构

不同的蛋白质其一级结构不同，一级结构是蛋白质空间结构和特异性生物学功能的基础，一级结构的改变往往会导致疾病的发生，但一级结构并不是决定蛋白质空间结构的唯一因素。

### 知识拓展

胰岛素于 1921 年由加拿大医生班廷（F. Banting）和贝斯特（C. Best）首先发现。1953 年英国化学家 F. Sanger 首次测定了牛胰岛素的氨基酸序列，使人类对蛋白质的认识深入到分子水平，F. Sanger 于 1958 年获得诺贝尔化学奖。1965 年 9 月 17 日，中国科学家率先合成了具有全部生物活性的结晶牛胰岛素，开创了人工合成蛋白质的先河，这项成果于 1982 年荣获中国自然科学奖一等奖。

## 二、蛋白质的空间结构

是指蛋白质分子中原子和基团在三维空间上的排列、分布及肽链的走向。空间构象是以一级结构为基础的，是表现蛋白质生物学功能或活性所必需的。

### （一）蛋白质的二级结构

蛋白质的二级结构（secondary structure）是指蛋白质分子中多肽链主链的某一段（包含若干肽单位）沿一定的轴盘旋或折叠，并以氢键为主要的次级键而形成的有规则的构象。如 $\alpha$ - 螺旋、$\beta$ - 折叠、$\beta$ - 转角等，不涉及侧链 R 的构象。

#### 1. $\alpha$ - 螺旋

蛋白质分子中多个肽键平面通过 $\alpha$ - 碳原子的旋转，使多肽链的主链沿中心轴盘曲成稳定的 $\alpha$ - 螺旋（$\alpha$ - helix）构象（图 2-4）。特征如下。

（1）多个肽键平面通过 $\alpha$ - 碳原子旋转，相互紧密盘曲成稳固的右手螺旋（图

2－5）。肽键平面与螺旋长轴平行。

（2）主链呈螺旋式上升，每隔 3.6 个氨基酸残基上升一圈，螺距是 0.54nm。

（3）相邻两圈螺旋之间形成的链内氢键，是 $\alpha$ －螺旋稳定的次级键。脯氨酸是亚氨基酸，形成肽键后 N 上无氢原子，不能形成氢键，故不能形成 $\alpha$ －螺旋。

（4）侧链 R 位于螺旋的外侧，其形状、大小及电荷影响 $\alpha$ －螺旋的形成。

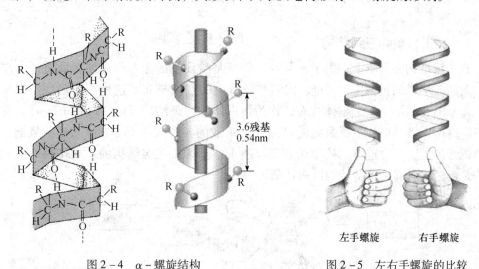

| | |
|---|---|
| 图 2－4　$\alpha$ －螺旋结构 | 图 2－5　左右手螺旋的比较 |

### 2. $\beta$ －折叠

$\beta$ －折叠（$\beta$ －pleated sheet）也叫 $\beta$ －片层（$\beta$ －sheet），是蛋白质中常见的二级结构，$\beta$ －折叠中多肽链的主链相对较伸展，多肽链的肽平面之间呈手风琴状折叠（图 2－6）。结构特点如下。

（1）肽链的伸展使肽键平面之间一般折叠成锯齿状。

（2）两条以上肽链（或同一条肽链的不同部分）平行排列，相邻肽链之间的氢键是维持稳定的主要次级键。

（3）肽链平行的走向有顺式和反式两种，肽链的 N －末端在同侧的为顺式，否则为反式，反式结构较顺式更加稳定。

（4）侧链 R 位于片层的上下。

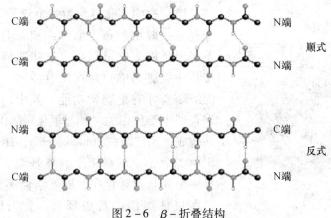

图 2－6　$\beta$ －折叠结构

### 3. β-转角

多肽链的主链经过180°回折结构称为β-转角（β-turn）。由转角处第1个氨基酸残基羰基上的氧与第4个氨基酸残基亚氨基上的氢形成的氢键维持该构象的稳定。

### 4. 无规则卷曲

蛋白质多肽链中肽键平面不规则排列而形成的松散结构称为无规则卷曲（random coil）。

## （二）蛋白质的三级结构

在二级结构的基础上，由于相距较远的氨基酸残基的相互作用使多肽链进一步折叠、盘曲，形成的包括主、侧链在内的整条肽链的空间排布，这种一条多肽链中所有原子或基团在三维空间的整体排布，称为蛋白质的三级结构（tertiary structure），见图2-7。维持三级结构的主要是侧链 R 之间所形成的各种次级键，如疏水键、氢键、盐键和范德华力，有时也有二硫键的参与。疏水键是维持三级结构的主要作用力。三级结构是蛋白质具有生物活性的结构基础。

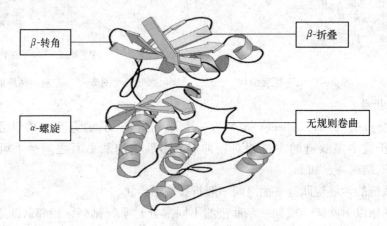

图2-7　常见蛋白激酶三级结构示意图

## （三）蛋白质的四级结构

具有两条或两条以上的具有独立三级结构的多肽链之间通过非共价键相连形成的更复杂的空间构象，称为蛋白质的四级结构（quarternary structure）。每一条具有完整三级结构的多肽链称为一个亚基（subunit），一个亚基一般由一条多肽链组成，但有的亚基由两条或两条以上肽链组成，这些肽链间以二硫键连接。一般亚基单独存在没有活性，只有聚合形成四级结构才有生物学功能，其中，疏水键是亚基聚合的主要作用力。如过氧化氢酶由4个相同的亚基构成；血红蛋白（hemoglobin, Hb）（图2-8）则由2个 α 亚基和2个 β 亚基组成的四聚体，如果一个亚基单独存在，虽可结合氧且亲和力增强，但在机体组织中难以释放，失去原有运输氧的功能。

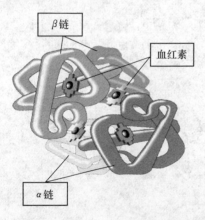

图2-8　血红蛋白四级结构示意图

## 三、蛋白质结构与功能的关系

### （一）一级结构与生物学功能的关系

#### 1. 一级结构中"关键"部分相同，其生物学功能也相同

蛋白质一级结构是空间结构的基础，也是生物学功能的基础。一级结构相似会具有相似的空间结构与功能。如不同哺乳动物的胰岛素都是由 A 和 B 两条肽链组成，且二硫键的位置和空间构象也极相似，一级结构仅个别氨基酸有差异，但都具有相似的调节血糖的生理功能（表 2–2）。

表 2–2 三种哺乳动物胰岛素氨基酸的差异

| 来源 | 氨基酸残基序号 | | | |
|---|---|---|---|---|
| | $A_5$ | $A_6$ | $A_{10}$ | $A_{30}$ |
| 人 | Thr | Ser | Ile | Thr |
| 牛 | Ala | Gly | Val | Ala |
| 猪 | Thr | Ser | Ile | Ala |

注：A 表示 A 链，$A_5$ 表示 A 链的第 5 位氨基酸。

#### 2. 一级结构中"关键"部分变化，其生物学功能也改变

一级结构中起关键作用的氨基酸残基缺失或被替代，严重影响空间构象乃至生物学功能，甚至产生"分子病"。比如正常人血红蛋白 $\beta$ 亚基的第 6 位谷氨酸被缬氨酸替代，就导致红细胞变成镰刀形而极易破碎，产生贫血（图 2–9）。

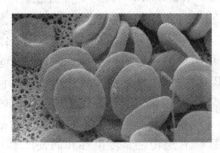 

正常人红细胞　　　　　　　　　　镰状红细胞

图 2–9 正常人红细胞和镰状红细胞

并非一级结构中每个氨基酸都很重要，细胞色素 C 中，某些位置即使置换数十个氨基酸残基，其功能依然不变。

### 知识拓展

#### 分子病和镰状红细胞贫血症

从广义上讲，任何由遗传原因引起的蛋白质功能异常所产生的疾病统称"分子病"，但习惯上把酶蛋白分子催化功能异常引起的疾病归属于先天性代谢缺陷，而把其他蛋白质异常和缺损导致的疾病称为"分子病"。目前已知几乎所有遗传病都与正常蛋白质分子结构改变有关，即都是分子病。这些缺损的蛋白质可能仅一个氨基酸异常，如镰状红细胞贫血，这是

一种隐性遗传性贫血症，患者异常的血红蛋白使红细胞变得僵硬，在显微镜下看上去为镰刀状，这种镰状红细胞不能通过毛细血管，加上血红蛋白的凝胶化使血液黏滞度增大，堵塞微血管，引起局部供血和供氧不足，产生脾肿大、胸腹疼痛等临床表现。镰状红细胞比正常红细胞更容易衰老死亡，从而导致贫血。本病无特殊治疗，宜预防感染和防止缺氧。溶血发作时可予供氧、补液和输血等支持疗法。唯一能使患者痊愈的治疗方法是干细胞移植。

### （二）空间结构与功能的关系

蛋白质的生物学功能不仅与一级结构有关，更重要的依赖于空间结构，没有适当的空间结构，蛋白质就不能发挥它的生物学功能。

**1. 蛋白质前体的活化**

许多蛋白质通常以无活性或活性很低的蛋白质原形式存在，只有一定条件下，才转变为有特定构象的蛋白质而表现其生物活性。如胰岛素的前体胰岛素原，猪胰岛素原由84个氨基酸残基组成的一条多肽链，其活性仅为胰岛素的10%，在体内经特异蛋白酶作用才产生具有A、B两条链的胰岛素。胰岛素具有特定的空间结构，从而表现其完整的生物活性。同样酶原的激活也是这个道理。

**2. 蛋白质的变构现象**

有些蛋白质受某些因素的影响，其一级结构不变而空间构象发生一定的变化，导致其生物学功能的改变，称为蛋白质的变构效应（allosteric effect）。如血红蛋白（Hb）是一个四聚体蛋白质，具有氧合功能，研究发现，一旦 Hb 的一个亚基与 $O_2$ 结合，就会引起该亚基构象改变，其他三个亚基构象也相继改变，使他们更易于和 $O_2$ 结合。

变构现象另一个例子就是朊病毒（prion）所致的疯牛病。朊病毒蛋白（prion protein，PrP）有正常型（$PrP^c$）和致病型（$PrP^{sc}$）两种构象，这两者一级结构相同，但空间结构不同，$PrP^c$主要由 $\alpha$ – 螺旋组成，而 $PrP^{sc}$主要由 $\beta$ – 折叠组成，$PrP^{sc}$一旦形成，可导致更多的 $PrP^c$向 $PrP^{sc}$转变，上述构象转变导致神经退化和病变。临床症状是痴呆、丧失协调性以及神经系统障碍。此类疾病有遗传性、传染性和偶发性形式。以潜伏期长、病程缓慢，进行性脑功能紊乱，无缓解康复，终至死亡为特征。

## 第三节　蛋白质的理化性质

### 一、蛋白质的两性电离和等电点

蛋白质由氨基酸组成，除了其分子末端的 $\alpha - NH_2$ 和 $\alpha - COOH$ 可以解离成正、负离子外，许多氨基酸残基侧链上尚有不少可解离的基团，比如—$NH_2$、—COOH、—OH、咪唑基、胍基。所以蛋白质是两性电解质。蛋白质解离成正、负离子的趋势相等，即成为兼性离子，净电荷为零，此时溶液的 pH 称为蛋白质的等电点（isoelectric point，pI）。各种蛋白质具有特定的等电点，除了与溶液的 pH 有关外，还与所含氨基酸的种类和数目有关，体内多数蛋白质的等电点在 5 左右，所以在生理条件下（pH =7.4），蛋白质多以负离子形式存在。

$$Pr\begin{matrix}COOH\\NH_3^-\end{matrix} \underset{H^+}{\overset{OH^-}{\rightleftharpoons}} Pr\begin{matrix}COO^-\\NH_3^+\end{matrix} \underset{H^+}{\overset{OH^-}{\rightleftharpoons}} Pr\begin{matrix}COO^-\\NH_2\end{matrix}$$

|  |  |  |
|---|---|---|
| pH＜pI | pH＝pI | pH＞pI |
| 正离子 | 兼性离子 | 负离子 |

在等电点状态下蛋白质的溶解度、导电性、黏度最低，可采用等电点沉淀法分离制备蛋白质，但此法一般结合其他沉淀法联合应用。另外，在一定的 pH 条件下，不同的蛋白质所带电荷不同，可用离子交换层析法和电泳法分离纯化。

**课堂互动**

两种蛋白质的 pI 分别为 5.35 和 7.80，在 pH 6.5 的缓冲溶液中电泳，泳向阳极的是哪种蛋白质？

## 二、蛋白质的胶体性质

**课堂互动**

回顾已有的知识，胶粒的大小是多少呢？胶体溶液有哪些特性？

蛋白质是生物大分子化合物，其颗粒大小介于 1～100nm 之间，属于胶粒的范畴，因此蛋白质溶液是胶体溶液，具有胶体溶液的性质。如不能透过半透膜，具有布朗运动、丁达尔现象等。

蛋白质是一种比较稳定的亲水胶体，所谓稳定，在这里指的是"不易沉淀"。蛋白质颗粒表面大多为亲水基团，可吸引一层水分子，使颗粒表面形成一层水化膜，就像颗粒表面穿了一层外衣，阻止蛋白质颗粒相互聚集而沉淀；另外，在非等电点状态，蛋白质颗粒带有同性电荷，pH＞pI，带有负电荷；pH＜pI，带有正电荷。同性电荷相互排斥，使蛋白质颗粒不易聚集而沉淀。蛋白质分子之间同性电荷的排斥作用和水化膜的隔离作用是维持蛋白质胶体溶液稳定的两大因素，如果去掉这两个稳定的因素，蛋白质极易从溶液中沉淀。

利用蛋白质胶体溶液性质可以分离纯化蛋白质。

**课堂互动**

某蛋白粗品中含有尿素分子，利用胶体溶液什么性质可以达到分离纯化蛋白质的目的？

## 三、蛋白质的变性和复性

在某些理化因素的作用下，蛋白质分子的空间构象发生改变或破坏，导致其生物活性的丧失和某些理化性质的改变，这种现象称为蛋白质的变性作用（denaturation）。

**1. 变性因素**

物理因素有高温、紫外线、X射线、超声波和剧烈震荡、高压、搅拌和研磨等。化学因素包括强酸、强碱、尿素、去污剂（如十二烷基磺酸钠，缩写为SDS）、有机溶剂（如浓乙醇）、重金属盐（$Hg^{2+}$、$Ag^+$）和生物碱试剂（如三氯醋酸）等。

**2. 变性本质**

一般认为，变性的发生主要破坏了维持空间构象的二硫键和次级键，不涉及氨基酸序列的改变和肽键的断裂，仅仅是天然构象的紊乱，一级结构不被破坏。

**3. 变性作用的特征**

（1）生物活性丧失　生物活性是指蛋白质表现其生物学功能的能力。如果蛋白质变性，则生物学功能会丧失。如煮熟的鸡蛋孵不出鸡仔；血红蛋白失去运输$O_2$和$CO_2$的能力，脊髓灰质炎糖丸用热水吞服会降低药效，酶失去催化活性，多肽和蛋白质类激素失去对物质代谢的调节能力等。

（2）某些理化性质的改变　变性的蛋白质疏水基团外露，溶解度降低，所以变性的同时易产生沉淀；蛋白质溶液的黏度增加、旋光度改变、pI有所提高；同时，色氨酸、酪氨酸和苯丙氨酸残基外露，紫外吸收能力也会增强；变性后的分子结构松散，容易被蛋白酶水解，含蛋白类的煮熟的牛肉容易消化就是这个道理。

**4. 变性的应用**

在工业生产和临床上，常利用变性的因素进行灭菌和消毒，比如蒸汽、乙醇、紫外线灭菌；中草药有效成分的提取或其注射液的制备也常用变性的方法（加热、浓乙醇等）除去杂蛋白；生化制品包括多肽、激素、酶制剂和其他生物制品如疫苗等，在生产和储运过程中也要有效防止其变性失活。

若蛋白质的变性程度较轻，去除变性因素，有些蛋白质可恢复或部分恢复其原有的构象和生物活性，称为复性（renaturation）。构象可以恢复的叫做可逆变性，构象不能恢复者称为不可逆变性。

核糖核酸酶的变性与复性及其功能的丧失与恢复就是一个典型的例子。核糖核酸酶（化学本质是蛋白质）是由124个氨基酸残基组成的一条多肽链，含有4对二硫键，将天然的核糖核酸酶在8mol/L的尿素中用$\beta$-巯基乙醇处理，破坏了维持空间构象的一些次级键和二硫键，分子变成一条松散的肽链，酶完全失活，但用透析法除去尿素和$\beta$-巯基乙醇，此酶经氧化又自发恢复其原有的构象，同时酶的活性也恢复（图2-10）。

图2-10　牛胰核糖核酸酶的变性和复性

**知识拓展**

重组人血管内皮抑制素（化学本质是蛋白质）系采用大肠埃希菌作为蛋白表达体系生产的，主要能抑制肿瘤新生血管形成，阻断肿瘤细胞的营养供应，最终达到"饿死"肿瘤细胞的目的。其变性和复性，就是采用加入 8mol/L 尿素，使其变性，然后逐渐降低尿素浓度，达到除去尿素使其复性的目的。

### 四、蛋白质的沉淀

蛋白质颗粒相互聚集从溶液中析出的现象称为蛋白质的沉淀。

**1. 中性盐沉淀（盐析）**

向蛋白质溶液中加入高浓度的中性盐，破坏了蛋白质的水化层并中和其电荷，使蛋白质颗粒相互聚集而沉淀，这种现象称为盐析（salting out）。常用的中性盐包括 $(NH_4)_2SO_4$、NaCl、$Na_2SO_4$ 等。混合蛋白质可用不同的盐浓度使其分别沉淀，这种方法称为分级沉淀，又叫分段盐析。盐析出的蛋白质不变性。本法常用于各种蛋白质类生物活性物质的分离制备。

**课堂互动**

向鸡蛋清蛋白中加入高浓度的 NaCl，鸡蛋清蛋白会发生什么现象？

**2. 有机溶剂沉淀**

在蛋白质溶液中加入一定量的与水互溶的有机溶剂（如乙醇、甲醇和丙酮），破坏蛋白质表面的水化层，使蛋白质颗粒相互聚集而沉淀。有机溶剂沉淀常引起变性，用此法分离制备生物活性蛋白质时，应确保在低温下操作，尽可能缩短操作时间，同时也要掌握好有机溶剂的浓度。

**3. 加热沉淀**

加热可使蛋白质变性沉淀，但与 pH 密切相关。在 pI 时加热最易沉淀，但偏离 pI 即使加热也不易沉淀。比如，在链霉素的生产中就是采用加热除去菌体蛋白的方法达到分离纯化的目的。

**4. 重金属盐沉淀**

蛋白质在 pH > pI 的条件下带负电荷，可与重金属离子（$Ag^+$、$Hg^{2+}$、$Pb^{2+}$）结合成不溶性蛋白盐而变性沉淀。临床上常用口服大量蛋白质（如牛奶、蛋清）和催吐剂抢救误服重金属中毒的病人。

**5. 生物碱试剂沉淀**

蛋白质在 pH < pI 的条件下带正电荷，与生物碱试剂（鞣酸、苦味酸、钨酸）和三氯醋酸、磺基水杨酸、硝酸等结合成不溶性的盐而沉淀。无蛋白血滤液的制备、中草药注射液中蛋白的检查以及鞣酸、苦味酸的收敛作用皆以此原理为依据。

### 五、蛋白质的紫外吸收

色氨酸、酪氨酸和苯丙氨酸由于含有共轭双键，在 280nm 附近有最大吸收峰（图 2 - 11），其中色氨酸的最大吸收峰最接近 280nm，由于多数蛋白质含酪氨酸和色氨酸残基，故测定蛋白质在 280nm 光吸收度，是定量分析溶液中蛋白质浓度的快速简便方法。

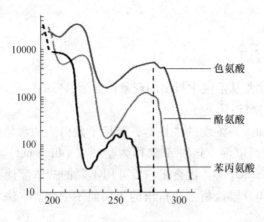

图 2 - 11　蛋白质的紫外吸收

### 六、蛋白质的呈色反应

#### （一）双缩脲反应

含两个或两个以上肽键的蛋白质和多肽，在碱性条件下与 $CuSO_4$ 共热，形成紫色或红色的络合物。肽键越多，反应的颜色越深。氨基酸和二肽无此反应，此法可用于蛋白质的定性和定量。亦可测定蛋白质的水解程度，水解越完全，颜色越浅。

#### （二）Folin - 酚反应

又称酚试剂反应或 Lowry 法。在碱性条件下，蛋白质分子中的酪氨酸、色氨酸可与酚试剂（主要成分是磷钨酸 - 磷钼酸）反应生成蓝色化合物（钨蓝 - 钼蓝）。在 680nm 处有最大吸收。蓝色的强度与蛋白质的量成正比。此法是测定蛋白质浓度的常用方法。

#### （三）茚三酮反应

在 pH 5 ~ 7 时，蛋白质与茚三酮丙酮液加热可产生蓝紫色（脯氨酸显黄色）。凡是含 $-NH_2$ 的化合物皆有此反应，可用于氨基酸、蛋白质、肽类化合物的定性和定量测定。

## 第四节　蛋白质的功能和分类

### 一、蛋白质的生理功能

#### 1. 生物催化作用

生物体内，物质代谢的全部生化反应几乎都是在酶的催化下完成的，而多数酶的化学本质是蛋白质。

**2. 代谢调节作用**

激素主要对物质代谢起调节作用，其中一类属于多肽和蛋白质类激素，如胰岛素、胰高血糖素、生长素等。

**3. 免疫保护作用**

抗体、补体和各种免疫分子，其化学本质都是蛋白质。抗体是一种免疫球蛋白，能与侵入机体的抗原（如细菌、病毒等）进行特异性结合，以免除抗原对机体的侵害。抗体可用于许多疾病的治疗和预防。

**4. 转运和贮存作用**

血红蛋白具有运输 $O_2$ 和 $CO_2$ 的作用；血浆蛋白与胆固醇（酯）、脂肪和磷脂结合构成血浆脂蛋白，血浆脂蛋白是脂类物质在血液中的运输形式；血浆运铁蛋白转运铁，并在肝中形成铁蛋白复合物而贮存。许多药物（如氢化可的松）吸收后也常与血浆蛋白结合而转运。

**5. 运动与支持作用**

躯体运动、血液循环、呼吸与消化等功能活动主要靠肌动蛋白和肌球蛋白来完成；细菌的鞭毛和纤毛也赋予细菌运动的特性；胶原蛋白、弹性蛋白和角蛋白可维持器官、细胞的正常形态，抵御外界伤害，保证机体的正常生理活动。

**6. 控制生长和分化作用**

生物体的生长、繁殖、遗传、变异等都与核蛋白密切相关，核蛋白是核酸和蛋白质组成的结合蛋白质；另外，遗传信息多以蛋白质的形式表达，同时，蛋白质对基因的表达有调节和控制作用，通过控制和调节基因的表达来保证机体正常的生长、发育和分化的进行。

**7. 接收和传递信息的作用**

受体蛋白包括跨膜蛋白和胞内蛋白，如蛋白质类激素受体、胞内甾体激素受体以及一些药物受体。受体和配基结合，并接收信息，将信息放大、传递，引起细胞内一系列变化。

**8. 参与生物膜组成作用**

磷脂和蛋白质是生物膜的基本组成。蛋白质掺入膜内或附于膜上，它与细胞内外物质的转运有关，也是能量转换的重要场所。

总之，蛋白质的生物学功能及其繁多，比如有些毒性蛋白（细菌外毒素、蛇毒蛋白、蓖麻蛋白等），侵入人体后可引起各种毒性反应，甚至危及生命；有些蛋白具有抗冻功效，南极水域中某些鱼类，血液中有抗冻蛋白，可保护血液不被冻凝，使鱼类在低温下得以生存。此外，在高等动物的记忆和识别方面，蛋白质也起着很重要的作用。

## 二、蛋白质的分类

### （一）根据分子组成分类

可分为单纯蛋白质和结合蛋白质。单纯蛋白质只由氨基酸组成；结合蛋白质则由蛋白质和非蛋白的辅基组成。常见的辅基有色素类、糖类、脂类、磷酸和金属离子等。

### （二）根据分子形状和空间构象分类

可分为球状蛋白质及纤维状蛋白质。蛋白质分子的长短轴之比大于 10 的为纤维状蛋白质，多属结构蛋白，较难溶于水，作为细胞坚实的支架或连接各细胞、组织和器官，如结缔组织中的胶原蛋白，其长轴为 300nm，而短轴仅为 1.5nm；长短轴之比小于 10 的为球状蛋白质，多属功能蛋白，水溶性较好，如酶、免疫球蛋白等。

# 第五节　蛋白质的分离纯化和含量测定

## 一、蛋白质的提取

一些蛋白质以可溶形式存在于体液中，可直接提取。但多数蛋白质存在于细胞内或特定的细胞器中，需先破碎细胞，然后以适当的溶剂提取。细胞破碎的方法有很多种。如动物细胞可用匀浆法和超声破碎法；植物细胞可先用纤维素酶处理，再用研磨法；对于不同的微生物细胞，采用不同的方法，例如对于细菌可加溶菌酶，再配合研磨法，细菌的包涵体则用差速离心法分离。

总的要求是既要尽量提取所需蛋白质，又要防止蛋白酶的水解和其他因素对蛋白质特定构象的破坏作用。蛋白质的粗提液可进一步分离纯化。

## 二、蛋白质的分离纯化

### （一）根据溶解度不同的分离纯化方法

#### 1. 盐析法

盐析沉淀的蛋白质一般保持着天然构象而不变性。有时不同盐浓度可有效地使蛋白质分级沉淀。对不同的蛋白质进行盐析时，需要采用不同的盐浓度和不同的 pH。盐析时的 pH 多选择在 pI 附近。例如，在 pH 7.0 附近时，血清清蛋白（白蛋白）溶于半饱和的 $(NH_4)_2SO_4$ 中，球蛋白沉淀下来；当 $(NH_4)_2SO_4$ 达到饱和浓度时，清蛋白也随之析出。所以盐析可将蛋白质初步分离。

#### 2. 低温有机溶剂沉淀法

此法沉淀蛋白质的选择性较高，且无需脱盐，较为常用。但应注意低温操作，以避免蛋白质变性。如用丙酮沉淀时，必须在 0～4℃低温条件下进行，丙酮用量一般 10 倍于蛋白质溶液体积。除了丙酮之外，也常用乙醇，例如，用冷乙醇从血清中分离制备人清蛋白和球蛋白。

另外还有等电点沉淀法，此法常和其他沉淀法联合应用；近年来新兴的免疫沉淀法，是指将某一纯化蛋白免疫动物，获得抗该蛋白的特异抗体，形成抗原抗体复合物，然后从复合物中中分离获得抗原蛋白。

### （二）根据分子大小和形状不同的分离纯化方法

#### 1. 透析

利用蛋白质大分子对半透膜的不可通过性而与小分子物质分开。如火棉胶、玻璃纸等，可用来做成透析袋，把含有杂质的蛋白质溶液放于袋内，置于流动的水或缓冲液中，小分子透出，大分子蛋白质留于袋内。常用于盐析法中除去中性盐，以及离心法纯化蛋白质混入的氯化铯、蔗糖等小分子物质。

**2. 超滤**

利用超滤膜在一定的压力或离心力的作用下，大分子物质被截留而小分子物质则滤过排出。选择不同孔径的超滤膜可截留不同相对分子质量的物质。常用于蛋白质溶液的浓缩、脱盐和分级纯化等。

**3. 凝胶过滤层析（gel filtration chromatography）**

其原理按照蛋白质相对分子质量大小进行分离的技术。又称分子筛层析或排阻层析。常用的凝胶有葡聚糖凝胶、聚丙烯酰胺和琼脂糖凝胶等。当蛋白质分子的直径大于凝胶的孔径时，被排阻于凝胶之外；小于孔径者则进入凝胶。在层析洗脱时，大分子受阻小而最先流出；小分子受阻大而最后流出，从而使相对分子质量不同的蛋白质分开。

**4. 离心分离法**

离心分离是利用机械的快速旋转所产生的离心力，将不同密度的物质分离开来的方法。超速离心机可产生比地心吸引力（$g$）大 60 万倍以上的离心力（即 $600\,000g$），蛋白质分子可以在此力场中沉降，沉降速度与蛋白质相对分子质量的大小、分子的形状、密度及溶剂的密度有关。目前，超速离心法是分离生物高分子普遍使用的有效方法。

## （三）根据带电性质不同的分离纯化方法

**1. 离子交换层析**

离子交换层析（ion‐exchange chromatography）是利用蛋白质两性解离特性和 pI 作为分离依据的一种方法，应用广泛，是蛋白质分离纯化的重要手段。离子交换剂包括离子交换纤维素、离子交换凝胶、大孔离子交换树脂等。利用离子交换层析分离纯化蛋白质是依据各种蛋白质分子表面所带电荷情况不同，造成其与离子交换剂吸附能力的差异，利用适宜条件加以洗脱，即可达到分离纯化蛋白质的目的。

**2. 电泳法**

电泳（electrophoresis）是指带电粒子在电场中向着与其本身所带电荷相反的电极移动的现象。在一定条件下，各种蛋白质分子因所带电荷性质、数量及分子大小不同，其在电场中的电泳迁移率各异，这样就达到了分离不同蛋白质的目的。

由于电泳装置、电泳支持物的不断改进以及电泳目的的不同，逐步形成了形式多样、方法各异但本质相同的电泳技术，主要包括醋酸纤维素薄膜电泳、聚丙烯酰胺凝胶电泳、等电聚焦电泳、免疫电泳和二维电泳等。

## （四）根据配基特异性不同的分离纯化方法

亲和层析（affinity chromatography）是根据具有特异亲和力的化合物之间能可逆结合与解离的性质建立的层析方法，是一种具有高度专一性分离纯化蛋白质的有效方法。例如分离纯化抗原，首先选用与抗原相应的抗体为配基，用化学方法使之与固体载体相连接。常用的固体载体有琼脂糖凝胶、葡聚糖凝胶等。然后将连有抗体的固相载体装入层析柱，使含有抗原的混合物通过此柱，相应的抗原被抗体特异地结合，而非特异性抗原等杂质不能被吸附而直接流出层析柱。改变条件，使抗原抗体复合物分离，此时即可得到纯化的抗原。

## 三、蛋白质的含量测定

### 1. 凯氏定氮法（kjeldahl）

此法是测定蛋白质含量的经典方法，此法的缺点是时间较长且易受非蛋白氮化合物的干扰。

### 2. 双缩脲法

此法简便，受蛋白质氨基酸组成影响小；但灵敏度低、样品用量大，被测蛋白质的浓度范围是 $0.5 \sim 10mg/ml$。

### 3. Folin - 酚法（lowry 法）

是测定蛋白质浓度的常用方法，优点是操作简便、灵敏度高，可测定微克水平的蛋白质含量，缺点是标准蛋白质中显色氨基酸的量应与样品接近，此外，酚类物质的存在可产生干扰，导致分析的误差。

**课堂互动**

采用 Folin - 酚法，测定注射用促肝细胞生长素（一种从新鲜乳猪肝脏中提取的多肽类生化制剂，主要用于肝炎、肝硬化及肝癌的治疗）的含量，若辅料中加入甘露醇，会对测定结果产生何种影响？为什么？

### 4. 紫外分光光度法

此法操作简便、快速，测定蛋白质浓度范围 $0.1 \sim 1.0mg/ml$。若样品中含有其他具有紫外吸收的杂质，如核酸等，可产生较大的误差，故应适当校正。

$$蛋白质的浓度（mg/ml） = 1.55A_{280} - 0.75A_{260}$$

$A$ 为 280nm 和 260nm 时的吸收度。

### 5. 考马斯亮蓝法（bradford 法）

这是一种迅速、可靠的通过染料法测定蛋白质浓度的方法。考马斯亮蓝 G250 有红、蓝两种颜色的形式，在一定浓度的乙醇及酸性条件下，可配成淡红色溶液，最大吸收峰 465nm。当与蛋白质结合后，产生蓝色化合物，在 595nm 有吸收，反应迅速而稳定。此法的特点是快速、灵敏度范围一般是 $25 \sim 200\mu g/ml$，最小可测 $2.5\mu g/ml$ 蛋白质；氨基酸、肽、Tris、糖等无干扰。

### 6. BCA 比色法

在碱性溶液中，蛋白质将 $Cu^{2+}$ 还原为 $Cu^+$ 再与 BCA 试剂（4,4' - 二羧酸 - 2,2'二喹啉钠）生产紫色复合物，在 562nm 有最大吸收，此法与 lowry 法相比几乎没有干扰物质的影响，其灵敏度范围一般为 $10 \sim 1200\mu g/ml$。

# 第六节　多肽和蛋白质类药物

## 一、多肽和蛋白质类药物

### （一）氨基酸及其衍生物类

天然氨基酸和氨基酸混合物及衍生物。复合氨基酸制剂用于营养补充；谷氨酸、精氨酸、乌氨酸可降低血氨，用于治疗肝硬化、肝性昏迷；赖氨酸可促进生长发育，为儿童、产妇、恢复期病人的优良营养剂；甘氨酸用于肌无力症与缺铁性贫血的治疗；蛋氨酸用于脂肪肝、肝炎、肝硬化的防治；天冬氨酸可保护心肌；L-胱氨酸用于抗过敏、脱发症、肝炎、白细胞减少症；半胱氨酸用于抗辐射和解毒；精氨酸-阿司匹林有镇痛和消炎作用。氨基酸的衍生物如 N-乙酰半胱氨酸用于化痰，L-多巴（L-二羟苯丙氨酸）可治疗帕金森病等。

### （二）多肽类

多肽类药物包括三大类：一类是多肽类激素；第二类是多肽类细胞生长调节因子；第三类是其他包括含多肽类的生物药物和重组多肽类药物（表2-3）。

表2-3　多肽类药物的分类

| 分类 | 小类 | 药物 |
| --- | --- | --- |
| 多肽类激素 | 垂体多肽激素 | 促皮质素、促黑激素、脂肪水解激素、催产素、加压素 |
| | 下丘脑激素 | 促甲状腺素释放激素、生长素抑制激素、促性腺激素释放激素等 |
| | 甲状腺激素 | 甲状旁腺激素、降钙素等 |
| | 胰岛激素 | 胰高血糖素、胰解痉多肽等 |
| | 胃肠道激素 | 胃泌素、胆囊收缩素-促胰酶素、肠泌素、肠血管活性肽、抑胃素、缓激肽等 |
| | 胸腺激素 | 胸腺肽、胸腺血清因子等 |
| 多肽类细胞生长调节因子 | 表皮生长因子、转移因子、心钠素等 | |
| 其他类 | 骨宁、眼生素、血活素、氨肽素、妇血宁、脑氨肽、蜂毒、蛇毒、胚胎素、神经营养素、胎盘提取物、花粉提取物、脾水解物、肝水解物、心脏激素、醋酸格拉替雷、醋酸亮丙瑞林、醋酸奥曲肽、艾塞那肽、脑苷肌肽等 | |

### （三）蛋白质类药物（表2-4）

表2-4　蛋白质类药物

| 分类 | 小类 | 药物 |
| --- | --- | --- |
| 蛋白质类激素 | 垂体蛋白质激素 | 生长素、催乳激素、促甲状腺素、促黄体生成激素、促卵泡激素等 |
| | 促性腺激素 | 人绒毛膜促性腺激素、绝经尿促性腺激素、血清促性腺激素等 |
| | 胰岛素及其他蛋白质激素 | 胰岛素、胰抗脂肝素、松弛素、尿抑胃素等 |
| 血浆蛋白质 | 白蛋白、纤维蛋白溶酶原、血浆纤维结合蛋白、免疫丙种球蛋白及各种免疫球蛋白、纤维蛋白原、抗凝血酶Ⅲ、凝血因子Ⅷ、凝血因子Ⅸ等 | |

| 分　类 | 小　类 | 药　物 |
|---|---|---|
| 蛋白质类细胞生长调节因子 | 干扰素 α、β、γ、白细胞介素 1~7、神经生长因子、肝细胞生长因子、血小板衍生的生长因子、肿瘤坏死因子、集落刺激因子、组织纤维溶酶原激活因子、促红细胞生成素、骨形态发生蛋白等 | |
| 黏蛋白 | 胃膜素、硫酸糖肽、内在因子等 | |
| 胶原蛋白 | 明胶、阿胶等 | |
| 碱性蛋白 | 硫酸鱼精蛋白等 | |
| 蛋白酶抑制剂 | 胰蛋白酶抑制剂、大豆蛋白酶抑制剂等 | |
| 凝集素 | 植物血凝素、刀豆蛋白 A | |

## 二、常见的多肽和蛋白质类药物

### 1. 醋酸格拉替雷（glatiramer acetate）

醋酸格拉替雷是一种人工合成的多肽制剂，由谷氨酸、丙氨酸、酪氨酸和赖氨酸四种氨基酸组成。于 1996 年获美国 FDA 核准用于治疗多发性硬化症。2011 年全球销售额达到 36 亿美元。

### 2. 醋酸亮丙瑞林（leuprorelin acetate）

醋酸亮丙瑞林，是一种自然产生的促性腺激素释放激素或促黄体生成释放激素的合成九肽类似物。适应证较广，包括子宫内膜异位症、子宫肌瘤、绝经前乳腺癌、前列腺癌；中枢性性早熟症等。

### 3. 醋酸奥曲肽（octreotide acetate）

醋酸奥曲肽是一种人工合成的天然生长抑素的八肽衍生物，它保留了与生长抑素类似的药理作用，且作用持久。适应证包括肢端肥大症；缓解与功能性胃肠胰内分泌瘤有关的症状和体征；并对具有类癌综合征表现的类癌肿瘤、VIP 瘤、胰高糖素瘤有效。

### 4. 艾塞那肽（exenatide）

艾塞那肽是第一个肠降血糖素类似物，是人工合成的由 39 个氨基酸组成的肽酰胺，为皮下注射剂。用于改善血糖控制的辅助疗法。适用于正在服用磺脲类药物、二甲双胍或磺脲类复方药，却不能有效控制血糖的 2 型糖尿病患者。

### 5. 重组人白介素 -2（recombinant human interleukin -2，IL -2）

IL -2 是一个相对分子质量约 15 000 的淋巴因子。它能促进 T 淋巴细胞增殖，并激活由淋巴细胞激活的杀伤细胞，还可促进淋巴细胞分泌抗体和干扰素，具有抗病毒、抗肿瘤和增强机体免疫功能等作用。临床用于肾细胞癌、黑色素瘤、乳腺癌、膀胱癌、肝癌、直肠癌、淋巴瘤、肺癌等恶性肿瘤的治疗；手术、放化疗后的治疗，以增强机体免疫能力；用于后天或先天免疫缺陷症的治疗；各种自身免疫病的治疗，如类风湿关节炎、系统性红斑狼疮等；对某些病毒性、杆菌性疾病，如乙型肝炎、麻风病、肺结核、白色念珠菌感染等具有一定的治疗作用。

### 6. 脑蛋白水解物（cerebroprotein hydrolysate）

本品是从健康猪新鲜大脑组织中，经复合蛋白酶水解、分离和精制而得，含游离氨基酸约 16 种，含少量肽。可通过血 - 脑屏障，用于改善失眠、头痛、记忆力下降、头昏及烦躁等症状，可促进脑外伤后遗症、脑血管疾病后遗症、脑炎后遗症、急性脑梗死和急性脑外伤的康复。个别病例可引起轻微的 GPT 升高及过敏性皮疹，畏寒或体温稍增加。

**7. 重组人红细胞生成素**（recombinant human erythropoietin）

具有与天然红细胞生成素基本一致的生物学作用，作用于骨髓中的造血祖细胞，能促进其增值和分化，对慢性肾衰竭性贫血有明显的治疗作用。应用红细胞生成素的尿毒症病人进行血液透析后，其左心室心肌比未用红细胞生成素者明显减轻。

**8. 人血白蛋白**（human albumin）

由575个氨基酸残基组成的一条多肽链，有两种制品：一种是从健康人血浆中分离制得的，称人血清白蛋白；另一种是从健康产妇胎盘血中分离制得的，称胎盘血白蛋白。预防和治疗循环血容量减少，抢救休克，烧伤的早期和后期治疗以及低蛋白血症和水肿的治疗等。

## 本 章 小 结

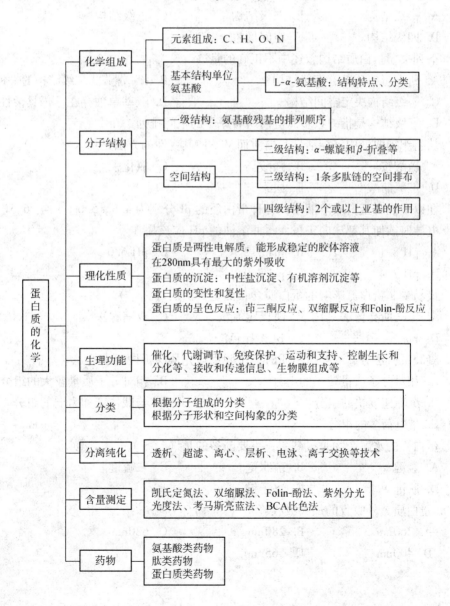

## 目标检测

### 一、单项选择题

1. 蛋白质的基本结构单位是（      ）。
    A. 肽键平面　　　　　B. 核苷酸　　　　　C. 肽
    D. 氨基酸　　　　　　E. 葡萄糖

2. 蛋白质变性（      ）。
    A. 由肽键断裂而引起　B. 都是不可逆的　　C. 可使其生物活性丧失
    D. 紫外吸收能力增强　E. pI 降低

3. 分子病主要是哪种结构异常（      ）？
    A. 一级结构　　　　　B. 二级结构　　　　C. 三级结构
    D. 四级结构　　　　　E. 空间构象

4. 下列关于蛋白质结构叙述中不正确的是（      ）。
    A. 所有蛋白质都有四级结构　　　　　B. $\alpha$ - 螺旋为二级结构的一种形式
    C. 一级结构决定空间结构　　　　　　D. 亚基单独存在，仍具活性
    E. 三级结构是指一条多肽链内所有原子的空间排列

5. 从组织提取液中沉淀活性蛋白质而又不使其变性的方法是加入（      ）。
    A. 硫酸铵　　　　　　B. 强酸　　　　　　C. 氯化汞
    D. 三氯醋酸　　　　　E. 尿素

6. 在以下混合蛋白质溶液中，各种蛋白质的 pI 分别为 4.3、5.0、5.4、6.5、7.4，电泳时欲使其都泳向正极，缓冲溶液的 pH 应该是（      ）。
    A. pH 8.1　　　　　　B. pH 5.2　　　　　C. pH 6.0
    D. pH 7.4　　　　　　E. pH 7.0

7. 最易受非蛋白氮影响的蛋白质含量测定方法是（      ）。
    A. 考马斯亮蓝法　　　B. 凯氏定氮法　　　C. 双缩脲法
    D. Folin - 酚法　　　　E. BCA 比色法

8. 凝胶层析法分离混合蛋白质时，洗脱后最先从层析柱流出的是（      ）。
    A. 相对分子质量较小的组分　　　　　B. 相对分子质量较大的组分
    C. 沉降速度快的组分　　　　　　　　D. 与载体亲和力弱的组分
    E. 带电荷多的组分

9. 蛋白质的水解产物是氨基酸，主要断裂的是（      ）。
    A. 氢键　　　　　　　B. 疏水键　　　　　C. 二硫键
    D. 肽键　　　　　　　E. 离子键

10. 蛋白质紫外吸收的最大吸收峰是（      ）。
    A. 260nm　　　　　　B. 280nm　　　　　C. 680nm
    D. 400nm　　　　　　E. 565nm

## 二、问答题

1. 说明构成天然蛋白质的氨基酸有哪些特点。

2. 说明蛋白质的胶体性质、变性和沉淀在实际工作中有哪些应用。

3. 说明蛋白质分离纯化的基本步骤；若根据带电性质不同，可采用哪些方法分离纯化蛋白质？

4. 蛋白质的结构分哪些层次？说明各层次之间的关系以及维持各级结构的作用力。

5. 结合所学到的知识，简要说明氨基酸、多肽、蛋白质类药物在生产、使用、销售、运输和贮存中应注意哪些问题？

# 实训 一 蛋白质含量的测定技术——紫外吸收法

## 一、实训目的

通过实训，进一步明确紫外吸收法测定蛋白质含量的原理，学会蛋白质样品的制备和蛋白质含量的测定技术；进一步熟悉分析天平的使用；学会移液器、离心机和紫外分光光度计的正确使用操作。

## 二、实训要求

1. 根据教师下达的实训任务，各小组制定出实训工作计划并组织实施。

2. 请同学们按照实训方法和步骤来进行准确的操作，按照规范要求使用各种仪器设备，做到安全第一，对实训中出现的问题能及时查找原因，排除安全隐患。

3. 及时做好实训工作记录，并能对实训数据进行正确的分析和处理，写出实训报告，报告中要求有方法步骤、数据处理、结果、讨论以及总结改进等。

4. 能对实训所用的仪器设备进行简单的维护和保养，并按规定做好使用记录。

5. 要求大家要团结协作，勇于创新，爱护环境。

6. 实训操作结束后，要求各小组以 PPT 形式进行汇报总结，做出自评和互评。

## 三、实训内容

### （一）实训原理

蛋白质分子中含有色氨酸、酪氨酸、苯丙氨酸，使蛋白质在 280nm 波长处有最大吸收值。在一定浓度范围内 （0.1 ~ 1.0mg/ml），蛋白质溶液的光吸收值（$A_{280}$）与其含量成正比，可用作定量测定。

该方法的优点：迅速、简便、不消耗样品，低浓度盐类不干扰测定结果。因此，广泛应用于柱层析分离中蛋白质洗脱情况的检测。此法的缺点：对于测定那些与标准蛋白质中色氨酸、酪氨酸含量差异较大的蛋白质，有一定误差；若样品中含有核酸等具有紫外吸收的物质，也会出现较大的干扰，可用 280/260nm 吸收差法进行校正，以减少核酸对蛋白质含量测定的干扰。

不同种类的蛋白质和核酸的紫外吸收是不同的，即使经过校正，测定结果也存在一定的误差，但可作为初步定量的依据。

### （二）试剂和器材

**1. 试剂**

（1）标准蛋白质溶液    结晶牛血清蛋白，经微量凯氏定氮法测定蛋白氮含量，根据其纯度配制成 1mg/ml 蛋白质溶液。如需保存需放置于 4℃ 的冰箱中。

（2）样品蛋白质溶液    鸡蛋的球蛋白，制备方法见下。

（3）饱和（$NH_4$）$_2SO_4$ 溶液；1mol/L NaOH 溶液。

**2. 器材**

试管 1.5cm×15cm，试管架，移液器 1ml、2ml、5ml、10ml，低速离心机（4000r/min），紫外分光光度计。

### （三）实训方法和步骤

**1. 样品蛋白质溶液的制备**

（1）取鸡蛋清 10ml，加入 80ml 0.1mol/L NaOH 溶液，摇匀，作为蛋白质的母液。

（2）用移液器取 5ml 母液，加入 5ml（$NH_4$）$_2SO_4$ 溶液，用低速离心机离心 8 ~ 10min，转速为 4000r/min。

（3）弃去上清液，得沉淀即为鸡蛋的球蛋白，将 10ml 1mol/L NaOH 溶液加入球蛋白中，摇匀，即为样品蛋白质溶液。

**2. 标准曲线的制作**

取 9 支试管编号，按表 2-5 依次加入标准蛋白质溶液和 NaOH 溶液，摇匀。选用光程为 1cm 的石英比色杯，在 280nm 波长处分别测定各管溶液的 $A_{280}$ 值。以 $A_{280}$ 值为纵坐标，以蛋白质含量为横坐标，绘制标准曲线。要求做好实训记录。

表 2-5    标准蛋白质溶液和 NaOH 溶液的加入量

| 试管编号 | 1 | 2 | 3 | 4 | 5 | 6 | 7 | 8 | 9 |
|---|---|---|---|---|---|---|---|---|---|
| 标准蛋白质溶液（ml） | 0 | 0.5 | 1.0 | 1.5 | 2.0 | 2.5 | 3.0 | 3.5 | 4 |
| NaOH 溶液（ml） | 4 | 3.5 | 3.0 | 2.5 | 2.0 | 1.5 | 1.0 | 0.5 | 0 |
| 蛋白质含量（mg/ml） | 0 | 0.125 | 0.250 | 0.375 | 0.500 | 0.625 | 0.750 | 0.875 | 1.00 |
| $A_{280}$ | | | | | | | | | |

**3. 样品蛋白质的含量测定**

第一种方法：标准曲线法

取待测的样品蛋白质溶液 2ml，加入 1mol/L NaOH 2ml，摇匀，按上述方法在 280nm 波长处测吸收值，并从标准曲线上查出样品蛋白质的含量（mg/ml）。

$$样品蛋白质的含量 = 稀释倍数 \times n$$

$n$ 为从标准曲线上查出的蛋白质含量，mg/ml。

第二种方法：280nm 与 260nm 吸收差法

分别测定样品蛋白质在 280nm 和 260nm 处的吸收值，按照下述公式计算蛋白质的含量（mg/ml）。

$$样品蛋白质含量 = 1.55\,A_{280} - 0.75\,A_{260}$$

### （四）温馨提示

1. 紫外分光光度计的使用要有对照，严格按照仪器的使用说明操作，并有使用记录。
2. 离心机的使用中要注意离心管放置的位置要对称，质量要等同。
3. 样品和标准液的配制一定要摇匀。
4. 标准蛋白质溶液的配制中应根据 $n$ 的含量来计算蛋白质的含量。

### （五）实训思考

1. 本法与其他蛋白质含量测定方法比较，有何优缺点？
2. 应用本法测定蛋白质含量，应考虑排除哪些因素的干扰？

## 四、实训评价

评价细则参见表 2-6。

表 2-6 蛋白质含量测定技术（紫外吸收法）的评价细则

| 指标类别 | 教学和学习要求 | 评价要素 | 标准分值 | 评分 |
|---|---|---|---|---|
| 知识要求 | 1. 认知蛋白质的紫外吸收原理、离心分离原理、分光光度法测定原理<br>2. 理解标准曲线法的含义 | 能说明分光光度计测定蛋白质浓度的原理；以及标准曲线法的应用 | 10 | |
| 技能要求 | 1. 按照要求快速、规范使用移液器、普通的分析天平、紫外分光光度计和离心机 | 规范使用移液器，操作不规范扣3分，取样不准确扣分扣3分 | 10 | |
| | 2. 能正确绘制标准曲线<br>3. 学会沉淀法制备样品蛋白质 | 规范使用分析天平，操作不规范扣分3分 | 10 | |
| | 4. 对实训中发现的问题，能分析查找原因，解决事故隐患 | 规范使用离心机，操作不规范扣6分<br>按照步骤有序安全操作 | 10 | |
| | 5. 具有对数据进行统计处理及误差分析的能力 | | 10 | |
| | 6. 能对使用的仪器、设备进行简单的维护和保养<br>7. 能按照实训步骤进行操作，做到安全第一 | 在线填写实训记录，结束后填写扣3分 | 10 | |
| | 8. 迅速准确记录实训现象和数据，学会实训报告书写细则 | 报告内容详细，条理清晰，有结果讨论和反馈改进 | 20 | |
| 素质要求 | 1. 具有团结协作的精神和勇于创新的意识，具有沟通交流能力、分析问题和解决问题能力 | 不迟到、早退 | | |
| | 2. 具有实事求是、严肃严谨的工作态度<br>3. 检查和整理好现场<br>4. 虚心接受实训室辅助教师的指导和同学协助提醒 | 实训前后现场检查和整理现场<br>实训室辅助教师评价<br>同学互评和自评 | 20 | |

指导教师评阅意见
评价总分
教师签名 　　　　　　　　　　评阅日期

注：本书各实训项目的实训要求和实训评价内容，参阅本实训蛋白质含量的测定技术——紫外吸收法。

**实训 二**　氨基酸的分离鉴定技术——纸层析法或薄层层析法

## 一、实训目的

通过实训，进一步明确氨基酸纸层析法的基本原理和方法，熟记层析分离的步骤和操作方法；练习利用毛细管点样的操作。

## 二、实训内容

### （一）实训原理

纸层析法（paper chromatography）是生物化学上分离、鉴定氨基酸混合物的常用技术，可用于蛋白质的氨基酸成分的定性鉴定和定量测定。

纸层析法是用滤纸作为惰性支持物的分配层析法，纸层析所用展层溶剂大多由有机溶剂和水组成。其中滤纸纤维素上吸附的水是固定相，展层用的有机溶溶剂是流动相。因为滤纸纤维与水的亲和力强，与有机溶剂的亲和力弱，因此在展层时，水是固定相，有机溶剂是流动相。

在层析时，将样品点在距滤纸一端约 2～3cm 的某一处，该点称为原点；然后在密闭容器中层析溶剂沿滤纸的一个方向进行展层，溶剂由下向上移动的称上行法；由上向下移动的称下行法。这样混合氨基酸在两相中不断分配，由于分配系数（$K_d$）不同，即不同的氨基酸在相同的溶剂中溶解度不同，氨基酸随流动相移动的速率就不同，结果它们分布在滤纸的不同位置上而形成距原点距离不等的层析点。

物质被分离后在纸层析图谱上的位置可用比移值（rate of flow，$R_f$）来表示。所谓 $R_f$，是指在纸层析中，从原点至层析点中心的距离（$X$）与原点至溶剂前沿的距离（$Y$）的比值：

$$R_f = \frac{原点到层析点中心的距离(X)}{原点到溶液前沿的距离(Y)}$$

$R_f$ 值的大小与物质的结构、性质、溶剂系统、层析滤纸的质量和层析温度等因素有关。在一定条件下，某种物质的 $R_f$ 值是常数。

本实训采用纸层析法分离氨基酸。氨基酸是无色的，利用茚三酮反应，可将氨基酸层析点显色作定性、定量用。

### （二）试剂和器材

**1. 试剂**

（1）展层剂（扩展剂）　水合正丁醇：醋酸＝4：1，即将 20ml 正丁醇和 5ml 冰醋酸放入分液漏斗中，与 15ml 水混合，充分振荡，静置后分层，放出下层水层后备用。

（2）显色剂　0.1% 水合茚三酮正丁醇溶液，即 0.5g 茚三酮溶于 100ml 正丁醇，即得 0.5% 茚三酮—正丁醇溶液，贮于棕色瓶中备用。

（3）氨基酸溶液　氨基酸溶液：5g/L 的赖氨酸（lys）、缬氨酸（val）、脯氨酸

（pho）、混合氨基酸的异丙醇（10%）溶液，其中10%异丙醇是体积百分比。

**2. 器材**

层析缸，层析滤纸（新华1号）或薄层硅胶G板，点样用毛细管（或微量点样器），吹风机，烘箱（或真空干燥箱），喉头喷雾器，直尺，剪刀，一次性手套，铅笔，分液漏斗（250ml）。

**（三）实训方法和步骤**

**1. 纸层析法**

（1）准备滤纸　取层析滤纸一张，裁剪成12cm×10cm大小。在纸的一端距边缘2cm处用铅笔划一直线，在直线上每间隔2cm做一记号，标出4个原点。裁剪滤纸时注意带一次性手套，以免手上的油迹污染层析纸。

（2）点样　用毛细管将各氨基酸样品点在4个原点上，用量10~20µl，每点在纸上扩散的直径，最大不超过3mm，越小越好。可用吹风机冷风吹干或自然干后再点一次，且每次的点样点要重合。

（3）展层　用镊子将点好样的滤纸小心放入层析缸中，使之直立，点样的一端在下，扩展剂的液面需低于点样线1cm，盖上缸盖。待溶剂上升9cm左右时，用镊子取出滤纸，用铅笔画出溶剂的前沿，自然干燥或用吹风机热风吹干（或置于干燥箱中）干燥2min取出。

（4）显色　用喷雾器均匀喷上0.1%茚三酮正丁醇溶液，然后置干燥箱中烘烤3min（100℃）或用热风吹干，直至氨基酸斑点显色，用铅笔画出轮廓。

（5）计算各种氨基酸的$R_f$值。

**2. 薄层层析法**

（1）准备薄层板　可以直接购买薄层板，临用前一般应在110℃活化30min；也可以自己制作。

（2）点样　将薄层板铺有硅胶部分平放在干净的桌面上，用石英刀将薄层板切成宽约4cm，长约6cm大小，在薄层板的一端距边缘1~1.5cm处用铅笔划一条直线，平均分成4个点。用毛细管吸取少量氨基酸样品分别点在这4个位置上，每点完一点，立刻用吹风机吹干后再点一次，且每次的点样点要重合。

（3）展层　在层析缸中倒入少量展层剂（液面为1cm左右），用镊子将点好样的薄层板小心放入层析缸中，使之直立，点样的一端在下，扩展剂的液面需低于点样线约5mm，盖上缸盖。待溶剂上升5cm左右时，取出薄层板，自然干燥或用吹风机吹干。

（4）显色和$R_f$值的计算操作同上述的纸层析。

**（四）温馨提示**

1. 拖尾现象是指展层、显色后在层析分配图上，所看到的某一种氨基酸的分子位移，不是如标准图谱所示的那样完整地显示在某一位置上，而是形成像笤帚那样，前端粗圆而逐渐细小下来，宛如拖着一个尾巴。其图所呈颜色也是由浓渐淡。样品点不要吹得太干燥，否则，样品物质的分子，会牢吸在层析纸的纤维上，出现"拖尾"现象。不要用热风吹，最好用冷风或自然干燥。

2. 为节省时间，本实训只饱和层析缸，不饱和点样滤纸，此步骤可最先做。在层析缸饱和 20min 后, 做点样准备和点样操作。

3. 点样设计时, 一般将混合样设计在中间位置较好, 以免边沿效应影响混合样的分离。

4. 显色时一定要在通风橱内进行, 并将层析滤纸置于干净大白瓷盘内, 再喷洒显色剂, 以免污染工作台。

### (五) 实训思考

1. 何谓 $R_f$ 值? 影响 $R_f$ 值的主要因素是什么?

2. 怎样制备扩展剂?

3. 为什么层析缸要预先饱和?

## 实训 三 血清蛋白质的分离——醋酸纤维素薄膜电泳法

### 一、实训目的

能熟练说出蛋白质电泳分离的原理和方法; 熟练操作和使用电泳仪; 熟记电泳的步骤和操作方法; 进一步练习点样操作。

### 二、实训内容

### (一) 实训原理

醋酸纤维素薄膜电泳 (CAME) 是以醋酸纤维素薄膜 (CAM) 作支持物的一种区带电泳技术, 将血清样品点样于 CAM 上, 在 pH 8.6 的缓冲液中电泳时, 血清蛋白质均带负电荷而移向正极。由于血清中各蛋白组分等电点不同而致使表面净电荷量不等, 加上各蛋白组分的分子大小和形状各异, 因而电泳迁移率不同, 彼此得以分离。电泳后, CAM 经染色和漂洗, 可清晰呈现清蛋白、$\alpha_1$ - 球蛋白、$\alpha_2$ - 球蛋白、$\beta$ - 球蛋白、$\gamma$ - 球蛋白 5 条区带。

### (二) 试剂与器材

#### 1. 试剂

(1) 巴比妥缓冲液 (pH 8.6 $I = 0.06$) 取巴比妥钠 12.76g, 巴比妥 1.66g, 加蒸馏水加热溶解后稀释至 1L。

(2) 氨基黑 10B 染色液 取氨基黑 10B 0.5g, 甲醇 50ml, 冰醋酸 10ml, 加水至 100ml。

(3) 漂洗液 95% 乙醇 45ml、冰醋酸 5ml、蒸馏水 50ml。

(4) 血清蛋白。

#### 2. 器材

盖玻片, 染色皿, 漂洗器, 镊子, 电泳仪, 水平电泳槽, 醋酸纤维素薄膜 (8mm × 2mm)。

### （三）实训方法和步骤

**1. 薄膜的准备**

距离边缘 1.5cm 用铅笔做好标记，粗糙面用于点样，然后将薄膜放进缓冲液中，自然浸润，约 20min。

**2. 电泳槽的准备**

水平放置，将缓冲液注入电泳槽中，两边的缓冲液高度要一致，架上滤纸桥，盖上电泳槽盖。

**3. 点样**

将充分浸透（指膜上没有白色斑痕）的薄膜取出，用滤纸吸去膜上过多的缓冲液，盖玻片蘸取血清（约 10～20pl），垂直印在 CAM 粗糙面的加样线上，待样品全部渗入薄膜内后，移开盖玻片。

**4. 电泳**

加样后，将薄膜条架于支架两端，点样面朝下，点样侧置于负极端。薄膜应平直无弯曲，加上槽盖平衡 5min。正确连接电泳槽与电泳仪对应的正负极，开启电源通电。电压 10～15V/cm 膜总宽。电泳 40～60min，泳动距离约达 3.5～4.0cm 时即可断电。

**5. 染色**

电泳完毕后断电，用镊子取出薄膜条投入染液 5～10min，染色过程中不时轻轻晃动染色皿，使染色充分。

**6. 漂洗**

从染液中取出薄膜条并尽量沥去染液，投入漂洗皿中反复漂洗，直至背景漂净为止，待干后观察条带。

### （四）温馨提示

1. 点样要少、轻、直、匀。

2. 不要将薄膜吸得过干。

3. 漂洗时不要用镊子来回拉动。

### （五）实训思考

1. 为什么薄膜的点样面朝下，点样端置于阴极？

2. 用醋酸纤维素薄膜作为电泳的支持物有何优点？

## 实训 四 多肽、蛋白质类药物的调研

## 一、实训目的

通过学习和调研，熟悉常用此类药物商品的作用、种类、临床使用情况、制剂和规格和贮存要求等；了解调研的各种途径、方式和方法；学会信息查询和资料检索的

方式、方法和途径。

## 二、实训要求

1. 各小组分工，独立制定调研计划并组织实施。

2. 及时做好现场调研记录，并能对调研搜集的信息资料进行整理汇总，写出调研报告，进行 PPT 汇报。

3. 要求大家要团结协作、友爱互助、尊重知识、尊重他人。

## 三、实训内容

### （一）调研的方法和步骤

**1. 调研的地点和方法**

（1）现场调研　到生产企业、药店、医院药房等现场调研。

（2）查阅文献资料　利用网络和查阅书籍、杂志等。

（3）访谈（座谈）。

（4）问卷调查。

（5）其他。

**2. 调研步骤**

（1）将全班同学分 5~10 人/组，小组长具体负责协调，组员分工。

（2）各小组制定调研计划，明确调研地点和调研任务，并组织实施。调研内容参见表 2-7。

（3）根据不同的调研方式，实施调研过程，并做好调研记录

（4）整理汇总调研记录，撰写调查报告，整理 PPT。

（5）每组选 1 名代表进行 PPT 汇报，同学们互评和自评，最后教师点评。

表 2-7　多肽、蛋白质类药物调查表

| 序号 | 类别 | 厂家 | 名称 | 用途 | 规格 | 剂型 | 用法 | 注意事项 | 贮藏 |
|------|------|------|------|------|------|------|------|----------|------|
| 1 | | | | | | | | | |
| 2 | | | | | | | | | |
| 3 | | | | | | | | | |

### （二）温馨提示

1. 充分利用学院的资料室、图书馆和电子阅览室等场所，实施校内完成。

2. 利用毕业生和实习生资源，进行问卷调研和访谈调研。

3. 到制药企业、药店、医院药房现场调研。

4. 正确鉴别虚假信息，及时寻求教师的指导。

### （三）调研思考

1. 通过调研训练，你有哪些方面的提高（包括知识、能力和素质）？

2. 你对该类药物研究的新方向、生产的新技术、使用的新剂型了解多少？

3. 氨基酸、多肽、蛋白质类生化产品在功能食品和保健品行业中占什么地位？

## 四、实训评价

评价细则见表 2-8。

表 2-8　实训四的评价细则

| 指标<br>类别 | 学习要求 | 评价要素 | 标准<br>分值 | 评分 |
|---|---|---|---|---|
| 知识<br>要求 | 1. 具有初步的多肽、蛋白质类药物的基本知识<br>2. 熟悉各种调研方法 | 能说出 10 种常见的该类药物的作用、剂型和使用注意事项、贮存要求 | 10 | |
| 技能<br>要求 | 1. 能用最恰当的方法获取最新、最全的资料<br>2. 会对资料信息筛查整理<br>3. 能有效利用网络、图书资料查询有价值的信息资料<br>4. 及时做好调研记录<br>5. 能对调研过程中遇到的困惑分析查找原因，并能合理解决<br>6. 学会调研报告的书写细则<br>7. 具有自主探究新知识、新技术、新方法的能力 | 搜集的资料全面、新颖<br><br>调研原始记录、视频或录音<br><br>整理汇总有价值的信息<br><br>报告内容详尽，条理清晰；涵盖新药物、新剂型、新技术等 | 10<br><br>20<br><br>10<br><br>20 | |
| 素质<br>要求 | 1. 具有尊重理解他人、团结协作精神和良好的沟通交流能力<br>2. 具有谦虚、严谨、求实的工作态度<br>3. 具有较强的口头表达、书面表达能力 | 按时完成工作任务<br><br>实事求是，造假扣 20 分<br>同学互评和自评 | 30 | |
| 指导教师评阅意见<br>评价总分<br>教师签名 | | 评阅日期 | | |

# 第三章 | 核酸的化学

**知识目标**

掌握核酸的化学组成、理化性质及其生物学功能；熟悉核酸的分子结构和核苷酸衍生物的生物学功能；熟悉核酸类药物的应用。

**技能目标**

依据核酸的理化性质，学会核酸分离纯化和鉴定的基本方法和技术。

核酸（nucleic acid）是生物体内含有磷酸基团的重要生物信息大分子。1868 年瑞士生物学家 Miescher 从绷带的脓细胞核中分离出一种显酸性的物质，称之为核酸。在自然界中，一切生物均含有核酸（朊病毒除外），核酸占细胞干重的 5% ~ 15%。

核酸在细胞内通常以与蛋白质结合构成核蛋白的形式存在，天然核酸可分为核糖核酸（ribonucleic acid，RNA）和脱氧核糖核酸（deoxyribonucleic acid，DNA）两大类。DNA 主要分布于细胞核中，少量存在于细胞器（如线粒体、叶绿体和质粒），起携带遗传信息，并通过复制传递遗传信息的功能。RNA 可存在于细胞质和细胞核中，参与遗传信息的转录和表达。在某些病毒中，RNA 也可以作为遗传信息的载体。

核酸不仅与正常生命活动如生长繁殖、遗传变异、细胞分化等密切相关，而且也与生命的异常活动如肿瘤发生、辐射损伤、病毒感染和代谢疾病等息息相关。本章重点讨论核酸的化学组成、分子结构和分离纯化技术。

## 第一节　核酸的化学组成

### 一、核酸的元素组成

核酸是一类由 C、H、O、N 和 P 等元素组成的化合物。其中，P 在 DNA 和 RNA 中的含量比较恒定，平均为 9% ~ 10%。因此，只要测定核酸样品中的含磷量，就可以推算出该样品中核酸的含量。

蛋白质中是否也存在类似含量比较恒定的元素呢？其含量平均是多少？有何意义？

### 二、核酸的基本结构单位——单核苷酸

核酸是由许多分子单核苷酸聚合而成的多核苷酸，组成核酸的基本结构单位是单核苷酸（mononucleotide）。单核苷酸可以进一步分解成核苷（nucleoside）和磷酸，核苷再进一步分解成碱基（base）和戊糖（pentose）。

核酸的逐步水解过程可表示如下：

$$核酸 \rightarrow 核苷酸 \begin{cases} \rightarrow 磷酸 \\ \rightarrow 核苷 \begin{cases} \rightarrow 戊糖 \\ \rightarrow 碱基 \end{cases} \end{cases}$$

#### （一）核酸的化学组成

**1. 碱基**

核酸中的碱基分为两类：嘌呤碱（purine）和嘧啶碱（pyrimidine）。常见的嘌呤碱有两种：腺嘌呤（adenine，A）和鸟嘌呤（guanine，G）；嘧啶碱有三种：胞嘧啶（cytosine，C）、尿嘧啶（uracil，U）和胸腺嘧啶（thymine，T）。其中 RNA 和 DNA 都有的碱基是腺嘌呤、鸟嘌呤和胞嘧啶，而尿嘧啶通常只存在于 RNA 中，胸腺嘧啶只存在于 DNA 中。

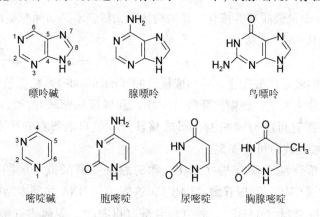

嘌呤碱　　　　腺嘌呤　　　　鸟嘌呤

嘧啶碱　　　胞嘧啶　　　尿嘧啶　　　胸腺嘧啶

除了以上常见的碱基之外，生物体内还存在着 100 多种其他嘌呤碱基或嘧啶碱基的衍生物，这些碱基有的很少见，有的是常见碱基的修饰产物或代谢产物，例如次黄嘌呤（hypoxanthine）、黄嘌呤（xanthine）和二氢尿嘧啶（dihydrouracil）等。

**2. 戊糖**

戊糖是构成核苷酸的另一基本组分。为了有别于碱基的原子编号，戊糖的碳原子标以 $C-1'$、$C-2'$……$C-5'$。戊糖可以分为两类：$\beta-D-$核糖和 $\beta-D-2'-$脱氧核糖。核糖存在于 RNA 中，而脱氧核糖存在于 DNA 中。

$\beta$-D-核糖　　　　　　　　$\beta$-D-2′-脱氧核糖

**3. 磷酸**

磷酸为三元酸，在一定条件下，通过酯键与戊糖相连，使多个单核苷酸聚合成为

核苷酸链。

## （二）核苷和核苷酸

### 1. 核苷

核苷（nucleoside）是由戊糖和碱基缩合而成的糖苷。糖苷键通常由戊糖 C - 1′ 上的羟基与嘧啶碱的 N - 1 或嘌呤碱的 N - 9 上的氢脱水缩合而成。核苷可以分为核糖核苷与脱氧核糖核苷两类。对核苷进行命名时，先冠以碱基的名称，如腺嘌呤核苷（简称腺苷）、胞嘧啶脱氧核苷（简称脱氧胞苷）等。

腺嘌呤核苷　　　　　胞嘧啶脱氧核苷　　　　　假尿嘧啶核苷

tRNA 中含有少量假尿嘧啶核苷，其结构特殊，核糖不是与尿嘧啶的 N - 1 相连接，而是与嘧啶环的 C - 5′ 相连接。

### 2. 核苷酸

核苷中戊糖的羟基磷酸酯化，就形成核苷酸（nucleotide）。根据核苷酸中戊糖的不同，核苷酸可以分为两类：核糖核苷酸（NMP）和脱氧核糖核苷酸（dNMP）。虽然核苷戊糖上的羟基都有可能与磷酸酯化形成核苷酸，但自然界存在的游离核苷酸均为 5′ - 核苷酸，一般其代号可略去 5′。

常见的核糖核苷酸有腺苷酸（AMP，称为腺苷一磷酸或一磷酸腺苷）、鸟苷酸（GMP），胞苷酸（CMP）和尿苷酸（UMP），这四种是 RNA 的基本结构单位。脱氧核糖核苷酸有脱氧腺苷酸（dAMP）、脱氧鸟苷酸（dGMP）、脱氧胞苷酸（dCMP）和脱氧胸苷酸（dTMP），是 DNA 的基本结构单位。

在 DNA 和 RNA 的化学组成中，有哪些相同点和不同点？

## 三、生物体内重要的核苷酸衍生物

核苷酸是具有多种生理功能的生物大分子。除了聚合为核酸外，细胞内还有多种游离的核苷酸衍生物。腺苷酸是几种重要辅酶的组成成分，如烟酰胺腺嘌呤二核苷酸（NAD⁺）、烟酰胺腺嘌呤二核苷酸磷酸（NADP⁺）、黄素腺嘌呤二核苷酸（FAD）及辅酶 A（CoA）的组成成分都有腺苷酸。有的核苷酸衍生物还参与细胞内的物质代谢与调控。

## （一）多磷酸核苷酸

在一定条件下核苷一磷酸（NMP 或 dNMP）可以进一步磷酸化，5′位连接两个磷酸基团或三个磷酸基团形成核苷二磷酸（NDP 或 dNDP）或核苷三磷酸（NTP 或 dNTP）。如 AMP 磷酸化生成 ADP，ADP 再进一步磷酸化生成 ATP（图 3-1）。

ATP 作为能量的通用载体，在生物体内能量转换中起着核心作用。其他多磷酸核苷酸在生命活动中也发挥着重要作用，如 UTP、CTP 和 GTP 分别参与糖原、磷脂和蛋白质的生物合成。

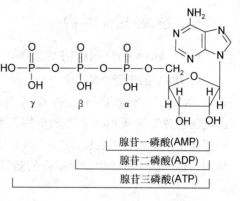

图 3-1  AMP、ADP 和 ATP 结构

## （二）环化核苷酸

核苷酸的磷酸基可以与戊糖 C-3′上的羟基脱水缩合，形成 3′,5′-环核苷酸。重要的环化核苷酸有 3′,5′-环腺苷酸（cAMP）和 3′,5′-环鸟苷酸（cGMP），它们是细胞信号转导过程中的第二信使，具有放大激素作用信号和缩小激素作用信号的功能。

3′,5′-cAMP                    3′,5′-cGMP

# 第二节  核酸的分子结构

## 一、核酸的一级结构

核酸分子中单核苷酸的排列顺序称为核酸的一级结构。由于核苷酸之间的差异在于碱基的不同，因此核酸的一级结构也就是碱基的排列序列。

核苷酸之间的连接方式是磷酸二酯键，一个核苷酸戊糖 C-3′上的羟基与相邻核苷酸戊糖 C-5′上的磷酸基团结合，后者分子中戊糖 C-3′上的羟基又可与另一个核苷酸戊糖 C-5′上的磷酸基团结合。如此通过 3′,5′-磷酸二酯键将许多核苷酸连接在一起，形成一条多核苷酸长链（图 3-2）。

在多核苷酸长链的一端，具有游离的 5′-磷酸基，称为 5′-磷酸末端（5′-P），简称 5′-端。另一端具有游离的 3′-羟基，称为 3′羟基末端（3′-OH），简称 3′-端。由于核酸分子具有方向性，所以规定核酸的排列顺序和书写规则必须是从 5′-端到 3′-端。

## 二、核酸的空间结构

### (一) DNA 的空间结构

#### 1. DNA 的二级结构

DNA 的二级结构一般是指 DNA 分子的空间双螺旋结构（图 3 - 3）。它是 1953 年由美国物理学家 Watson 和英国生物学家 Crick 联手，对 DNA 结晶进行 X 射线衍射图谱和其他化学结果分析后创建的。DNA 双螺旋结构模型的建立，不仅揭示了 DNA 的二级结构，也开创了分子生物学研究的新时期。

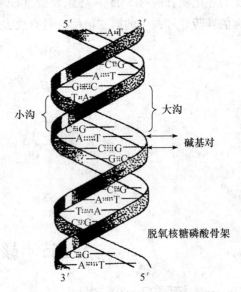

图 3 - 2　DNA 分子中多核苷酸链的一个小片段　　　　图 3 - 3　DNA 分子双螺旋结构模型

DNA 双螺旋结构的要点如下。

（1）DNA 由两条呈反向平行的多聚脱氧核苷酸链围绕一个中心轴互相缠绕形成右手螺旋结构。链之间的螺旋形成一条大沟和一条小沟。

（2）磷酸基与脱氧核糖在外侧，彼此通过磷酸二酯键相连接，形成 DNA 分子的骨架。碱基连接在糖环的内侧。糖环平面与碱基平面互相垂直。

（3）双螺旋的直径为 2nm。顺轴方向，每隔 0.34nm 有一个核苷酸，两个相邻核苷酸之间的夹角为 36°。每圈双螺旋有 10 对核苷酸，螺距为 3.4nm。

（4）两条链由碱基间的氢键相连。由于受双螺旋空间形状所限，在 DNA 分子中，配对的碱基只能是在 A 与 T 和 G 与 C 之间。A 与 T 之间可形成两个氢键，G 与 C 之间可形成三个氢键，这种碱基配对的方式称为碱基互补配对规则。

（5）DNA 双螺旋结构稳定的作用力有三种　①氢键　碱基对之间的氢键使两条链缔合形成空间平行关系，维系双螺旋结构的横向稳定；②碱基堆积力　碱基之间层层堆积形成 DNA 分子内部一个疏水核心，维系双螺旋结构的纵向稳定；③离子键　DNA 分子中的磷酸残基阴离子与介质中阳离子的正电荷之间形成的离子键，可降低 DNA 双链之间的静电排斥力。

### 2. DNA 的三级结构

DNA 在双螺旋结构基础上，通过扭曲、折叠形成的特定三维构象称为 DNA 的三级结构。它具有多种形式，其中以超螺旋最为常见。根据螺旋的方向，超螺旋分为两种：正超螺旋和负超螺旋。如果盘旋方向与 DNA 双螺旋方向相同则为正超螺旋，反之则为负超螺旋。在正常生理条件下，自然界的闭合双链 DNA 主要以负超螺旋形式存在。

绝大部分原核生物的 DNA 都是共价闭合的环状双螺旋分子。它在细胞内进一步缠绕，形成类核结构，并保证以较致密的形式存在于细胞内。真核生物的基因组 DNA 以松散的染色质（chromatin）形式随机分散于细胞核内。当进入有丝分裂期，染色质进一步压缩组装成染色体（chromosome）。其中，染色质的基本组成单位是核小体（nucleosome）。

核小体主要由 DNA 和组蛋白构成。组蛋白分为五种，分别用符号 $H_1$、$H_{2A}$、$H_{2B}$、$H_3$ 和 $H_4$ 来表示。核小体首先由 $H_{2A}$、$H_{2B}$、$H_3$、$H_4$ 各两分子形成八聚体，外绕 DNA，长约 145bp，形成所谓的核心颗粒，实际上需再由组蛋白 $H_1$ 与 DNA 两端连接，形成珠状核小体结构（图 3-4）。

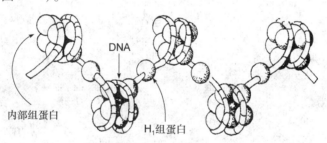

DNA

内部组蛋白　　$H_1$组蛋白

图 3-4　核小体示意图

由于核小体的形成，DNA 分子的长度被压缩 6/7 左右。在此基础上，核小体再进一步盘旋折叠，形成纤维状结构及襻环结构，最后形成染色体。经过这样的压缩折叠，将长度超过细胞核直径 10 000 倍的 DNA 分子容纳于其中。

### 人类基因组计划

1986 年 3 月，美国政府开始组织和讨论人类基因组计划（Human Genome Project，HGP）。该计划将对人类 23 对染色体的全部 DNA 进行测序，并绘制相关的遗传图谱、物理图谱和序列图谱。1990 年 HGP 正式启动。此后，英、法、德、日等国相继加入该计划。我国于 1999 年跻身 HGP，并承担 1% 的测序任务。2001 年 2 月，设在美国国家卫生研究院的人类基因组国家研究中心与 Celera 公司联合公布了人类基因组序列草图。至此，人类历史上第一次由多国数千名科学家参与的国际性科研合作项目宣告完成。

## （二）RNA 的空间结构

根据结构和功能的不同，动物、植物和微生物细胞的 RNA 主要分为三类：核糖体 RNA（ribosomal RNA，rRNA）、转运 RNA（transfer RNA，tRNA）和信使 RNA（messenger RNA，mRNA）。天然 RNA 都是单链线性分子，只有局部区域可卷曲形成双螺旋结构。双链部位的碱基一般会彼此形成氢键而互相配对，即 A－U 及 G－C。有些不参与配对的碱基往往被排斥在双链外，形成环状突起。具有二级结构的 RNA 可进一步折叠，形成 RNA 分子的三级结构。这里以 tRNA 为例，简要介绍 RNA 的空间结构。

### 1. tRNA 的二级结构

各种 tRNA 的二级结构呈三叶草式，分为氨基酸臂、二氢尿嘧啶环（DHU 环）、反密码环、额外环和 TψC 环等五部分（图 3－5）。

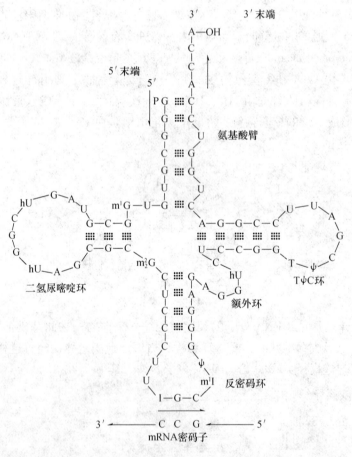

图 3－5 tRNA 的二级结构

氨基酸臂：由 7 对碱基组成，富含鸟嘌呤，3′末端为－CCA，在蛋白质生物合成时，用于连接活化的相应氨基酸。

二氢尿嘧啶环：由 8~12 个核苷酸组成，含有二氢尿嘧啶，故称为二氢尿嘧啶环。

反密码环：由 7 个核苷酸组成，环的中间是由 3 个碱基组成的反密码子，次黄嘌呤核苷酸常出现于反密码子中。

额外环：由 3 ~ 18 个核苷酸组成，不同的 tRNA 具有不同大小的额外环，所以是 tRNA 分类的指标。

TψC 环：由 7 个核苷酸组成，因环中含有 T - ψ - C 碱基序列，故名 TψC 环。

**2. tRNA 的三级结构**

酵母 tRNA<sup>Phe</sup>呈倒 L 形的三级结构（图 3 - 6）。其他 tRNA 也类似。在倒 L 形的一端为反密码环，另一端为氨基酸臂，拐角处则为 TψC 环和 DHU 环。

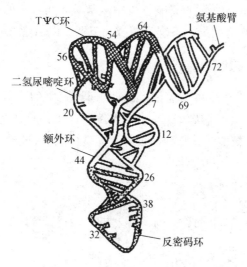

图 3 - 6　tRNA<sup>Phe</sup> 的三级结构

# 第三节　核酸的理化性质

## 一、核酸的一般性质

### （一）分子大小

核酸属于大分子化合物。DNA 的相对分子质量特别巨大，一般在 $10^6$ ~ $10^{10}$ 之间。不同生物、不同种类 DNA 相对分子质量差异很大，如大肠埃希菌染色体 DNA 相对分子质量约为 $2 \times 10^9$，果蝇巨染色体 DNA 相对分子质量约为 $8 \times 10^{10}$。RNA 分子比 DNA 短得多，其相对分子质量只达 $(2.3 ~ 11) \times 10^5$。

### （二）溶解度与黏度

RNA 和 DNA 都属于极性化合物，都微溶于水，而不溶于乙醇、乙醚和三氯甲烷等有机溶剂。它们的钠盐比自由酸易溶于水，RNA 易溶于低盐浓度（0.14mol/L 的 NaCl 溶液）中，而 DNA 则溶于高盐浓度（1 ~ 2mol/L 的 NaCl 溶液）中。

高分子溶液比普通溶液黏度要大得多，线性分子的黏度更大。天然 DNA 分子极为细长，即使是极稀的 DNA 溶液，黏度也极大。RNA 的黏度比 DNA 黏度小。当 DNA 溶液加热或在其他因素作用下，发生螺旋→线团转变时，黏度降低。所以可用黏度作为 DNA 变性的指标。

### （三）酸碱性

核酸分子中既含有酸性的磷酸基，又有碱性基团，所以核酸属于两性电解质。核酸分子中磷酸基团的酸性强，当溶液的 pH 高于 4 时，核酸中两个单核苷酸残基之间的磷酸残基全部解离，呈多阴离子状态。因此，可以把核酸看成是多元酸，具有较强的酸性。

由于碱基对之间氢键的性质与其解离状态有关，而碱基的解离状态又与 pH 有关，所以溶液中的 pH 直接影响核酸双螺旋结构中碱基对之间氢键的稳定性。对 DNA 来说，碱基对在 pH 4.0～11.0 之间最为稳定，超越此范围，DNA 就发生变性。

## 二、核酸的紫外吸收

嘌呤碱及嘧啶碱都含有共轭双键。因此，碱基、核苷、核苷酸和核酸在 240～290nm 范围内具有强烈的紫外吸收。在中性条件下，他们的最大吸收值在 260nm 附近。利用这一特性，可以对核酸、核苷酸、核苷和碱基样品进行定性和定量分析。

蛋白质中是否也存在类似的紫外吸收峰呢？其最大吸收峰值是多少？

## 三、核酸的变性、复性和杂交

### （一）核酸的变性

核酸分子具有一定的空间结构，维持这种空间结构的作用力主要是氢键和碱基堆积力。有些理化因素会破坏氢键和碱基堆积力，导致核酸空间结构发生改变，从而引起核酸的生物学功能丧失和理化性质的改变，这种现象称为核酸的变性。

核酸变性会导致其相对分子质量降低吗？

引起核酸变性的外部因素有很多，如加热、极端的 pH、有机溶剂和尿素等。加热引起 DNA 的变性称为热变性。DNA 变性后，分子双螺旋结构遭到破坏，形成无规则线团，藏在内部的碱基全部暴露出来，对 260nm 紫外光的吸光度比变性前明显升高，即增色效应（hyperchromic effect）（图 3–7）。

DNA 热变性是一个跃变过程。随着温度的上升，DNA 在 260nm 的紫外吸收不断增加，吸收达到饱和，表明 DNA 双链全部解离成单链。通常把 $A_{260}$ 达到最大值一半时，所对应的温度称为熔解温度，用符号 $T_m$ 表示（图 3–8）。DNA 的 $T_m$ 值一般在 70～85℃之间。

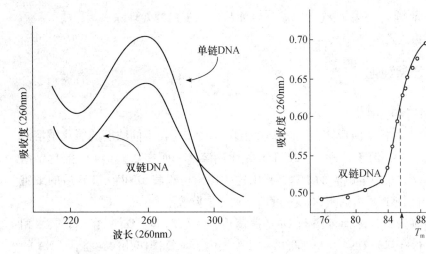

图 3－7 DNA 在解链过程中表现出增色效应　　　图 3－8 DNA 解链温度曲线

### （二）核酸的复性

变性 DNA 在适当条件下，两条彼此分开的链重新缔合成为双螺旋结构的过程称为复性。DNA 复性的第一步是两个互补的单链分子间的接触以启动部分互补碱基的配对，这是所谓的"成核"作用。随后，成核的碱基对经历小范围重排以后，单链的其他区域像"拉链"一样迅速复性，见图 3－9。复性后 DNA 的一系列理化性质得到恢复。将热变性 DNA 骤然冷却至低温时，DNA 不可能复性，只有在缓慢冷却时才可以复性。

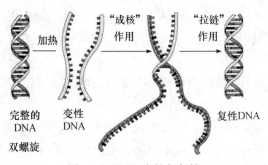

图 3－9 DNA 变性与复性

### （三）核酸的分子杂交

将不同来源的 DNA 经热变性，冷却，使其复性。在复性时，如这些异源 DNA 之间在某些区域有相同的序列，则会形成杂交 DNA 分子。DNA 与互补 RNA 之间也会发生杂交。核酸杂交已成为核酸研究中一项常规的技术，被广泛应用于生物化学、分子生物学和医学等领域。在医学上，该技术目前已应用于多种遗传性疾病的基因诊断、传染病病原体的检测和恶性肿瘤的基因分析等。

# 第四节　核酸的分离纯化和含量测定

## 一、核酸的提取

提取核酸的一般原则是先破碎细胞，提取核蛋白使其与其他细胞成分分离。之后用蛋白质变性剂（苯酚）、去垢剂（十二烷基硫酸钠）或蛋白酶处理除去蛋白质。最后所获得的核酸溶液再用乙醇等使其沉淀。

## 二、核酸的分离纯化

### （一）DNA 的分离纯化

真核细胞中 DNA 以核蛋白形式存在。DNA 蛋白（DNP）在不同浓度的氯化钠溶液中溶解度显著不同。DNP 溶于水和 1～2mol/L 氯化钠溶液，而在 0.14mol/L 氯化钠溶液中溶解度最小，仅为水中溶解度的 1%。利用这一性质可以将 DNP 从破碎后的细胞匀浆中分离出来。而 DNP 蛋白的蛋白部分可用下列方法除去。

苯酚提取：水饱和的新蒸馏苯酚与 DNP 振荡后，冷冻离心。DNA 溶于上层水相中，中间残留物也含有部分 DNA，变性蛋白质在酚层内。重复操作几次，将含 DNA 的水相合并，加入 2.5 倍体积预冷的无水乙醇，可将 DNA 沉淀出来。用玻璃棒将 DNA 绕成一团，取出。此法可获得天然状态的 DNA。

去垢剂法：用十二烷基硫酸钠等去垢剂可使蛋白质变性。这种方法可以获得一种很少降解的 DNA。

酶法：用广谱蛋白酶使蛋白质水解。若 DNA 制品中有少量 RNA 杂质，可用核糖核酸酶除去。

### （二）RNA 的分离纯化

细胞内主要的 RNA 有三类：mRNA、rRNA 和 tRNA。首先将细胞匀浆进行差速离心，制得细胞核、核糖体和线粒体等细胞器和细胞质。然后再从这些细胞器中分离某一类 RNA。

RNA 在细胞内常和蛋白质结合，所以必须除去蛋白质。从 RNA 提取液中除去蛋白质可以采用下列方法。

盐酸胍分离法：用 2mol/L 盐酸胍溶液可溶解大部分蛋白质，再冷至 0℃ 左右，RNA 便从溶液中沉淀出来，再用三氯甲烷除去少量残余蛋白质。

去污剂法：常用十二烷基硫酸钠（SDS）除去蛋白质。

苯酚法：可用 90% 苯酚提取，离心后，蛋白质和 DNA 留在酚层，而 RNA 在上层水相内，然后再进一步分离。

## 三、核酸的含量测定

### （一）定磷法

RNA 和 DNA 中都含有磷酸，根据元素分析得知，RNA 的平均含磷量为 9.4%，DNA 的平均含磷量为 9.9%，因此，可从样品中测得的含磷量来计算 RNA 或 DNA 的含量。

用强酸（如 10mol/L 硫酸）将核酸样品消化，使核酸分子中的有机磷转变为无机磷，无机磷与钼酸反应生成磷钼酸，磷钼酸在还原剂（如维生素 C）作用下还原成钼蓝，可用比色法测定 RNA 样品中的含磷量。

## （二）定糖法

RNA 含有核糖，DNA 含有脱氧核糖，根据这两种糖的颜色反应可对 RNA 和 DNA 进行含量测定。

**1. 核糖的测定**

RNA 分子中的核糖和浓硫酸作用脱水生成糠醛。糠醛与某些酚类化合物缩合生成有色化合物。如糠醛与地衣酚反应产生深绿色化合物，当有 $Fe^{3+}$ 存在时，反应更灵敏。反应产物在 660nm 有最大吸收，并且与 RNA 的浓度呈正比。

**2. 脱氧核糖的测定**

DNA 分子中的脱氧核糖和浓硫酸反应，脱水生成 $\omega$ – 羟基 – $\gamma$ – 酮戊醛，该化合物可与二苯胺反应生成蓝色化合物，在 595nm 处有最大吸收，并且与 DNA 浓度呈正比。

## （三）紫外吸收法

紫外吸收法是核酸纯度检测和核酸定量的最简单方法，通过测定 $A_{260}/A_{280}$ 来推算。对于 DNA，如果比值大于 1.9，则可视为较纯；如果小于 1.9，则可能有蛋白质污染。对于 RNA，如果比值在 1.8～2.0，则视为较纯。

对于较纯的 DNA，1 个 $A_{260}$ 相当于 50μg/ml 双链 DNA 或 35μg/ml 单链 DNA；对于较纯的 RNA，1 个 $A_{260}$ 相当于 40μg/ml RNA。

# 第五节 核酸类药物

## 一、核酸类药物概述

核酸是生物遗传的物质基础，存在于一切生物细胞内，与生物的生长、发育、繁殖、遗传和变异有密切关系，又是蛋白质合成不可缺少的物质。具有预防、诊断和治疗作用的碱基、核苷、核苷酸、核酸及其衍生物称为核酸类药物。

依据核酸类药物及其衍生物的化学结构和组成，核酸类药物可分为四大类：

**1. 碱基及其衍生物**

多数是经过人工化学修饰的碱基衍生物，主要有别嘌呤醇、硫代鸟嘌呤、氯嘌呤、氟胞嘧啶和氟尿嘧啶等。

**2. 核苷及其衍生物**

依据形成核苷的碱基或核糖的不同分类。①腺苷类：腺苷、腺苷蛋氨酸、阿糖腺苷等；②尿苷类：尿苷、乙酰氮杂尿苷、碘苷、氟苷等；③胞苷类：阿糖胞苷、安西他滨（环胞苷）、氟西他滨（氟环胞苷）等；④肌苷类：肌苷、肌苷二醛、异丙肌苷等；⑤脱氧核苷类：氮杂脱氧胞苷、脱氧硫鸟苷、三氟胸苷等。

**3. 核苷酸及其衍生物**

①单核苷酸类：腺苷酸、尿苷酸、环腺苷酸、双丁酰环腺苷酸、辅酶 A 等；②核苷二磷酸类：尿二磷葡萄糖、胞磷胆碱等；③核苷三磷酸类：腺苷三磷酸、鸟苷三磷酸等；④核苷酸类混合物：5′ – 核苷酸、2′，3′ – 核苷酸等。

**4. 多核苷酸**

主要有黄素腺嘌呤二核苷酸、聚肌胞苷酸、聚腺尿苷酸等。

## 二、常见的核酸类药物

### 1. 肌苷（inosine）

肌苷是由次黄嘌呤与核糖结合而成的核苷类化合物，又称次黄嘌呤核苷。肌苷临床上用于抢救变异性心绞痛和急性心肌梗死、心力衰退等症，也参与糖代谢、能量代谢及蛋白质合成，提高各种酶活力，提高肺功能，促进受损肝脏修复。

### 2. 阿糖腺苷（adenine arabinoside）

阿糖腺苷为广谱的 DNA 病毒抑制剂。对单纯疱疹Ⅰ、Ⅱ型，带状疱疹、牛痘等 DNA 病毒在体内有明显的抑制作用。临床上用于治疗疱疹性角膜炎、单纯疱疹脑炎疾病。

### 3. 腺苷三磷酸（adenine triphosphate）

腺苷三磷酸是机体自身产出的高能物质，为体内能量利用和储存的中心，参与吸收、分泌和肌肉收缩等各种生化反应，在生命活动过程中起重要作用。腺苷三磷酸适用于因细胞损伤后细胞酶减退引起的疾病。临床上用于心力衰竭、心肌炎、心肌梗死、脑动脉硬化、冠状动脉硬化、急性脊髓灰质炎、进行性肌肉萎缩、急慢性肝炎的治疗，也可用于耳鸣。

### 4. 鸟苷三磷酸（guanosine triphosphate）

鸟苷三磷酸是体内高能化合物，参与体内核酸的生物合成，并在蛋白质合成中起重要的作用。临床上用于慢性肝炎、迁移性肝炎、进行性肌肉萎缩、视力减退等蛋白质病变和酶系统紊乱引起的疾病。

### 5. 巯嘌呤（mercaptopurine）

巯嘌呤是次黄嘌呤类似物，能竞争性抑制次黄嘌呤转变成肌苷酸，阻止鸟嘌呤转变成鸟苷酸，从而抑制 RNA 和 DNA 的合成。临床上用于急性白血病，儿童疗效优于成年人，也可用于治疗绒毛膜上皮癌、乳腺癌、直肠癌、结肠癌等。

### 6. 别嘌呤醇（allopurinol）

别嘌呤醇为黄嘌呤氧化酶抑制剂，可抑制嘌呤代谢，使尿酸形成减少，减少尿酸在骨、关节及尿的沉积，从而阻断痛风病的发展，缓解痛风症状。临床上用于慢性痛风病，尤其是痛风性肾病的治疗。与 6 - 巯基嘌呤合用，可增加疗效。

### 7. 氟尿嘧啶（flurouracil）

氟尿嘧啶为嘧啶拮抗剂，临床上对乳房、结肠、直肠的腺癌及卵巢癌有确切疗效，对肺腺癌、宫颈癌、胰腺癌等有一定疗效。

### 8. 阿糖胞苷（cytarabine）

阿糖胞苷临床上应用为阿糖胞苷盐酸盐，进入体内转变为阿糖胞苷酸，抑制 DNA 聚合酶，阻止胞二磷转变为脱氧胞二磷，从而抑制 DNA 的合成，干扰 DNA 病毒繁殖和肿瘤细胞增殖。用于急性粒细胞白血病和急性淋巴细胞白血病，具有见效快、选择性高的特点。

### 9. 齐多夫定（zidovudine）

齐多夫定（叠氮胸苷）是 1987 年美国 FDA 批准的治疗艾滋病的新药。叠氮胸苷在体内经磷酸化后生成 3′ - 叠氮 - 2′ - 脱氧胸腺嘧啶核苷酸，后者取代了正常的胸腺嘧啶核苷酸参与病毒DNA的合成，含有叠氮胸苷的DNA不能继续复制，从而达到抑制病毒增殖的目的。临床上用于减弱艾滋病症状，延长寿命，效果较显著。

**10. 胞磷胆碱（citicoline）**

胞磷胆碱是卵磷脂合成的前体，能促进卵磷脂生物合成，兴奋脑干网状结构，提高觉醒反应，恢复神经组织功能，增加脑血流量和脑耗氧量，提高患者意识水平。临床用于减轻严重脑外伤和脑手术伴随的意识障碍，治疗帕金森氏症，抑郁症等精神疾患。

**11. 聚肌胞苷酸（polycytidylic acid）**

聚肌胞苷酸是1967年美国人Field发现的干扰素诱导物。聚肌胞甘酸具有抗病毒、抗肿瘤、增强淋巴细胞免疫功能和抑制核酸代谢等作用，可注入人体诱导产生干扰素。临床上用于肿瘤、血液病、病毒性肝炎及痘类毒性感染等多种疾患治疗。

# 本 章 小 结

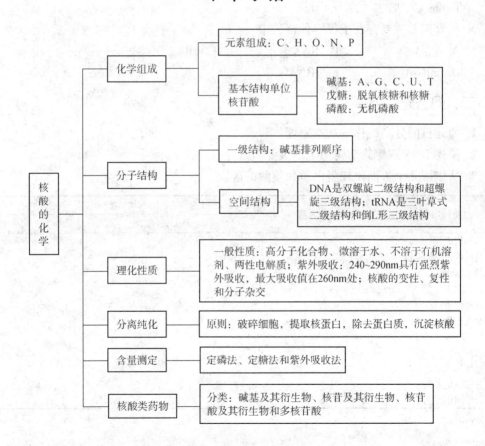

# 目标检测

## 一、单项选择题

1. 核酸中核苷酸之间的连接方式是（　　）。

A. 2′,5′ – 磷酸二酯键　　　　　　　　B. 氢键

C. 3′,5′ – 磷酸二酯键　　　　　　　　D. 糖苷键

E. 肽键

2. tRNA 的三级结构是（　　　）。

A. 三叶草式　　　　B. 倒 L 形　　　　C. 双螺旋结构

D. 发夹结构　　　　E. α – 螺旋

3. 紫外分光光度法测定溶液的核酸浓度时，最常用的波长是（　　　）。

A. 280nm　　　　　B. 260nm　　　　　C. 240nm

D. 220nm　　　　　E. 680nm

4. 核酸变性后可发生下列哪种现象（　　　）？

A. 减色效应　　　　　　　　　　　　B. 增色效应

C. 失去对紫外线的吸收能力　　　　　D. 最大吸收峰波长发生转移

E. 黏度增加

5. 稀有碱基主要存在于哪一种核酸中（　　　）。

A. DNA　　　　　　B. RNA　　　　　C. tRNA

D. mRNA　　　　　E. rRNA

## 二、问答题

1. 简述核酸分离纯化的基本原理。

2. 简述 DNA 双螺旋结构稳定的主要因素。

3. 从以下几个方面比较蛋白质和核酸的区别。

| 类比项目 | 蛋白质 | 核　酸 | |
|---|---|---|---|
| | | DNA | RNA |
| 结构组成单位 | | | |
| 组成单位的连接键 | | | |
| 分子结构 | | | |
| 分子大小 | | | |
| 溶解性质 | | | |
| 两性电解质 | | | |
| 紫外吸收 | | | |
| 沉淀 | | | |
| 变性 | | | |
| 分离纯化方法 | | | |
| 含量测定方法 | | | |

## 实　训　动物肝脏 DNA 的提取与检测

## 一、实训目标

通过实训，学会动物肝脏 DNA 提取和检测的原理和操作技术；学会离心机和组织

捣碎机的正确使用。

## 二、实训内容

### （一）实训原理

生物体组织细胞中的脱氧核糖核酸（DNA）大部分与蛋白质结合，以脱氧核糖核蛋白（DNP）形式存在。在 0.14mol/L 氯化钠溶液中，DNP 的溶解度最小，在浓氯化钠（1~2mol/L）溶液中，DNP 的溶解度很大。因此，可以利用 0.14mol/L 氯化钠溶液将 DNP 从组织细胞中抽提出来。用十二烷基硫酸钠（SDS）处理 DNP，即可将 DNA 与蛋白质分开。再用三氯甲烷-异丙醇将溶液中的蛋白质沉淀除后，再加入适量预冷的乙醇，即析出 DNA。在酸性环境中，脱氧核糖与二苯胺试剂共热产生蓝色反应，可以利用这反应，检测提取的 DNA。

### （二）试剂和器材

**1. 试剂**

（1）0.14mol/L NaCl-0.01mol/L EDTA 溶液　称取 NaCl 8.18g，EDTA 3.72g，溶于蒸馏水中，用 NaOH 调 pH 至 8.0，定容至 1000ml。

（2）50g/L SDS 溶液　SDS 5g 溶于 50% 乙醇 100ml 中。

（3）三氯甲烷-异丙醇混合液：三氯甲烷：异丙醇 = 24：1（$V:V$）。

（4）95% 乙醇。

（5）0.5mol/L 过氯酸溶液　取过氯酸（70%）10ml，用蒸馏水稀释至 110ml，即得 1mol/L 过氯酸。取 1mol/L 过氯酸 50ml 用蒸馏水稀释至 100ml，即得 0.5mol/L 过氯酸溶液。

（6）TE 溶液（pH 8.0）　10mmol/L Tris-HCl（pH 8.0），1mmol/L EDTA（pH 8.0）。

（7）二苯胺试剂　称取二苯胺 1.5g，溶于 100ml 冰醋酸中，再加入浓 $H_2SO_4$ 1.5ml，贮存于棕色瓶（现用现配）。

**2. 器材**

组织捣碎机，离心机，手术剪，离心管，刻度吸管，烧杯，玻璃棒，天平，制冰机和量筒等。

### （三）实训方法和步骤

1. 取乳猪的肝脏，浸入预先在冰浴中冷却的 0.14mol/L NaCl-0.01mol/L EDTA 溶液中，除去脂肪、结缔组织、血块等杂物，再用少量溶液反复洗涤几次，直至组织无血为止。

2. 称取新鲜乳猪肝脏 10g，用不锈钢剪刀剪成碎块，放入组织捣碎机中，加入 20ml 0.14mol/L NaCl-0.01mol/L EDTA 溶液，制备匀浆。

3. 将匀浆液于 4000r/min 离心 10min（若为高速离心机，可减少离心时间），弃去上清液，收集沉淀（内含 DNP），沉淀中加 3 倍体积冷 0.14mol/L NaCl-0.01mol/L EDTA 溶液，搅匀，如前离心，重复洗涤 1 次。所得沉淀即为 DNP 粗制品，转移至烧杯中。

4. 向沉淀中加入冷 0.14mol/L NaCl-0.01mol/L EDTA 溶液，使总体积达到 40ml，

在缓慢搅拌的同时滴加 50g/L SDS 溶液 10ml，边加边搅拌。

5. 加入 2.9g NaCl（固体），使其最终浓度达到 1mol/L，缓慢搅拌 10min，此时溶液变得黏稠并略带透明。

6. 加入等体积预冷三氯甲烷 - 异丙醇混合液，震荡 10min。4000r/min 离心 10min。上层为水相（含 DNA 钠盐），中层为变性的蛋白沉淀，下层为三氯甲烷混合液。

7. 用吸管小心吸取上层水相，弃去沉淀，再重复抽提 1 次。

8. 取 10ml 上清液放入干燥小烧杯中，加入 2 倍体积预冷 95% 乙醇。边滴加边用玻璃棒搅拌。随着乙醇的不断加入，可见溶液中出现黏稠状物质，并能逐步缠绕于玻璃棒上，黏稠丝状物即是 DNA。将所得 DNA 溶解于 TE 缓冲液中。

9. 取 2ml 样品液，加入 5ml 0.5mol/L 过氯酸溶液中，室温放置 5min，再加入二苯胺试剂 2ml，60°C 恒温水浴保温 1h，观察有无蓝色化合物生成。

### （四）温馨提示

1. 为了防止核酸在提取过程中被降解，加入乙二胺四乙酸（EDTA）以除去溶液中的 $Mg^{2+}$。

2. 使用离心机时，相对的离心管必须用天平调平衡。

3. 所使用的乙醇、三氯甲烷和 0.14mol/L NaCl - 0.01mol/L EDTA 溶液最好预先置于冰箱存放。

### （五）实训思考

在 DNA 的提取过程中，应注意哪些细节？

# 第四章 | 酶

知识目标

掌握酶的概念、酶促反应的特点、酶的组成、酶的分子结构（酶的活性中心）、酶原及其激活和影响酶促反应速度的因素；熟悉酶类药物和酶的制备；了解酶的命名、分类和几种重要的酶。

技能目标

学会酶的分离纯化和活力测定技术，进一步熟悉酶类药物的分类和临床应用。

1926年美国化学家James Sumner第一次从刀豆中提取出了脲酶结晶，并提出酶（enzyme）的化学本质是蛋白质。现已鉴定出4000多种酶，其中数百种酶已得到结晶，经过研究发现并非所有酶的化学本质都是蛋白质，1982年美国学者Sidney Altman和Thomas R. Cech从四膜虫的研究中发现，其rRNA的前体本身具有催化功能，并首次提出了"核酶"的概念，改变了人们长期以来形成的"酶都是蛋白质"观念。

由于酶的高效性、专一性和作用条件的温和性，使得酶所催化的反应是普通的化学催化反应所无法比拟的。所以，酶广泛应用于医药、保健、食品、美容等领域，特别是近30年来，酶的许多研究成果已为新药设计开发、疾病预防、诊断和治疗等提供全新的理论依据。本章重点介绍酶的概念、酶促反应的特点、影响酶促反应的因素和酶类药物等。

## 第一节 概　　述

### 一、酶的概念

酶是由活细胞产生的，对特异底物具有高效催化作用的生物催化剂。生物体内一切化学反应，几乎都是在酶催化下进行的，酶是生物体内新陈代谢必不可少的物质，酶量与酶活性的异常改变都会引起代谢的紊乱乃至生命活动的停止。

在酶学中，酶催化的反应称为酶促反应，被酶催化的物质叫底物（substrate，S），催化所产生的物质叫产物（product，P），酶的催化能力称酶活性，当因某种因素使酶失去催化能力称酶的失活。

### 二、酶催化作用的特点

酶是生物催化剂，具有一般催化剂的共性：在化学反应的前后没有质和量的改变；

加速化学反应而不改变反应的平衡点；只能催化热力学允许的化学反应；降低活化能等。但是酶作为生物催化剂还具有一般催化剂所没有的特点。

## （一）高度的催化效率

酶具有极高的催化效率，酶促反应速度通常比非催化反应的速度高 $10^6 \sim 10^{20}$ 倍，比一般催化剂催化的高 $10^7 \sim 10^{13}$ 倍。

## （二）高度的特异性

酶的高度特异性（专一性）是指酶对所催化的反应和所作用的底物有严格的选择性。

根据酶对底物选择的严格程度不同，酶的特异性分为绝对特异性、相对特异性、立体异构特异性三类（表4 – 1）。

表4 – 1　酶的三类特异性比较

| 分　类 | 反应机制 | 特　点 | 举　例 |
|---|---|---|---|
| 绝对特异性 | 只作用于一种底物 | 酶对底物严格选择 | 脲酶只能催化尿素分解生成氨和二氧化碳，对尿素的衍生物甲基尿素没有催化作用 |
| 相对特异性 | 作用于一类化合物或一种化学键 | 酶对底物的选择相对严格 | 脂肪酶不仅能水解脂肪，也能水解简单的酯 |
| 立体异构特异性 | 仅作用于一种立体异构体（包括旋光异构和顺反异构） | 酶对立体异构体的选择 | L – 乳酸脱氢酶仅能催化L – 乳酸，而不能作用于D – 乳酸；人体内琥珀酸脱氢酶催化琥珀酸脱氢只能生成延胡索酸（反丁烯二酸），不能生成马来酸（顺丁烯二酸） |

### 知识链接

### 诱导契合假说

为了解释酶作用的专一性，许多生化学家曾提出过不同的假说，早在1894年，Fisher提出"锁和钥匙"学说，认为酶与底物之间在结构上就像一把钥匙插入到一把锁中去一样有严格的互补关系。该学说的局限性不能解释酶的逆反应，因此1958年Koshland提出"诱导契合"假说，当酶分子与底物分子接近时，其结构相互诱导、相互变形和相互适应，进而相互结合。这一过程称为酶与底物结合的诱导契合假说（图4 – 1）。酶蛋白构象的改变有利于与底物的结合，使底物更容易转变为产物。

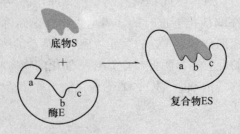

图4 – 1　酶与底物作用的诱导契合假说

## （三）酶活性的可调节性

酶促反应可受多种因素的调节，以适应机体对不断变化的内外环境的需要。如通过酶合成或降解来对酶的含量进行调节；通过酶构象改变或修饰来对酶的活性进行调节。

## （四）高度不稳定性

因酶的化学本质是蛋白质和核酸，凡能使蛋白质和核酸变性的因素，如高温、强酸、强碱、紫外线等都会使酶发生变性而丧失活性。因此酶所催化的反应往往都是在比较温和的常温、常压、接近中性的 pH 条件下进行的。

# 三、酶的命名和分类

## （一）酶的命名

酶的命名方法有习惯命名法和系统命名法两种。

**1. 习惯命名法**

根据底物的名称或者反应的性质命名。如水解蛋白质的酶称为蛋白酶，同一类酶可以加上来源予以区别，如胃蛋白酶、胰蛋白酶等。

**2. 系统命名法**

命名原则：以酶所催化的整体反应为依据，标明酶的所有底物与反应性质，各底物名称之间用"："隔开。如 L－天冬氨酸：$\alpha$－酮戊二酸氨基转移酶即习惯命名的天冬氨酸氨基转移酶

## （二）酶的分类

按酶的催化反应类型可将酶分为六大类。

**1. 氧化还原酶类**

催化底物进行氧化还原反应的酶，如 L－乳酸脱氢酶、细胞色素氧化酶等。

**2. 转移酶类**

催化底物之间进行某些基团转移的酶，如氨基转移酶、甲基转移酶等。

**3. 水解酶类**

催化底物发生水解反应的酶，如蛋白酶、淀粉酶等。

**4. 裂解（合）酶类**

催化底物共价键断裂，使一分子底物生成两分子产物或者催化两分子底物结合成一分子产物的酶，如醛缩酶。

**5. 异构酶类**

催化各种同分异构体之间相互转化反应的酶，如磷酸葡萄糖变位酶、磷酸葡萄糖异构酶等。

**6. 合成酶类（连接酶类）**

催化两分子底物合成一分子产物，同时偶联有 ATP 消耗的酶。如葡萄糖激酶、氨基酰－tRNA 合成酶等。

# 第二节 酶的分子结构及催化机制

# 一、酶的化学组成

根据化学组成不同，可将酶分为单纯酶和结合酶两类。

### （一）单纯酶

单纯酶（simple enzyme）是指仅由氨基酸残基组成的酶。如各种水解酶。

### （二）结合酶

结合酶（conjugated enzyme）是指除了酶蛋白（apoenzyme）部分外，还有一些非蛋白部分的酶。其中非蛋白部分称为酶的辅助因子（cofactor）。酶蛋白和辅助因子结合构成全酶，二者单独存在均无催化活性，只有结合成全酶才具有生物活性。

通常一种酶蛋白只能与一种辅助因子结合，成为一种特异的酶；但一种辅助因子往往能与不同的酶蛋白结合构成许多种特异性酶。例如：L－乳酸脱氢酶的辅助因子是$NAD^+$，而$NAD^+$不仅是L－乳酸脱氢酶的辅助因子，也是很多脱氢酶如L－苹果酸脱氢酶等的辅助因子。

酶蛋白在酶促反应中主要起识别底物的作用，酶促反应的高效性、特异性以及高度不稳定性均取决于酶蛋白分；辅助因子是金属离子和小分子有机物，金属离子有$K^+$、$Na^+$、$Mg^{2+}$等，小分子有机物结构中常含有维生素或维生素类物质，在酶促反应中传递电子、质子或一些基团。

按其与酶蛋白结合的紧密程度不同，辅助因子可分为辅酶和辅基两类。与酶蛋白以非共价键疏松结合，可用透析和超滤等方法将其分离的称为辅酶；反之称为辅基。金属离子多为酶的辅基。

---

**知识链接**

根据酶蛋白的结构和分子大小不同，又把酶分成三类：单体酶、寡聚酶、多酶复合体。

单体酶一般指由一条肽链构成的酶，大多为水解酶；寡聚酶是由两个或两个以上亚基以非共价键连接组成的酶，如己糖激酶、醛缩酶；多酶复合体是指由多种酶靠非共价键相互嵌合而成，如脂肪酸合成酶复合体和丙酮酸脱氢酶复合体。

---

## 二、酶的活性中心与必需基团

酶的分子结构是酶发挥其功能的物质基础，各种酶的生物学活性之所以有专一性和高效性都是由其分子结构的特殊性决定的。酶的催化活性不仅与酶分子的一级结构有关，而且与其空间构象有关。

除核酶外，大部分酶是由氨基酸残基构成正确空间构象从而有生物活性的蛋白质。它与其他蛋白质不同之处在于酶分子的空间结构上具有催化功能的区域。在这个区域中酶分子能直接与底物结合并将底物催化转变为产物，这就是酶的活性中心（active center）或活性部位（active site）。

酶的活性中心一般位于酶蛋白分子的表面，或凹陷处，或裂缝处，也可以通过凹陷或者裂缝深入到分子内部，含有较多疏水氨基酸残基，这种疏水环境有利于底物与酶形成复合物。活性中心相似的酶具有相似的催化作用，活性中心一旦被其他物质所占据或被某些理化因素破坏，则酶的催化活性丧失。对于结合酶来说，辅基或辅酶往往参与活性中心的组成。

　　酶的活性中心内的一些化学基团,是酶与底物直接作用的有效基团,故称为活心中心内的必需基团（essential group）。其中直接与底物结合的基团称为结合基团,决定酶的特异性;催化底物反应并将其转变为产物的基团称为催化基团,决定酶的催化能力。但酶活性中心外还有一些基团虽然不与底物直接作用,却与维持整个分子的空间构象有关,这些基团可使活性中心的各个有关基团保持最适的空间位置,间接地对酶的催化作用发挥其必不可少的作用,这些基团称为活性中心外的必需基团,如图4-2所示。

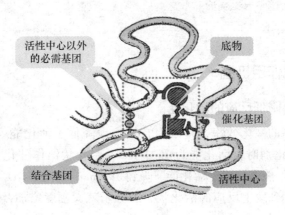

图4-2　酶的活性中心示意图

## 三、酶原与酶原的激活

　　体内大多数酶合成后即有生物活性,但有些酶在细胞内初合成或初分泌时没有催化活性,这些无活性的酶的前体称为酶原（zymogen）。在一定条件下,无活性的酶原转变为有活性酶的过程称为酶原激活（zymogen activation）。酶原的激活一般是通过某些蛋白水解酶的作用,水解一个或几个特定的肽键,使酶分子构象发生改变,其实质是活性中心形成或者暴露,从而形成有活性的酶。如图4-3胰蛋白酶原的激活。激活胰蛋白酶原的蛋白水解酶是肠激酶,而胰蛋白酶一旦生成后,也可自身激活。

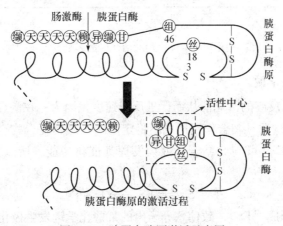

图4-3　胰蛋白酶原激活示意图

避免细胞产生的酶对细胞进行自身消化，并使酶在特定的部位和环境中发挥作用，保证体内代谢正常进行。

有的酶原可以视为酶的储存形式。在需要时，酶原适时地转变成有活性的酶，发挥其催化作用。如胰蛋白酶原在未进小肠前就被激活，激活的蛋白酶水解自身的胰腺细胞，导致胰腺出血、肿胀，发生出血性胰腺炎。

血液中的凝血酶原在什么情况下才被激活，有何生理意义？

### 四、酶的催化作用机制

#### （一）酶能显著降低反应的活化能

酶之所以具有高的催化效率，是因为它极大地降低了活化能（图 4-4）。例如：$H_2O_2$ 分解，在无催化剂时，活化能为 75kJ/mol；用胶状钯作催化剂时，只需活化能 50kJ/mol，当有 $H_2O_2$ 酶催化时，活化能下降到 8kJ/mol。由于 $H_2O_2$ 酶的催化，使活化能大幅度降低，能达到发生反应的活化状态的分子就大幅度增加，反应速度上升的幅度可达 10 亿倍以上。

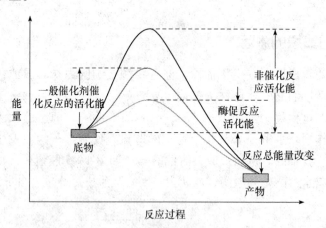

图 4-4　催化剂对活化能的影响

#### （二）中间产物学说

酶之所以能降低反应的活化能从而促进反应速度是因为：在酶促反应中酶（E）总是先与底物（S）通过诱导契合作用形成不稳定的酶—底物复合物（ES），再分解成酶（E）和产物（P），E 又可与 S 结合，继续发挥其催化功能，所以少量酶可催化大量底物。

$$E + S \rightleftharpoons ES \longrightarrow E + P$$

由于 E 与 S 结合，形成［ES］，致使 S 分子内的某些化学键发生极化，呈现不稳定状态或称过渡态，大大降低了 S 的活化能，使反应加速进行。

# 第三节　影响酶促反应速度的因素

酶促反应速度常用单位时间内底物的减少量或产物的增加量来表示。影响酶促反应速度的因素主要有底物浓度、酶浓度、pH、温度、抑制剂和激活剂等。研究影响酶促反应速度的因素有助于确定酶作用的最适条件，以最大限度地发挥酶促反应的高效性；有助于选择酶制剂、酶类药物的生产、运输、贮存的最佳方案；有助于酶类药物在临床上的运用机制的研究。

## 一、底物浓度对酶促反应速度的影响

### （一）矩形双曲线

在酶浓度恒定的条件下，底物浓度对反应速度的影响呈矩形双曲线（图 4 - 5）。

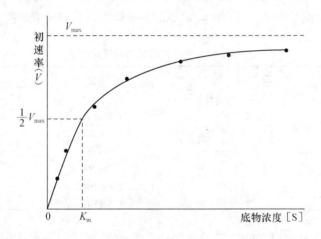

图 4 - 5　底物浓度对反应初速度的影响

根据中间产物学说，酶促反应中，酶先与底物形成中间复合物，再转变成产物，并重新释放出游离的酶。

（1）当底物浓度很低时，酶未被底物饱和，反应速度与底物浓度成正比关系，称为一级反应。

（2）当底物浓度加大后，酶逐渐被底物饱和，反应速度的增加和底物的浓度就不成正比，反应速度也在增加，但增加的幅度不断下降，称为混合级反应。

（3）继续增加底物浓度至极大值，所有酶分子均被底物饱和，此时的反应速度不会进一步增高，此时的反应速度称为最大反应速度，用 $V_{max}$ 表示，称为零级反应。

### （二）米氏方程

1913 年，Michaelis 和 Menten 两位科学家根据中间产物学说提出了米氏方程（Michaelis equation），定量地描述了酶促反应速度和底物浓度的关系。

$$V = \frac{V_{max}[S]}{K_m + [S]}$$

$V$：酶促反应速度；[S]：底物浓度；$V_{max}$：最大反应速度；$K_m$：米氏常数。

**1. 米氏常数的概念**

当酶促反应处于 $V = 1/2V_{max}$ 时，米氏方程可变为：

$$\frac{V_{max}}{2} = \frac{V_{max}[S]}{K_m + [S]}$$

进一步整理得 $K_m = [S]$。由此可见，$K_m$ 值等于酶促反应速率为最大速率一半时的底物浓度，单位为 mol/L 或 mmol/L。

**2. 米氏常数的意义**

（1）$K_m$ 是酶的特征常数之一，只与酶的结构、催化的底物、pH 及温度有关，与酶的浓度无关。

（2）$K_m$ 可反映酶与底物亲和力的大小。$K_m$ 值越小，表示酶与底物的亲和力越大，否则，反之。

（3）$K_m$ 可反映酶的最适底物。如果一种酶可以作用于几种底物，那么酶催化的每一种底物都有一个特定的 $K_m$，其中 $K_m$ 最小的底物即为该酶的最适底物（表 4 - 2）。

表 4 - 2    酶对于不同的底物有特定的 $K_m$

| 酶 | 底　物 | $K_m$（mol/L） | 最适底物 |
|---|---|---|---|
| 凝乳蛋白酶 | $N$ - 苯甲酰酪氨酰胺 | $2.5 \times 10^{-3}$ | $N$ - 苯甲酰酪氨酰胺 |
|  | $N$ - 甲酰酪氨酰胺 | $1.2 \times 10^{-2}$ |  |
|  | $N$ - 乙酰酪氨酰胺 | $3.2 \times 10^{-2}$ |  |
| 蔗糖酶 | 蔗糖 | $2.8 \times 10^{-2}$ | 蔗糖 |
|  | 棉籽糖 | $35.0 \times 10^{-2}$ |  |
| 己糖激酶 | 葡萄糖 | $1.5 \times 10^{-4}$ | 葡萄糖 |
|  | 果糖 | $1.5 \times 10^{-3}$ |  |

（4）求出要达到规定反应速度的底物浓度，或根据已知底物浓度求出反应速度。

例：已知 $K_m$，求使反应达到 95% $V_{max}$ 时的底物浓度是多少？

**解**：$95\% V_{max} = V_{max} \cdot [S]/K_m + [S]$　　得出　$[S] = 19K_m$

## 二、酶浓度对酶促反应速度的影响

当底物浓度足够大时，反应速度与酶浓度成正比关系，酶浓度对酶促反应速度的关系见图 4 - 6。即增加酶的浓度可加快化学反应速度。

## 三、pH 对酶促反应速度的影响

pH 的改变对酶的催化作用影响很大。一方面 pH 影响酶和底物的解离状态，从而影响酶对底物的亲和力；另一方面 pH 影响酶活性中心的空间构象，从而影响酶的活性。

酶催化活性最高时反应体系的 pH 称为酶促反应的最适 pH（optimum pH）。偏离酶的最适 pH 越

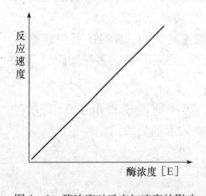

图 4 - 6　酶浓度对反应初速度的影响

远，酶的活性越低。不同酶的最适 pH 不同，人体内多数酶的最适 pH 都接近中性，但胃蛋白酶最适 pH 约为 1.8，肝精氨酸酶的最适 pH 约为 9.8。酶的最适 pH 不是酶的特征常数，因底物、缓冲液浓度的不同而改变。（图 4 - 7）。

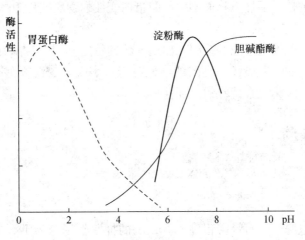

图 4 - 7　pH 对酶促反应速度的影响

## 四、温度对酶促反应速度的影响

温度对酶促反应速度有双重影响。在温度较低时，随着温度的升高，反应速度加快，一般地说，温度每升高 10℃，反应速度大约增加一倍。但温度超过一定数值后，酶受热变性的因素占优势，反应速度反而随温度上升而减缓，形成倒 V 形或倒 U 形曲线。在此曲线顶点所代表的温度，反应速度最大，称为酶的最适温度（optimum temperature）（图 4 - 8）。酶的最适温度不是酶的特征性常数

由于低温时酶活性虽降低但不被破坏，临床上低温麻醉便是利用酶的这一性质。菌种保存和酶制剂低温保存也是基于这一原理。

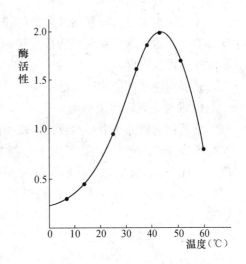

图 4 - 8　温度对酶促反应速度的影响

## 五、激活剂对酶促反应速度的影响

使酶由无活性变为有活性或使酶活性增加的物质称为酶的激活剂（activator）。激活剂大多为金属离子，如 $Mg^{2+}$、$K^+$、$Mn^{2+}$ 等；少数为阴离子，如 $Cl^-$ 等。也有许多有机化合物激活剂，如胆汁酸盐等。

激活剂分为两类：必需激活剂（essential activator）和非必需激活剂（non - essential activator）。大多数金属离子激活剂对酶促反应是不可缺少的，否则将测不到酶的活性，这类激活剂称为必需激活剂，例如，$Mg^{2+}$ 是己糖激酶的必需激活剂；有些激活剂不存在时，酶仍有一定的催化活性，但催化效率较低，这类激活剂称为非必需激活剂，

例如 $Cl^-$ 是唾液淀粉酶的非必需激活剂。

## 六、抑制剂对酶促反应速度的影响

凡是能使酶的催化活性下降而不引起酶蛋白变性的物质统称为酶的抑制剂（inhibitor，I）。

酶的抑制剂和变性剂不同，抑制剂作用于酶的特定基团，对酶有一定的选择作用，一种抑制剂只能引起一种酶或一类酶的活性降低或丧失；变性剂则改变酶空间构象导致酶活性的丧失，对酶没有特殊的选择性。

---

**课堂互动**

酶的激活剂、抑制剂对酶的作用以及酶原的激活，三者有何区别呢？

---

根据抑制剂与酶结合的紧密程度不同，酶的抑制作用分为不可逆抑制和可逆抑制两类。

### （一）不可逆抑制

不可逆抑制是指抑制剂与酶活性中心的必需基团以共价键结合，不能用透析和超滤等物理方法去除而恢复酶活性的抑制作用。它的抑制程度随着抑制剂的浓度以及抑制时间的增强而增强。

根据抑制剂抑制的选择性不同，可分为非专一性不可逆抑制和专一性不可逆抑制。

**1. 非专一性不可逆抑制**

抑制剂与酶分子中一类或几类基团作用，不论是必需基团与否，皆进行共价结合，对酶不表现专一性。主要作用于某类特定的侧链基团，如某些重金属离子（$Pb^{2+}$、$Cu^{2+}$、$Hg^{2+}$）、有机砷化合物及对氯汞苯甲酸等能与酶分子的巯基进行不可逆结合，许多以巯基为必需基团的酶（称为巯基酶），会因此而被抑制，用二巯丙醇或二巯丁二钠解毒。

**2. 专一性不可逆抑制**

这类抑制剂只与某一类或某个酶基团作用，进行共价结合，从而抑制酶的活性。

这类抑制剂具有和底物类似的结构，它们只对底物结构与其相似的酶有抑制作用，如有机磷杀虫剂专门作用于胆碱酯酶活性中心的丝氨酸残基，从而使胆碱酯酶的活性受到抑制，乙酰胆碱不能及时分解，导致乙酰胆碱过多而产生一系列胆碱能神经过度兴奋症状。碘解磷定等药物可与有机磷杀虫剂结合，使酶与有机磷杀虫剂分离而复活。

同样，青霉素也是一种专一性不可逆抑制剂，它能与细菌细胞壁肽聚糖转肽酶活性部位丝氨酸的羟基结合，使酶失活，从而导致细胞壁合成受阻，从而起到杀菌作用。

### （二）可逆抑制

可逆抑制是抑制剂与酶或者酶－底物复合物以非共价键结合，可用透析和超滤等物理方法去除抑制剂来恢复酶的活性。抑制程度取决于酶和抑制剂之间亲和力的大小、抑制剂的浓度以及底物浓度，与作用时间无关。

可逆抑制可分为竞争性抑制、非竞争性抑制、反竞争性抑制。

**1. 竞争性抑制**

抑制剂与底物的化学结构相似，抑制剂与底物竞争与酶活性中心结合，当抑制剂与酶结合形成 EI 复合物后，就会影响底物与酶的结合，从而抑制了酶的活性，见图 4 – 9。

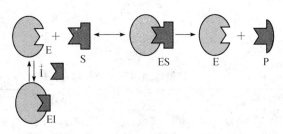

图 4 – 9　竞争性抑制示意图

例如，丙二酸、苹果酸及草酰乙酸皆和琥珀酸的结构相似，是琥珀酸脱氢酶的竞争性抑制剂（图 4 – 10）。磺胺类药物因与对氨基苯甲酸结构相似，能竞争性抑制细菌的二氢叶酸合成酶，起到抑菌作用。

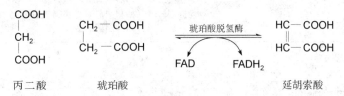

图 4 – 10　丙二酸是琥珀酸脱氢酶的竞争性抑制剂

竞争性抑制的特点：①抑制剂与酶结合是可逆的；②抑制剂与底物结构相似；③其抑制程度取决于底物及抑制剂的相对浓度。

**2. 非竞争性抑制**

抑制剂与底物的化学结构不相似，能与底物同时与酶结合在不同的部位，两者没有竞争性，但 ESI 不能释放出产物，从而抑制了酶的活性，见图 4 – 11。如金属螯合剂乙二胺四乙酸（EDTA）对金属酶的抑制。

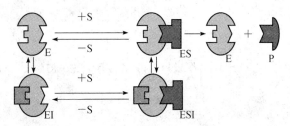

图 4 – 11　非竞争抑制示意图

**3. 反竞争性抑制**

抑制剂不与游离的酶结合，只能与酶和底物的结合体（ES）结合成 ESI，ESI 不能释放出产物，从而抑制了酶的活性。因此反竞争性抑制只影响酶的催化作用，但不影响酶与底物的结合（图 4 – 12）。

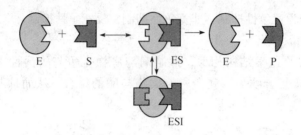

图 4 - 12 反竞争抑制示意图

表 4 - 3 不可逆抑制和可逆抑制特点比较

| 分 类 | 结合特点 | 类 型 | 抑制特点 |
| --- | --- | --- | --- |
| 不可逆抑制 | 抑制剂与酶活性中心以共价键结合，不能用透析和超滤的方法去除而恢复酶活性 | 专一性抑制 | 抑制剂只作用于一种酶。如有机磷农药能专一抑制胆碱酯酶的活性 |
| | | 非专一性抑制 | 抑制剂作用于一类酶。如重金属离子抑制巯基酶的活性 |
| 可逆抑制 | 抑制剂与酶或者酶 - 底物复合物以非共价键结合，可用透析和超滤的方法去除而恢复酶活性 | 竞争性抑制 | 抑制剂与底物分子结构相似，能与底物竞争结合占据酶活性中心从而抑制酶活性 |
| | | 非争性抑制 | 抑制剂与底物分子结构不相似，能与底物同时与酶结合但不能释放出产物从而抑制酶活性 |
| | | 反争性抑制 | 抑制剂与酶 - 底物复合物结合生成 ESI 复合物而抑制酶的活性 |

### 知识链接

#### 具代表性的酶抑制剂药物

$\beta$ - 内酰胺酶抑制剂如舒巴坦、克拉维酸、他唑巴坦等一类 $\beta$ - 内酰胺类药物，可与 $\beta$ - 内酰胺酶牢固地结合而使酶失活，和其他抗生素联用可增强其抗菌活性，减少其用量。

HMG - CoA 还原酶抑制剂即 $\beta$ - 羟基 - $\beta$ - 甲基戊二酸单酰辅酶 A 还原酶抑制剂，如他汀类药物能抑制 HMG - CoA 还原酶从而阻碍胆固醇合成。逆转录酶抑制剂（RTI）如施多宁（依非韦伦片）能抑制逆转录酶的活性，从而阻断人类免疫缺陷病毒（HIV）的复制，用于艾滋病的治疗。

## 第四节 几种重要的酶

### 一、同工酶

同工酶（isozyme）是指催化相同的化学反应，而酶蛋白的分子结构、理化性质乃至免疫学性质不同的一组酶。大多数的同工酶是由不同的亚基组成，由于亚基的种类、数量和比例不同，所以同工酶在功能上有差异。如 L - 乳酸脱氢酶是由骨骼肌型（M型）和心肌型（H型）两种亚基组成的四聚体酶（$H_4$ - $LDH_1$、$H_3M$ - $LDH_2$、$H_2M_2$ - $LDH_3$、$HM_3$ - $LDH_4$、$M_4$ - $LDH_5$），在人体各组织器官中的组成和分布各不相同（表

4-4)。在肌肉组织中 $LDH_5$ 含量较多，有利于丙酮酸转化成乳酸；在心肌中富含 $LDH_1$，有利于乳酸转化成丙酮酸。

表4-4 人体各组织器官中 LDH 同工酶的分布

| 组织器官 | 同工酶百分比 | | | | |
| --- | --- | --- | --- | --- | --- |
| | $H_4-LDH_1$ | $H_3M-LDH_2$ | $H_2M_2-LDH_3$ | $HM_3-LDH_4$ | $M_4-LDH_5$ |
| 心肌 | 67 | 29 | 4 | <1 | <1 |
| 肾 | 52 | 28 | 16 | 4 | <1 |
| 肝 | 2 | 4 | 11 | 27 | 56 |
| 骨骼肌 | 4 | 7 | 21 | 27 | 41 |
| 血清 | 27 | 38 | 22 | 9 | 4 |

临床上，同工酶的测定可作为某些疾病的诊断指标。如正常人血清 LDH 活力很低，当某一组织病变时，释放的 LDH 导致血清 LDH 同工酶电泳图谱就会发生变化。如血液中 $LDH_1$ 含量升高，说明心肌受损，可初步断定为心肌梗死；血液中 $LDH_5$ 含量升高，表明肝细胞受损，有可能是肝炎或肝硬化。

### 二、变构酶与修饰酶

变构酶（allosteric enzyme）：当某些化合物与酶结合后，酶分子的构象发生改变，影响酶的活性，这种效应称为变构效应。具有变构效应的酶称为变构酶。变构酶常是代谢途径中催化第一步反应或处于代谢途径分支点上的一类调节酶，对代谢调控起重要作用。因变构效应导致酶活性升高的物质，称为变构激活剂，反之为变构抑制剂。

修饰酶（modification enzyme）：体内有些酶可在其他酶的作用下，将酶的结构进行共价修饰，而使其在高活性形式和相对较低的活性形式之间互相转变，这种调节称为共价修饰调节，这类酶称为修饰酶。例如某些酶的巯基发生可逆的氧化还原，一些酶以共价键与磷酸、腺苷等基团的可逆结合，都会引起酶结构的变化而呈现不同的活性。

### 三、诱导酶

诱导酶（induced enzyme）是指当细胞中加入特定诱导物质而诱导产生的酶。它的含量在诱导物存在下显著增高，这种诱导物往往是该酶底物的类似物或底物本身。许多药物能加强体内药物代谢酶的合成，从而加速其本身或其他药物的代谢转化。研究药物代谢酶的诱导生成对于阐明许多药物的耐药性是重要的。如长期服用苯巴比妥催眠药的人，会因药物代谢酶的诱导生成而使苯巴比妥逐渐失效。

### 四、固定化酶

固定化酶（immobilized enzyme）是借助于物理和化学的方法把酶束缚在一定空间内并仍具有催化活性的酶制剂，是近代酶工程技术的主要研究领域。固定化酶广泛应用药物工业化生产，并显示出巨大的优越性：①稳定性提高；②可反复使用，提高了使用效率、降低了成本；③有一定机械强度，可进行柱式反应或分批反应，使反应连续化、自动化，适合于现代化规模的工业生产；④极易和产物分离，酶不混入产物中，简化了产品的纯化工艺。如酶法水解 RNA 制取 5'-核苷酸，5'-磷酸二酯酶制成固定化酶用于水解 RNA 制备 5′- 核苷酸，比用液相酶提高 15 倍效果。此外，青霉素酰化酶、谷氨酸脱氢酶、延胡索酸酶、L - 天冬氨酸酶、L - 天冬氨酸等都已制成固定化酶用于药物生产。

## 五、抗体酶

抗体酶是指将抗体（一种免疫球蛋白）的高度选择性与酶的高效催化能力融为一体的特殊蛋白质，既具有酶的催化特性，又能与特异性抗原相结合。抗体酶是用人工合成的半抗原免疫动物，使之产生抗体，该抗体具有能催化该过渡态反应的酶活性，当和底物结合时，抗体酶有选择地使病毒外壳蛋白的肽键裂解，切断病毒与靶细胞的结合。

## 六、核酶

核酶（ribozyme）是指具有催化功能的 RNA 分子。一般是指无需蛋白质参与或不与蛋白质结合，就具有催化功能的 RNA 分子。

---

**知识拓展**

### 核酶的药用研究

目前人们已进行了核酶抗肝炎、抗人类免疫缺陷病毒 I 型（HIV - I）、抗肿瘤的研究。人工设计的锤头状结构、发夹状结构核酶广泛用于甲型肝炎病毒（HAV）、乙型肝炎病毒（HBV）、丙型肝炎病毒（HCV）以及人类免疫缺陷病毒 I 型（HIV - I），并用于切割肿瘤细胞的 mRNA，抑制肿瘤基因的表达，达到治疗肿瘤的目的。

---

# 第五节 酶类药物

20 世纪后半叶，生物科学和生物工程技术飞速发展，酶在医药领域的用途越来越广泛。进入 21 世纪后，随着核酶、抗体酶和端粒酶等新酶的研究开发，以及酶分子修饰、酶固定化和酶在有机介质中的催化作用等酶技术的发展，不断扩大了酶在医药方面的应用。

## 一、酶类药物的分类和作用

### 1. 助消化类

它们的作用是消化和分解食物中各种成分，如淀粉、脂肪、蛋白质等。当体内消化系统失调，消化液分泌不足时，服用这一类酶就能够恢复正常消化功能。主要有胃蛋白酶、胰酶、淀粉酶、纤维素酶、木瓜酶、凝乳酶、无花果酶、菠萝酶等。

### 2. 抗炎净创类

这一类酶目前在治疗上发展最快，用途最广。这种酶大多数都是蛋白水解酶，能够分解发炎部位纤维蛋白的凝结物，消除伤口周围的坏疽、腐肉和碎屑。其中有些酶能够分解脓液中的核蛋白变成简单的嘌呤和嘧啶，降低脓液的黏性、达到净洁创口、消除痂皮、排除脓液、抗炎消肿的目的。主要有胰蛋白酶、糜蛋白酶、双链酶、$\alpha$-淀粉酶、胰 DNA 酶、溶菌酶等。给药的方法有外敷、喷雾、灌注、注射、口服等。它们可以单独使用，也可以与抗生素等合用，治疗各种溃疡、炎症、血肿、脓胸、肺炎、支气管扩张、气喘等症。

**3. 血凝和解凝类**

这一类酶都是从血液中提取的，有的能促使血液凝固，有的却能溶解血块。如凝血酶的作用是促使血液凝固，防止微血管出血。纤溶酶的作用是溶解血块，治疗血栓静脉炎、冠状动脉栓塞等。此外还有尿激酶、链激酶、蛇毒凝血酶、蚓激酶。

**4. 解毒类**

这一类酶的主要作用是解除体内或因注射某种药物产生的有害物质。主要品种有青霉素酶、过氧化氢酶和组织胺酶等。青霉素酶能够分解青霉素分子中的 $\beta$-内酰胺环，使其变成青霉噻唑酸，消除因注射青霉素引起的过敏反应。

**5. 诊断类**

这一类酶是用作临床上各种生化检查的试剂，帮助临床诊断。最常用的有葡萄糖氧化酶、$\beta$-葡萄糖苷酸酶和脲酶。如葡萄糖氧化酶可用于血糖、尿糖测定，诊断糖尿病；脲酶是测定血液中尿素的浓度和尿中尿素的含量的，从而可检查肾功能。

**6. 抗肿瘤类**

L-天冬酰胺酶、蛋氨酸酶、组氨酸酶、精氨酸酶、谷氨酸酶

**7. 其他酶**

超氧化物歧化酶、RNA 酶、DNA 酶、玻璃酸酶、抑肽酶。

**8. 辅酶**

辅酶 I（NAD$^+$）、辅酶 II（NADP$^+$）、黄素单核苷酸（FMN）、黄素腺嘌呤二核苷酸（FAD）、辅酶 Q$_{10}$、辅酶 A 等已广泛用于肝病和冠心病的治疗。辅酶种类繁多，结构各异，一部分辅酶也属于核酸类药物。

## 二、常见的酶类药物

**胰蛋白酶：**用于脓胸、血胸、外科炎症、溃疡、创伤性损伤、瘘管等所产生的局部水肿、血肿、脓肿。也可用于呼吸道疾病及治疗毒蛇咬伤。

**糜蛋白酶：**胰凝乳蛋白酶。能迅速分解蛋白质，现用于创伤或手术后创口愈合、抗炎及防止局部水肿、积血、扭伤血肿、乳房手术后水肿、中耳炎、鼻炎等。

**菠萝蛋白酶：**是从菠萝液汁中提出的一种蛋白水解酶，临床上可用作抗水肿和抗炎药。口服后能加强体内纤维蛋白的水解作用，将阻塞于组织的纤维蛋白及血凝块溶解，从而改善体液的局部循环，导致炎症和水肿的消除。与抗生素、化疗药物并用，能促进药物对病灶的渗透和扩散。

**链激酶：**能促进体内纤维蛋白溶解系统的活力，使纤维蛋白溶酶原转变为活性的纤维蛋白溶酶，引起血栓内部崩解和血栓表面溶解。用于预防或治疗深静脉血栓形成、周围动脉血栓形成或血栓栓塞、血管外科手术后的血栓形成等。

**玻璃酸酶：**也称为透明质酸酶、玻糖酸酶。为一种能水解透明质酸的酶（透明质

酸为组织基质中具有限制水分及其他细胞外物质扩散的作用的成分），可促使皮下输液或局部积贮的渗出液或血液加快扩散而利于吸收，用于：①一些以缓慢速度进行静脉滴注的药物如各种氨基酸、水解蛋白等，在与本品合用的情况下可改为皮注或肌注，使吸收加快；②皮下注射大量的某些抗生素（如链霉素）或其他化疗药物（如异烟肼等）以及麦角制剂时，合用本品，可使扩散加速，减轻痛感；③将该酶溶解在局部麻醉药中，再加入肾上腺素，可加速麻醉，并减少麻醉药的用量；④与胰岛素合用，可防止注射局部浓度过高而出现的脂肪组织萎缩。胰岛素休克疗法中用该酶，可促使胰岛素吸收量增加，注射较小量即可达血中有效浓度，因而减少其危险性。

**超氧化物歧化酶**：是一种催化超氧负离子（$O^-$）进行氧化还原反应，生成氧和过氧化氢的氧化还原酶。具有抗氧化、抗辐射、抗衰老的作用，对红斑狼疮、皮肌炎、结肠炎以及氧中毒等疾病有显著疗效。能清除炎症中伴随产生的自由基，显示抗炎作用；可用于前列腺癌或膀胱癌放射治疗后遗症、类风湿性关节炎。

**溶菌酶**：有抗菌、抗病毒、止血、消肿及加快组织恢复功能等作用。临床用于慢性鼻炎、急慢性咽喉炎、口腔溃疡、水痘、带状疱疹和扁平疣等。

**抑肽酶**：能抑制胰蛋白酶及糜蛋白酶，阻止胰脏中其他活性蛋白酶原的激活及胰蛋白酶原的自身激活，故可用于各型胰腺炎的治疗与预防；能抑制纤维蛋白溶酶和纤维蛋白溶酶原的激活因子，阻止纤维蛋白溶酶原的活化，用于治疗和预防各种纤维蛋白溶解所引起的急性出血；能抑制血管舒张素，从而抑制其舒张血管、增加毛细血管通透性、降低血压的作用，用于各种严重休克状态。此外，本品在腹腔手术后直接注入腹腔，能预防肠粘连。

**L－天冬酰胺酶**：是第一种用于治疗癌症的酶，特别对治疗白血病有显著疗效。L－天冬酰胺酶催化天冬酰胺水解，生成天冬氨酸和氨。人体的正常细胞内由于有天冬酰胺合成酶，可以合成L－天冬酰胺而使蛋白质合成不受L－天冬酰胺酶影响；而对于缺乏天冬酰胺合成酶的癌细胞来说，由于本身不能合成L－天冬酰胺，外来的天冬酰胺又被L－天冬酰胺酶分解掉，因此蛋白质合成受阻，从而导致癌细胞死亡。

### 三、酶类药物的分离纯化

酶的制备一般包括三个基本步骤，即提取、纯化和结晶（或制剂）。

#### （一）酶的提取

胞外酶可以直接进行提取分离；胞内酶的提取采用多种破碎方法，具体如下。

**1. 机械法**

如绞碎、刨碎、匀浆、研磨、挤压或超声波等。

**2. 化学法**

用盐、碱、表面活性剂、EDTA、丙酮和正丁醇等可使细胞破碎、颗粒体结构解体，从而把酶释放出来。

**3. 酶解法**

用溶菌酶、脱氧核糖核酸酶、磷脂酶等降解细胞膜结构进行提取。

### 4. 冻融法

采用反复冷冻与融化时由于细胞中形成了冰晶及剩余液体中盐浓度的增高可以使细胞破裂。

酶的提取溶剂可以用水、一定浓度的乙醇、乙二醇、丁醇和稀盐溶液、缓冲溶液等；也可以用稀碱或稀酸溶液。溶剂用量一般为原料质量的 1~5 倍。

为了减少提取液体积，可用多段逆流提取或柱型抽提法。液渣分离可用过滤法（如板框压滤、旋转真空过滤）或离心法。过滤时可加硅藻土、纸浆等为助滤剂。离心时可加入氢氧化铝凝胶、磷酸钙凝胶等以除去悬浮的胶体物质。

### （二）酶液的浓缩

酶液浓缩工业上可用真空减压浓缩、薄膜浓缩、冷冻浓缩和逆向渗透作用进行浓缩，实验室对于少量酶液可通过：葡聚糖凝胶（分子筛）浓缩、聚乙二醇浓缩、超滤法浓缩等方法，减少提取液体积，便于进一步纯化。

### （三）杂质的去除

浓缩后酶的提取液中含有杂蛋白、多糖、脂类及核酸等杂质，可通过蛋白质变性、蛋白质沉淀、核酸沉淀、加热、调节 pH 等方法去除。

### （四）酶的纯化

凡用于蛋白质的纯化手段均适用于酶的纯化，如盐析法、聚乙二醇沉淀法、有机浴剂分级沉淀法、等电点法、选择性沉淀法、各种柱层析法（吸附层析、离子交换层析、凝胶过滤）、各种电泳法及亲和层析等。但在提纯时必须尽量减少酶活力的损失，各项操作均需在低温下进行。一般在 0~5℃ 进行，用有机溶剂分级分离时必须在 −15℃ 进行。同时为防止重金属使酶失活或者防止酶蛋白中的巯基被氧化失活，需在抽提溶剂中加入少量 EDTA 螯合剂和巯基乙醇。在整个分离提纯过程中不能过度搅拌，以免产生大量泡沫，而使酶变性。

纯化的酶制剂要达到一定的纯度，酶的纯度用比活力表示：

$$比活力 = 酶活力单位数 / 毫克蛋白$$

当酶达到一定纯度时，就可以进行结晶，结晶也是纯化酶的有效手段之一。酶的结晶通常选用盐析法，即在低温下，用丙酮、乙醇等有机溶剂逐渐添加硫酸铵、氯化钠等中性盐，使酶慢慢结晶出来。

---

## 知识链接

### 酶 活 力

在一定条件下，酶活力与酶浓度成正比，所以酶的活力可代表酶的含量。酶活力的高低是用酶活力单位（IU）来表示。

酶活力单位是指酶在最适条件下，单位时间内底物的减少量或产物的生成量。即 "在 25℃，以最适底物浓度，最适缓冲液的离子强度以及最适 pH 等条件下，每分钟催化消耗 $1\mu mol$ 底物的酶量为一个酶活力单位"。

## 本 章 小 结

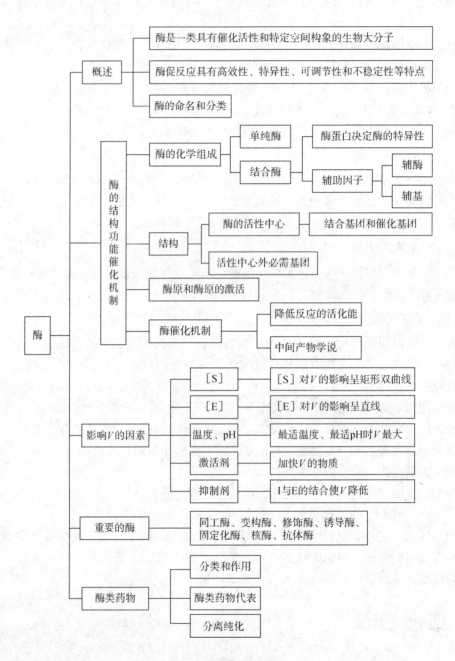

## 目标检测

### 一、单项选择题

1. 关于酶的叙述哪项是正确的（    ）?

    A. 所有的酶都含有辅基或辅酶

B. 只能在体内起催化作用

C. 大多数酶的化学本质是蛋白质

D. 能改变化学反应的平衡点，加速反应的进行

E. 都具有立体异构专一性（特异性）

2. 唾液淀粉酶对淀粉起催化作用，对蔗糖不起作用这一现象说明了酶有（　　）。

   A. 不稳定性　　　　　B. 可调节性　　　　　C. 高度的特异性

   D. 高度的敏感性　　　E. 高度的催化效率

3. 辅酶与辅基的主要区别在于（　　）。

   A. 分子大小不同　　　　　B. 理化性质不同　　　　C. 化学本质不同

   D. 分子结构不同　　　　　E. 与酶蛋白结合紧密程度不同

4. 下列关于酶蛋白和辅助因子的叙述，哪一点不正确（　　）？

   A. 酶蛋白或辅助因子单独存在时均无催化作用

   B. 一种酶蛋白只与一种辅助因子结合成一种全酶

   C. 一种辅助因子只能与一种酶蛋白结合成一种全酶

   D. 酶蛋白决定结合酶促反应的专一性

   E. 辅助因子在催化反应中传递电子、质子或基团

5. 关于酶活性中心的叙述，哪项不正确（　　）？

   A. 酶与底物接触只限于酶分子上与酶活性密切有关的较小区域

   B. 必需基团可位于活性中心之内，也可位于活性中心之外

   C. 一般来说，总是多肽链的一级结构上相邻的几个氨基酸的残基相对集中，形
成酶的活性中心

   D. 酶原激活实际上是活性中心形成或暴露的过程

   E. 当底物分子与酶分子相接触时，可引起酶活性中心的构象改变

6. 酶原之所以没有活性是因为（　　）。

   A. 酶蛋白肽链合成不完全　　　　　　B. 活性中心未形成或未暴露

   C. 酶原是普通的蛋白质　　　　　　　D. 缺乏辅酶或辅基

   E. 是已经变性的蛋白质

7. 酶高度的催化效率是因为它能（　　）。

   A. 升高反应温度　　　　　　　　　　B. 增加反应的活化能

   C. 降低反应的活化能　　　　　　　　D. 改变化学反应的平衡点

   E. 催化热力学上允许催化的反应

8. 如果有一酶促反应，其 $[S]=1/2K_m$，则 $V$ 值应等于多少 $V_{max}$（　　）？

   A. 0.25　　　　　　　B. 0.33　　　　　　　C. 0.50

   D. 0.67　　　　　　　E. 0.75

9. $K_m$ 值的概念是（　　）。

   A. 与酶对底物的亲和力无关　　　　　B. 是达到 $V_{max}$ 所必需的底物浓度

   C. 同一种酶的各种同工酶的 $K_m$ 值相同　　D. 是达到 $1/2V_{max}$ 的底物浓度

   E. 与底物的性质无关

10. 关于 pH 对酶活性的影响，以下哪项不对（　　）？

A. 影响必需基团解离状态　　　　　　B. 也能影响底物的解离状态

C. 酶在一定的 pH 范围内发挥最高活性　　D. 破坏酶蛋白的一级结构

E. pH 改变能影响酶的 $K_m$ 值

11. 有机磷杀虫剂对胆碱酯酶的抑制作用属于（　　　）。

A. 可逆性抑制作用　　B. 竞争性抑制作用　　C. 非竞争性抑制作用

D. 反竞争性抑制作用　　E. 不可逆性抑制作用

12. 丙二酸对于琥珀酸脱氢酶的影响属于（　　　）。

A. 反馈抑制　　　　　　B. 底物抑制　　　　　　C. 竞争性抑制

D. 非竞争性抑制　　　　E. 变构调节

13. 下列关于竞争性抑制剂的论述哪项是正确的（　　　）?

A. 抑制剂与酶活性中心结合　　　　　　B. 抑制剂与酶以共价键结合

C. 抑制剂结构与底物不相似　　　　　　D. 抑制剂与酶的结合是不可逆的

E. 抑制程度只与抑制剂浓度有关

14. 同工酶具有下列何种性质（　　　）?

A. 催化功能相同　　　　　　　　　　　B. 理化性质相同

C. 免疫学性质相同　　　　　　　　　　D. 酶蛋白相对分子质量相同

E. 酶蛋白分子结构相同

15. 具有抗肿瘤作用的酶是（　　　）。

A. 链激酶　　　　　　　B. 胃蛋白酶　　　　　　C. L - 天冬酰胺酶

D. 凝血酶　　　　　　　E. 抑肽酶

## 二、简答题

1. 什么是米氏方程，米氏常数 $K_m$ 的意义是什么?

2. 比较三种竞争性抑制作用的机制有何不同。

## 实训 一　酶特性的检验

### 一、实训目的

通过实训，检验酶作用的高效性、特异性和高度不稳定性。学会唾液淀粉酶的制备技术；熟悉恒温水浴锅的正确使用操作。

### 二、实训内容

#### （一）实训原理

酶作为生物催化剂，能大大降低反应的活化能，从而加快反应速度。过氧化氢酶广泛分布于生物体内，能将代谢中产生的有害的 $H_2O_2$ 分解成 $H_2O$ 和 $O_2$，使 $H_2O_2$ 不致在体内大量积累。其催化效率比无机催化剂铁粉高 10 个数量级，本实训从氧气由水中逸出小气泡的多少判断 $H_2O_2$ 分解速度。

　　酶与一般催化剂最主要的区别之一是酶具有高度的特异（专一）性，即一种酶只能对一种或一类化合物起催化作用。例如，淀粉酶能催化淀粉水解，生成还原性的麦芽糖和葡萄糖，使班氏试剂中 $Cu^{2+}$ 还原成砖红色（$Cu_2O$ 沉淀）。但淀粉酶不能催化蔗糖水解起作用，且蔗糖是非还原性的糖，不与班氏试剂反应。

## （二）实训材料、试剂和器材

**1. 材料**

发芽的马铃薯方块（生、熟）。

**2. 试剂**

（1）Fe 粉。

（2）2% $H_2O_2$（用时现配）。

（3）唾液淀粉酶溶液　先用蒸馏水漱口，以清除食物残渣，再含一口蒸馏水，咀嚼数分钟后吐出收集在烧杯中，备用。

（4）1% 蔗糖溶液　取分析纯蔗糖 1g，溶解后加蒸馏水至 100ml。

（5）1% 淀粉溶液　取可溶性 1g 淀粉和 0.3g NaCl，用 5ml 蒸馏水悬浮，慢慢倒入 60ml 煮沸的蒸馏水中，煮沸 1min，冷却至室温，加水到 100ml，冰箱贮存。

（6）班氏试剂（Benedict 试剂）　17.3g $CuSO_4 \cdot 5H_2O$，加 100ml 蒸馏水加热溶解，冷却；173g 枸橼酸钠（柠檬酸钠）和 100g $Na_2CO_3 \cdot 2H_2O$，以 600ml 蒸馏水加热溶解，冷却后将 $CuSO_4$ 溶液慢慢加到柠檬酸钠 - 碳酸钠溶液中，边加边搅匀，最后定容至 1000ml。如有沉淀可过滤除去，此试剂可长期保存。

（7）磷酸缓冲液

A 液：0.2mol/L $Na_2HPO_4$。称取 28.40g $Na_2HPO_4$（或 71.64g $Na_2HPO_4 \cdot 12H_2O$）溶解后加蒸馏水至 1000ml。

B 液：0.1mol/L 枸橼酸（柠檬酸）。称取 21.01g 柠檬酸（$C_6H_8O_7 \cdot H_2O$）溶解后加蒸馏水至 1000ml。

pH 6.8 缓冲液：772ml A 液 +228ml B 液。

**3. 仪器**

恒温水浴箱，试管，小烧杯，移液器 1ml、5ml，胶头滴管。

## （三）实训方法和步骤

**1. 酶催化的高效性和不稳定性**

取 4 支试管，按下表操作。

| 试管 | 2% $H_2O_2$（ml） | 生马铃薯 | 熟马铃薯 | 铁粉 | $H_2O$（ml） |
|---|---|---|---|---|---|
| 1 | 3 | 若干块 | / | / | / |
| 2 | 3 | / | 若干块 | / | / |
| 3 | 3 | / | / | 1 小匙 | / |
| 4 | 3 | / | / | / | 1 |

观察各管中气泡产生的多少，并解释原因。

**2. 酶催化的特异性和不稳定性**

（1）煮沸唾液的准备　取上述稀释唾液约 5ml，在酒精灯上煮沸，冷却备用。

（2）取 3 支试管，按下表操作。

| 试　管 | pH 6.8 缓冲溶液<br>（滴） | 1% 淀粉溶液<br>（滴） | 1% 蔗糖溶液<br>（滴） | 唾液<br>（滴） | 煮沸唾液<br>（滴） |
|---|---|---|---|---|---|
| 1 | 20 | 10 | / | 5 | / |
| 2 | 20 | 10 | / | / | 5 |
| 3 | 20 | / | 10 | 5 | / |

（3）各管摇匀，置 37℃水浴保温 10min 左右，取出各管，分别加班氏试剂 20 滴，摇匀，置沸水浴中煮沸，观察结果，并解释原因。

**（四）实训思考**

1. 在酶催化的特异性实训中若用蔗糖酶取代唾液，则实验结果将有何变化？

2. 根据添加煮沸唾液试管的实训结果，说明酶促反应的什么特点。

# 实训　二　溶菌酶的结晶和活力测定

## 一、实训目的

通过实训，进一步明确溶菌酶结晶和酶活力测定的基本原理和方法，学会离子交换层析、酶分离纯化技术，进一步熟悉分光光度计、离心机的使用；学会层析柱、透析袋、布氏漏斗的正确使用操作。

## 二、实训内容

### （一）实训原理

溶菌酶属水解酶类，它水解细菌细胞壁多糖，破坏细胞壁，使细菌崩解。溶菌酶广泛存在于生物界，动物的眼泪、鼻涕、唾液、血液和其他分泌物中也含有溶菌酶，其中鸟类卵中溶菌酶含量也特别丰富。鸡蛋清溶菌酶的等电点在 pH 10 ~ 11 之间，为碱性蛋白质，在近中性环境中可为阳离子交换树脂吸附，利用这个性质可将它和鸡蛋清中的其他蛋白质分离。

### （二）实训材料、试剂和器材

**1. 材料**

生鸡蛋 500kg。

**2. 试剂**

（1）10% 硫酸铵，固体硫酸铵；丙酮（C. P.）；鸡蛋清（鸡蛋）；底物干菌粉；"724" 树脂。

（2）pH 6.5 0.15mol/L 磷酸缓冲液　先分别配制 0.15mol/L $NaH_2PO_4$ 及 0.15mol/L $NaH_2PO_4$ 液，取前者 20.5ml 加后者 97.5ml，混匀，即得（pH 计校正）。

pH 6.2 0.1mol/L 磷酸缓冲液：称取 $NaH_2PO_4 \cdot 2H_2O$ 11.70g，$NaH_2PO_4 \cdot 12H_2O$

7.86g，EDTA 0.392g，置 1000ml 容量瓶中加水至刻度，摇匀，即得（pH 计校正）。

### 3. 器材

pH 试纸，分光光度计，抽滤瓶及布氏漏斗，研钵，恒温水浴箱，离心机，真空干燥器，透析袋，1cm×35cm 层析柱，0.1ml、0.2ml、5ml 的移液器，制冰机，冰箱。

### （三）实训方法和步骤

#### 1. 蛋清准备

由 4～5 只新鲜鸡蛋中小心取出蛋清约 80～100ml，充分打匀，用纱布滤去杂质，计量体积，并用试纸测量 pH，用冰预冷至 0℃备用。

#### 2. 树脂吸附

将处理好的 "724" 树脂用布氏漏斗抽干，取湿树脂 20g（为蛋清量的 1/5～1/4），在不断搅拌下加入预冷的蛋清中，再继续搅拌 3h，使充分吸附，静置过夜（0～5℃）。

#### 3. 洗涤

倾出上层蛋清，用蒸馏水清洗树脂 2～3 次，再用 pH 6.5 的 0.15mol/L 磷酸缓冲液 40ml 搅拌清洗两次，用布氏漏斗抽干。

#### 4. 洗脱

将树脂移入烧杯，将 10% 硫酸铵溶液 30～40ml（树脂量 2 倍，不可多用）分 3 次搅拌（15min）洗脱，抽干树脂，合并洗脱液（滤液），树脂保存供再生。

#### 5. 盐析

测量洗脱液总体积，按 33% 量（$W/V$）在搅拌下逐渐加入研细的固体硫酸铵，使浓度达 40%。静置，等沉淀结絮下沉后，小心吸去上清，将沉淀离心 3000r/min，10min，或用布氏漏斗抽滤，收集沉淀。

#### 6. 脱盐

沉淀用 1ml 蒸馏水溶解，转入透析袋，对蒸馏水透析 24h（0～5℃冰箱），中途换水 3～5 次，或流水（搅拌）透析 24h。因该酶相对分子质量小（17500），透析时间不可太长，防止酶渗出。

#### 7. 去除碱性杂蛋白

将上述透析液用 1mol/L NaOH（最后用 0.1mol/L NaOH）溶液调至 pH 8.0～8.5。如有沉淀，离心除去。

#### 8. 结晶

用骨勺在搅拌下慢慢向酶液中加入 5%（$W/V$）研细的固体 NaCl，注意防止局部过浓。加完后用 NaOH 溶液慢慢调至 pH 9.5～10.0，室温下静置 48h。

#### 9. 结晶观察与收取

肉眼观察有结晶形成后，用滴管吸取结晶液 1 滴置于载玻片上，在低倍显微镜下观察并画出结晶图形。离心或过滤收集酶晶体，用少量丙酮洗涤晶体 2 次，以 $P_2O_5$ 真空干燥后称重。

#### 10. 活力测定

（1）酶液配制 准确称取溶菌酶样品 5mg，用 0.1mol/L pH 6.2 磷酸缓冲液配成 1mg/ml 的酶液，再将酶液稀释成 50μg/ml。

（2）底物配制 取干菌粉 5mg 加上述缓冲液少许，在乳钵中（或匀浆器中）研磨

2min，倾出，稀释到 15～25ml，此时在光电比色计上的吸光度最好在 0.5～0.7 范围内。

（3）活力测定　先将酶和底物分别放入 25℃恒温水浴预热 10min，吸取底物悬浮液 4ml 放入比色杯中，在 450nm 波长读出吸光度，此时零时读数。然后吸取样品液 0.2ml（相当于 10μg 酶）加入比色皿，每隔 30s 读 1 次吸光度，到 90s 时共计下 4 个读数。

**11. 结果处理**

（1）计算活力单位的定义是：在 25℃，pH 6.2，波长为 450nm 时，每分钟引起吸光度下降 0.001 为 1 个活力单位。

$$每 1mg 酶活力单位数 = 吸光度差值 × 1000/ 样品毫克数$$

（2）计算溶菌酶的收率并由其效价计算总活力回收率。

$$收率 = （干燥酶质量 / 蛋清总质量）× 100\%$$
$$总活力收率 = 酶质量 × 效价 / 蛋清总质量 × 100\%$$

## （四）温馨提示

**1. 底物的制备**

菌种 *Micsocccus lysodeik licus* 接种于培养基上，28℃培养 48h，用蒸馏水将菌体冲洗下来，经纱布过滤，滤液离心（4000r/min，10min），倾去上清液。用蒸馏水洗菌体数次，每次离心以除去混杂的培养基，然后将菌体用少量水悬浮，冰冻干燥。如无冻干设备，可将菌体刮在玻璃板上成一薄层冷风吹干，置干燥器中。

**2. 树脂处理**

市售"724"树脂先用清水漂洗，除去细微杂质，加入 1mol/L NaOH 溶液，放置 4～8h，并间歇搅拌，然后抽去碱液，用蒸馏水洗至 pH 7.5 左右。再用 1mol/L 盐酸如上法浸泡树脂，所用盐酸需过量，搅拌，保证树脂完全转变为氢型，然后抽去酸液。用蒸馏水洗至 pH 5.5，平衡过夜，如 pH 不低于 5.0，抽干，用 2mol/L NaOH 把树脂转变为钠型，但须控制 pH 不超过 6.5，抽干，将树脂用 pH 6.5、0.15mol/L 磷酸缓冲液浸泡过夜，如 pH 下降再用 2mol/L NaOH 溶液调回 pH 6.5，冷藏（不使结冰）备用。

**3. 采集蛋清**

由鸡蛋采收蛋清时勿使蛋黄混入，因蛋黄内的脂类成分会影响树脂对溶菌酶的吸附能力。

## （五）实训思考

1. 分析溶菌酶收率高低及酶晶型不同的操作原因。
2. 溶菌酶结晶时为何要将母液调整至 pH 9.5～10，并加入 NaCl？
3. 试述用硫酸铵溶液从树脂上洗脱溶菌酶的原理。
4. 还可采用什么方法将溶菌酶从树脂上洗脱下来？

# 第五章 ▏维 生 素

**知识目标**

掌握维生素的概念、分类。熟悉维生素与辅助因子的关系，熟悉维生素的生理功能与缺乏症；了解维生素的来源。

**技能目标**

能够把维生素知识灵活应用，正确理解维生素类药物，科学看待维生素类保健食品。

食物中的糖类、脂类、蛋白质统称为三大营养物质，是体内能量的主要来源。而食物中还有一类小分子有机物，对生命和健康特别重要，不可缺乏也不可过多。从唐代"药王"孙思邈用动物肝脏防治夜盲症，到 1911 年波兰科学家 Funk 用米糠治疗脚气病，科学家们经过艰苦努力终于揭开维生素的神秘面纱，使我们得以了解更多维生素的生理功能并应用到实际工作和生活中。本章重点介绍维生素的概念、维生素与酶及辅助的关系和维生素的药用。

# 第一节 概 述

## 一、维生素的概念与分类

维生素（vitamin）是维持机体正常生理功能所必需的一类小分子有机化合物，体内不能合成或合成不足，必须由食物供给。维生素既不是构成机体组织的成分，也不是体内的供能物质，但它是物质代谢所必需的。已知绝大多数维生素作为酶的辅助因子的组成成分或本身就是酶的辅助因子，发挥着特有的生理功能。

根据溶解性质不同，维生素可分为两大类。

脂溶性维生素（lipid – soluble vitamin）：维生素 A、维生素 D、维生素 E、维生素 K。

水溶性维生素（water – soluble vitamin）：维生素 B 族（维生素 $B_1$、维生素 $B_2$、维生素 $B_6$、维生素 $B_{12}$、维生素 PP、泛酸、叶酸、生物素）和维生素 C。

### 餐后服用维生素

餐后胃肠道有较充足的油脂，有利于脂溶性维生素的溶解，促使其更容易吸收。水溶性维生素 $B_1$、维生素 $B_2$、维生素 C 等如果空腹服用，会较快地通过胃肠道，可能在人体组织未充分吸收利用之前就排出。故维生素宜餐后服用。

## 二、维生素缺乏症的原因

维生素对人体健康至关重要，机体缺乏维生素时物质代谢就会发生障碍，引起疾病，称为维生素缺乏症。但在一般情况下，只要正常进食，消化吸收功能正常，一般人不必另行补充，而一旦维生素缺乏往往是多种维生素缺乏，常见原因如下。

**1. 摄入量不足**

常见于食物供给的维生素不足，如膳食结构不合理、严重偏食或长期食欲缺乏、吞咽困难，加工储藏烹调方法不当等。

**2. 吸收障碍**

老年人消化功能降低以及消化吸收功能障碍的患者，常伴有维生素吸收障碍。

**3. 需要量增加**

孕妇、乳母、儿童、重体力劳动者及慢性消耗性疾病患者对维生素需要量相对增高而补充相对不足，易引起维生素缺乏症。

**4. 合成量不足**

日光照射不足，可引起维生素 $D_3$ 缺乏；长期服用广谱抗生素会抑制肠道细菌的生长，从而造成某些维生素缺乏。

# 第二节 脂溶性维生素

脂溶性维生素 A、维生素 D、维生素 E、维生素 K，不溶于水，易溶于脂类及有机溶剂。在食物中与脂类共存，并随脂类一同吸收，吸收后与血液中脂蛋白及某些特殊结合蛋白特异结合而运输，排泄效率低，可在体内蓄积，摄入过多对机体有害，甚至引起中毒症。

## 一、维生素 A

### （一）化学本质与来源

维生素 A 又称抗干眼病维生素，其化学本质是含 $\beta$ – 白芷酮环的不饱和的一元醇，天然维生素 A 包括 $A_1$（视黄醇）和 $A_2$（3 – 脱氢视黄醇）两种，具有还原性。

维生素 A 只存在于动物性食物（如肝脏、蛋黄）中，植物中不含维生素 A，但有色蔬菜（如胡萝卜、红辣椒等）含多种胡萝卜素，其中 $\beta$ – 胡萝卜素最为重要，它在体内能转化成维生素 A，故称为维生素 A 原。

维生素A₁

维生素A₂

β-胡萝卜素

## （二）生化作用

### 1. 构成视觉细胞的感光物质

人眼对弱光的感受依赖于视觉细胞中的视紫红质，维生素 A 是构成视紫红质的成分，故缺乏时，视紫红质合成减少，会导致暗视觉障碍——夜盲症。

### 2. 维持上皮组织的分化与完整

维生素 A 参与糖蛋白的合成，上皮组织缺乏时会引起干燥、增生和角质化，在眼部引起角膜、结膜干燥产生干眼病（眼干燥症）；在皮脂腺及汗腺，发生毛囊丘疹与毛发脱落。

### 3. 其他作用

维生素 A 和 $\beta$ - 胡萝卜素是有效的抗氧化剂，有抗癌作用，并可促进生长发育及繁殖，儿童缺乏可导致生长发育及骨骼生长不良。但长期过量（超过需要量的 10～20 倍）服用，可引起头痛、恶心、腹泻、肝脾大等不良反应，孕妇摄取过量易发生胎儿畸形。

## 二、维生素 D

### （一）化学本质与来源

维生素 D 又称抗佝偻病维生素，其化学本质是类固醇衍生物。天然维生素 D 包括维生素 $D_2$（麦角钙化醇）和维生素 $D_3$（胆钙化醇）两类。

人可以从动物性食物（肝、奶、蛋等）中摄取维生素 D，以鱼肝油含量最丰。体内还可由胆固醇转变成 7 - 脱氢胆固醇，再经紫外线照射转变为维生素 $D_3$；植物性食物（如植物油）、微生物（如酵母）中含有的麦角固醇经紫外线照射后转变为维生素 $D_2$。这些动物、植物、微生物所含有可以转化为维生素 D 的固醇类物质，称为维生素 D 原。

$$VD_3 \xrightarrow[\text{肝脏}]{25 - \text{羟化酶}} 25 - (OH) - VD_3 \xrightarrow[\text{肾脏}]{1\alpha - \text{羟化酶}} 1,25 - (OH)_2 - VD_3$$

### （二）生化作用

### 1. 调节钙和磷的代谢

维生素 $D_2$ 和维生素 $D_3$ 本身没有生理活性，只有转变为 $1,25 - (OH)_2 - D_3$ 才能发挥作用，它能促进钙和磷的吸收，维持血钙和血磷的浓度，促使骨骼正常发育。若缺乏维生素 D，婴幼儿易导致佝偻病，成年人则发生骨软化症（软骨病）。

### 2. 过量摄入维生素 D 会引起中毒

主要表现为高钙血症、导致尿钙过多，易引起肾结石以及软组织钙化。

### 三、维生素 E

#### （一）化学本质与来源

维生素 E 又称生育酚，其化学本质是苯骈二氢吡喃的衍生物，可分为生育酚和生育三烯酚两大类，其中以 α - 生育酚的生理活性最高。自然界中，维生素 E 主要存在于植物油、油性种子、蔬菜和豆类中；在体内，维生素 E 主要存在于细胞膜、血浆脂蛋白和脂库中。

维生素 E 对氧极敏感，极易氧化而保护其他物质不被氧化，是动物和人体中最有效的抗氧化剂。

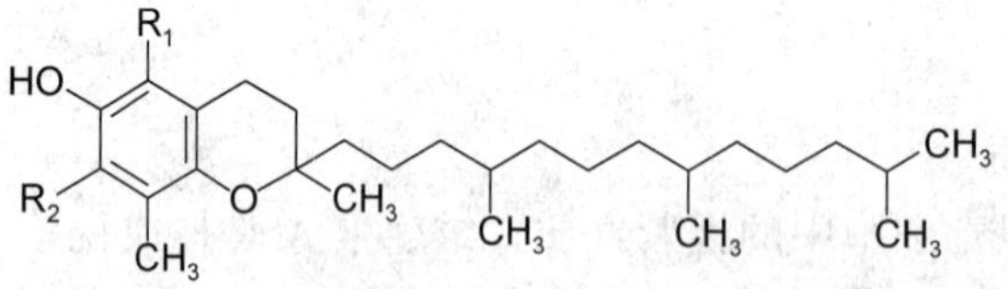

生育酚                     α-生育酚

#### （二）生化作用

**1. 抗氧化作用**

维生素 E 对生物膜有保护与稳定作用，可防止生物膜的不饱和脂肪酸发生过氧化反应。维生素 E 还可以保护巯基不被氧化，而保持某些酶的活性。

**2. 与动物的生殖功能关系密切**

动物实验发现维生素 E 缺乏易导致动物生殖器官发育不良甚至不育，临床上常用维生素 E 防治男女不育症及先兆流产等疾病，但尚未发现人类因缺乏维生素 E 引起的不孕症。

### 四、维生素 K

#### （一）化学本质与来源

维生素 K 又称凝血维生素，是 2 - 甲基 - 1,4 萘醌的衍生物。天然维生素 K 包括维生素 $K_1$（植物甲萘醌或叶绿醌）和维生素 $K_2$（多异戊烯甲萘醌）两种。人体可以从深绿色蔬菜（如菠菜、莴苣等）中摄取维生素 $K_1$；也可由肠道细菌合成维生素 $K_2$。人工合成的维生素 K 有很多种，临床上常用的有维生素 $K_3$、维生素 $K_4$，可口服或注射。

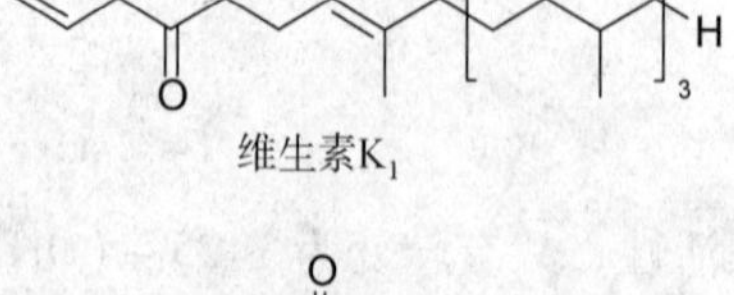

维生素$K_1$ 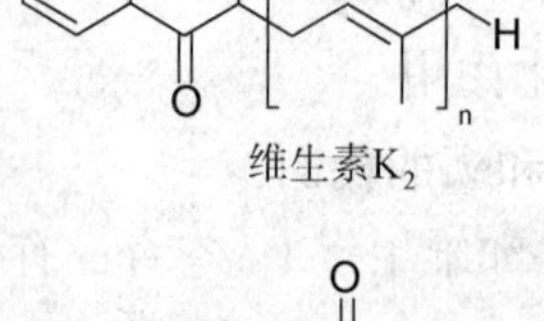              维生素$K_2$

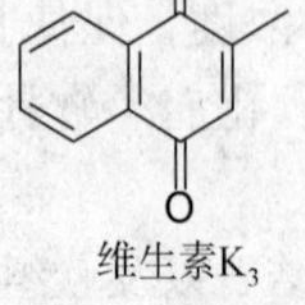

维生素$K_3$ 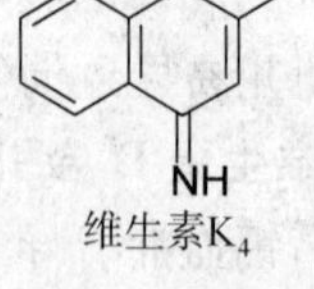              维生素$K_4$

## （二）生化作用

维生素 K 与凝血有关，能够促进凝血因子的生物合成。大部分凝血因子在肝脏合成，若肝功能障碍，胆道、胰腺疾病，脂肪便或长期大量服用广谱抗菌药可导致维生素 K 的缺乏，会因凝血障碍而发生出血倾向。另外，维生素 K 不能通过胎盘屏障，新生儿肠道中缺乏细菌及吸收不良，可能引发维生素 K 缺乏症，故需肌注或静滴补充。

# 第三节　水溶性维生素

水溶性维生素包括 B 族的维生素 $B_1$、维生素 $B_2$、维生素 $B_6$、维生素 $B_{12}$、维生素 PP、泛酸、叶酸、生物素和维生素 C 两大类，它们在体内均不能储存，过剩将随尿排出，因此需要经常从食物中摄取。B 族维生素可作为酶的辅助因子或其组成分，参与体内的物质代谢。维生素 C 是体内重要的抗氧化剂。

## 一、维生素 $B_1$

### （一）化学本质与来源

维生素 $B_1$ 又称抗脚气病维生素，分子中含氨基的嘧啶环和含硫的噻唑环，故称硫胺素（thiamine）。维生素 $B_1$ 主要存在于种子的外皮和胚芽中，米糠、麸皮、酵母菌中含量也极丰富。

焦磷酸硫胺素（TPP）

### （二）生化作用

**1. 在体内转变成活性形式——焦磷酸硫胺素（TPP）**

维生素在体内经硫胺素激酶催化，可与 ATP 作用，转变成焦磷酸硫胺素（TPP）。TPP 是 $\alpha$ - 酮酸脱氢酶复合体（如丙酮酸脱氢酶系、$\alpha$ - 酮戊二酸脱氢酶系等）的辅酶，在体内供能代谢中起作用。维生素 $B_1$ 缺乏时，TPP 合成不足，以致影响细胞的正常供能，尤其是神经组织的供能。

$$硫胺素 + ATP \xrightarrow[\text{Mg}^{2+}]{\text{硫胺素激酶}} 焦磷酸硫胺素（TPP）+ AMP$$

**2. 影响糖代谢**

TPP 是磷酸戊糖途径中转酮醇酶的辅酶，磷酸戊糖途径是合成核糖的唯一来源，因此，维生素 $B_1$ 缺乏时，糖代谢受阻，丙酮酸积累，核苷酸、脂肪酸、胆固醇合成均受影响，出现多发性神经炎、心力衰竭、四肢无力、肌肉萎缩甚至水肿等症状，临床称脚气病。

**3. 抑制胆碱酯酶活性**

维生素 $B_1$ 能抑制胆碱酯酶的活性，使乙酰胆碱水解受阻。当维生素 $B_1$ 缺乏时，乙酰胆碱分解加强，使神经传导受影响，主要表现为食欲缺乏、消化不良等消化功能障碍。

## 二、维生素 B₂

### （一）化学本质与来源

维生素 B₂ 又称核黄素，是核糖醇和 7，8 - 二甲基异咯嗪的缩合物，呈黄色，其水溶液具有荧光，可利用此性质进行定量分析。维生素 B₂ 耐热，在酸性环境中较为稳定，遇光易破坏。在碱性溶液中不耐热，故烹调食物中不宜加碱。维生素 B₂ 分布广，在鸡蛋、牛奶、肉类、酵母中含量丰富。

### （二）生化作用

**1. 在体内转变成 FMN、FAD，构成黄素酶的辅基**

核黄素在体内经磷酸化，可生成黄素单核苷酸（FMN），进一步还可生成黄素腺嘌呤二核苷酸（FAD）。FMN 及 FAD 是体内核黄素的活性形式，是体内多种氧化还原酶如琥珀酸脱氢酶、黄嘌呤氧化酶及 NADH 脱氢酶等的辅基，主要起递氢体的作用。

**2. 促进生长发育，维持皮肤和黏膜的完整性**

维生素 B₂ 缺乏时，易发生口角炎、舌炎、唇炎、阴囊炎、脂溢性皮炎、眼角膜炎、眼干燥等疾病。

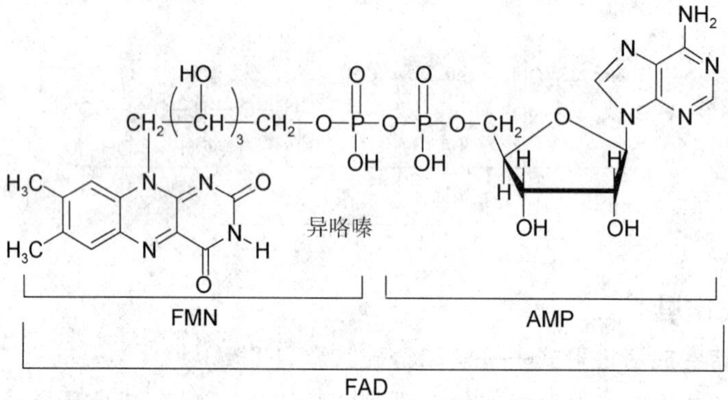

## 三、维生素 PP

### （一）化学本质与来源

维生素 PP 又称抗癞皮病维生素，包括尼克酸和尼克酰胺，均为吡啶衍生物，在体内可以相互转化。维生素 PP 性质稳定，溶于水和乙醇，广泛存在于动、植物中，不易被酸、碱和加热破坏。体内维生素 PP 可参与组成辅酶 I（尼克酰胺腺嘌呤二核苷酸 $NAD^+$）和辅酶 II（尼克酰胺腺嘌呤二核苷酸磷酸 $NADP^+$），$NAD^+$ 和 $NADP^+$ 是体内多种不需氧脱氢酶的辅酶，如 L - 乳酸脱氢酶、L - 谷氨酸脱氢酶等。

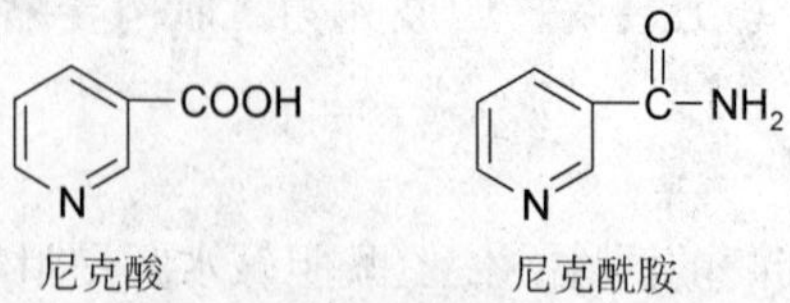

尼克酸　　　　　　　尼克酰胺

## （二）生化作用

### 1. NAD⁺和 NADP⁺在酶促反应中传递氢

NAD$^+$和 NADP$^+$参与细胞生物氧化，在氧化过程中起递氢体的作用。

### 2. 人类缺乏维生素 PP 引起癞皮病

维生素 PP 缺乏时，可表现为皮炎、腹泻、痴呆，称为癞皮病，又称烟酸缺乏病、尼克酸缺乏病、糙皮病。抗结核药物异烟肼的结构与维生素 PP 十分相似，长期服用异烟肼可能引起维生素 PP 缺乏。

### 3. 抑制脂肪动员

近年来研究发现，维生素 PP 可抑制脂肪酸的动员，使肝中极低密度脂蛋白（VLDL）的合成下降，从而降低血浆胆固醇，临床用于治疗高胆固醇血症。但长期日服用量超过 500mg 可引起肝损伤。

## 四、维生素 B₆

### （一）化学本质与来源

维生素 B$_6$ 是吡啶的衍生物，包括吡哆醇、吡哆醛、吡哆胺。对光敏感，遇碱不稳定。维生素 B$_6$ 在肝脏中经磷酸化作用，可被活化成磷酸吡哆醛和磷酸吡哆胺。

维生素 B$_6$ 广泛分布于动、植物中，如种子、谷类、肝、酵母、肉类、蔬菜等。

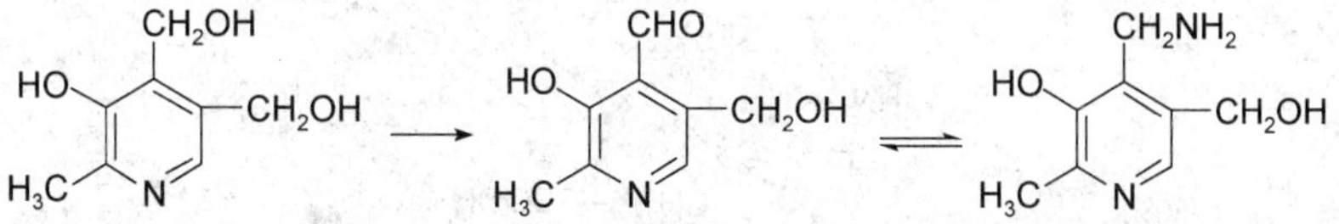

吡哆醇　　　　吡哆醛　　　　吡哆胺

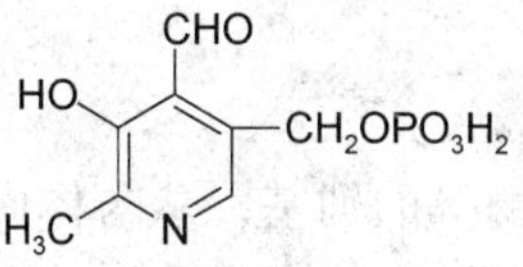

磷酸吡哆醛 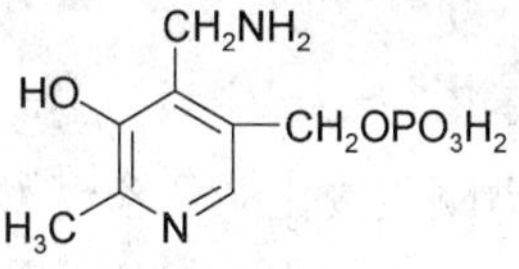　　　　磷酸吡哆胺

### （二）生化作用

#### 1. 磷酸吡哆醛参与各种代谢

磷酸吡哆醛是氨基酸转氨酶及脱羧酶的辅酶，起传递氨基和脱羧基的作用。如谷氨酸通过脱羧反应，生成 γ－氨基丁酸，它是一种抑制性神经递质，故临床上应用维生素 B$_6$ 治疗小儿惊厥、妊娠呕吐、神经焦虑等。磷酸吡哆醛还是血红素合成关键酶的辅酶，缺乏时血红素的合成受阻，造成低色素小细胞性贫血。

#### 2. 服用异烟肼需补充维生素 B₆

抗结核药异烟肼能与磷酸吡哆醛结合，使其失去辅酶作用，故服用异烟肼时需补充维生素 B$_6$。

## 五、泛酸

### （一）化学本质与来源

泛酸（pantothenic acid）又称遍多酸，因其在自然界广泛分布而得名。泛酸由 α、

γ-二羟基-β, β-二甲基丁酸和β-丙氨酸通过肽键缩合而成，其在中性溶液中稳定，但易被酸、碱破坏。食物中含量充足，肠道细菌也能合成供人体利用。

$$HOOC-CH_2-CH_2-NH-\overset{\overset{\displaystyle O}{\|}}{C}-\overset{\overset{\displaystyle OH}{|}}{CH}-\overset{\overset{\displaystyle CH_3}{|}}{\underset{\underset{\displaystyle CH_3}{|}}{C}}-CH_2-OH$$

泛酸

### （二）生化作用

泛酸是辅酶 A（CoA-SH）和酰基载体蛋白（ACP-SH）的组成成分，在体内构成酰基转移酶的辅酶，广泛参与糖类、脂类、蛋白质代谢及肝的生物转化作用，少见缺乏症。辅酶 A 被广泛用于各种疾病的治疗。

## 六、生物素

### （一）化学本质与来源

生物素（biotin）为带有戊酸侧链的噻吩与尿素结合成的骈环，为无色针状结晶，耐酸不耐碱，常温稳定，高温及氧化剂可使之失活。

生物素广泛存在于酵母、肝、蛋类、花生、牛奶和鱼类等食品中，人肠道细菌也能合成。

生物素

### （二）生化作用

生物素作为丙酮酸羧化酶、乙酰 CoA 羧化酶等的辅基，参与体内的羧化反应。生物素来源广泛，少见缺乏症，但生鸡蛋清中含有抗生物素蛋白，故大量生食蛋清易导致生物素缺乏。长期使用抗生素可抑制肠道细菌生长，也可能造成生物素的缺乏，主要症状是疲乏、恶心、呕吐、食欲缺乏、皮炎及脱屑性红皮病。

## 七、叶酸

### （一）化学本质与来源

叶酸（folic acid）由蝶呤啶、对氨基苯甲酸与 L-谷氨酸连接而成，因绿叶中含量丰富而得名。叶酸为黄色晶体，在酸性溶液中不稳定，对光照敏感。

叶酸在酵母、肝、水果、绿色蔬菜中含量丰富，人肠道细菌也能合成。

|蝶呤啶|对氨基苯甲酸|L-谷氨酸|

叶酸

## （二）生化作用

### 1. 四氢叶酸是叶酸的活性形式，它是一碳单位的载体

叶酸在小肠黏膜上皮细胞二氢叶酸还原酶的作用下生成四氢叶酸（$FH_4$），$FH_4$ 是体内一碳单位转移酶的辅酶（一碳单位内容参见蛋白质分解代谢部分），参与嘌呤、脱氧胸苷酸等多种物质的合成。叶酸缺乏时，嘌呤、嘧啶合成受阻，DNA 合成受到抑制，骨髓幼红细胞分裂速度降低，但细胞内含物增多，体积不断增大，称巨红细胞，这种红细胞大部分在成熟前就被破坏造成贫血，称巨幼红细胞性贫血。故临床上应用叶酸治疗巨幼红细胞贫血。

### 2. 特殊人群需补充叶酸

孕妇及哺乳期妇女因代谢较旺盛，应适量补充叶酸，孕妇缺乏叶酸易流产和胎儿出现先天缺陷。如长期口服避孕药或抗惊厥药会干扰叶酸的吸收及代谢，故应适当补充叶酸。

### 3. 其他作用

叶酸缺乏与数种癌症，尤其是结肠癌和宫颈癌有关。缺乏叶酸还可增加动脉粥样硬化、血栓生成和高血压的危险性。叶酸结构类似物如甲氨蝶呤常用作抗肿瘤药，因其结构与叶酸相似，是二氢叶酸还原酶的竞争性抑制剂，减小 $FH_4$ 的合成而抑制体内脱氧胸苷酸的合成，起到抗癌作用。

## 八、维生素 $B_{12}$

### （一）化学本质与来源

维生素 $B_{12}$ 又称钴胺素（cobalamin），含钴，是唯一含金属元素的维生素，也是相对分子质量最大、结构最复杂的维生素。

维生素 $B_{12}$ 主要存在于动物性食物如肝、肾、瘦肉、鱼、蛋等食物中，酵母中也含量丰富，人肠道细菌也能合成，但不存在于植物中。维生素 $B_{12}$ 必须与胃黏膜细胞分泌的内因子结合后才能被吸收。

维生素 $B_{12}$ 在体内的主要存在形式有氰钴胺素、羟钴胺素、甲钴胺素和 5′－脱氧腺苷钴胺素，后两者是维生素 $B_{12}$ 的活性形式，也是血液中主要存在形式。甲钴胺片用于口服，而盐酸羟钴胺素性质稳定，是注射用维生素 $B_{12}$ 的常用形式。

### （二）生化作用

### 1. 以辅酶形式参与转甲基反应

维生素 $B_{12}$ 是甲基转移酶的辅酶，参与一碳单位的代谢，与 $FH_4$ 的作用常相互联系，与多种化合物的甲基化有关。维生素 $B_{12}$ 缺乏时，$FH_4$ 的利用率降低，一碳单位代谢受阻，产生巨幼红细胞性贫血，增加动脉粥样硬化、血栓生成和高血压的危险性。

### 2. 具有营养神经的作用

维生素 $B_{12}$ 的活性形式 5′－脱氧腺苷钴胺素影响脂肪酸的正常合成，维生素 $B_{12}$ 缺乏时，脂肪酸合成异常，导致神经髓鞘变性、退化等神经疾病。

### 九、维生素C

#### （一）化学本质与来源

维生素C又称L-抗坏血酸（ascorbic acid），是含有6个碳原子的不饱和多羟基化合物，以内酯形式存在，具有酸性及还原性。维生素C可发生自身氧化还原反应，与脱氢抗坏血酸之间相互转变，还原型抗坏血酸是体内的主要存在形式。维生素C为片状结晶，有酸味，耐酸不耐碱，加热光照不稳定。

人体不能合成维生素C，它广泛存在于新鲜蔬菜及水果中，干种子中不含有维生素C，但经发芽便可合成，故豆芽等也是维生素C的重要来源。

还原型维生素C　　　　　　　　氧化型维生素C

#### （二）生化作用

**1. 参与体内羟化反应**

维生素C在体内的羟化反应过程中起着重要辅助因子的作用。

（1）促进胶原蛋白的合成　维生素C是羟化酶的辅酶，缺乏时胶原和细胞间质合成减少，毛细血管壁脆性增大，通透性增强，轻微碰撞或摩擦即会引起毛细血管破裂出血，牙齿易松动、易骨折，伤口难愈合，临床称坏血病。

（2）参与胆固醇的转化　正常情况下，体内胆固醇约有80%转变为胆汁酸后排出。维生素C是胆汁酸合成限速酶——$7\alpha$-羟化酶的辅酶，若缺乏维生素C，则胆固醇难以转变为胆汁酸，易在肝中堆积，故临床上使用大剂量维生素C以降低血中胆固醇浓度。

（3）参与芳香族氨基酸的代谢　苯丙氨酸转变为酪氨酸、酪氨酸转变为对羟基苯丙酮酸及尿黑酸的反应中，都需要维生素C参与。

（4）有机药物或毒物的羟化　药物或毒物在内质网上的羟化过程，是肝中重要的生物转化反应，维生素C能强化此类羟化反应酶系的活性，促进药物或毒物的代谢转变。

**2. 参与体内氧化还原反应**

（1）保护巯基　维生素C能使巯基酶的-SH维持还原状态不被氧化，对细胞膜起到保护作用。

（2）促进铁的吸收与利用　维生素C将$Fe^{3+}$还原成$Fe^{2+}$，利于食物中铁的吸收，促进造血功能。维生素C还能将高铁血红蛋白（MHb）还原为血红蛋白（Hb），使其恢复运氧功能。

**3. 其他作用**

维生素C能提高机体的免疫能力，增加淋巴细胞的生成，提高吞噬细胞的吞噬能力，临床上用于心血管疾病、病毒性疾病等的支持性治疗，减轻抗癌药的副作用等。

维生素 C 对人体很重要，但长期大量使用可引起中毒。

# 第四节 维生素类药物

临床常用的维生素类药物有：维生素 A、维生素 B 族、维生素 C、维生素 D、维生素 E 等。主要用于补充维生素和特殊需要，也可作为某些疾病的辅助用药，但不应把维生素视为营养品而不加限制地使用，过量服用维生素可引起不良反应或产生潜在的毒性，只有合理运用才能治疗和预防疾病，减少药物不良反应，常见的维生素类药物如表 5-1 所示。

表 5-1 常见的维生素类药物

| 名 称 | 来 源 | 缺乏症 | 国家基本药物（剂型） | OTC 药物（剂型） |
|---|---|---|---|---|
| 维生素 A | 动物性食物（如肝脏、蛋黄）；有色蔬菜（含有维生素 A 原） | 夜盲症、干眼病 | | 复方制剂、糖丸、胶丸 |
| 维生素 D | 动物性食物（肝、奶、蛋等） | 佝偻病（儿童）、软骨病（成年人） | 口服常释剂型、注射剂 | 复方制剂、咀嚼片、散剂 |
| 维生素 E | 植物油、油性种子和蔬菜、豆类 | 未发现典型缺乏症，临床用于防治不育症及先兆流产等疾病 | | 复方制剂、胶丸、片剂、乳膏剂 |
| 维生素 K | 深绿色蔬菜；肠道细菌合成 | 凝血障碍、出血倾向 | 注射剂 | 复方制剂 |
| 维生素 B$_1$ | 种子的外皮和胚芽、米糠、麸皮、酵母 | 脚气病、末梢神经炎、消化功能障碍 | 注射剂 | 复方制剂、片剂 |
| 维生素 B$_2$ | 鸡蛋、牛奶、肉类、酵母 | 口角炎、舌炎、唇炎、阴囊炎、脂溢性皮炎、眼角膜炎、眼干燥等疾病 | 口服常释剂型 | 复方制剂、片剂 |
| 维生素 PP | 广泛存在于动植物中 | 癞皮病 | | 复方制剂、片剂 |
| 维生素 B$_6$ | 动植物食物如种子、谷类、肝、酵母、鱼、肉等 | 未发现典型缺乏症 | 注射剂 | 复方制剂、缓释片、软膏 |
| 泛酸 | 动植物食物、肠道细菌合成 | 未发现典型缺乏症 | | 复方制剂、片剂 |
| 生物素 | 动植物食物，肠道细菌合成 | 未发现典型缺乏症 | | 复方制剂 |
| 叶酸 | 酵母、肝、水果、绿色蔬菜 | 巨幼红细胞贫血 | | 复方制剂、片剂 |
| 维生素 B$_{12}$ | 动物性食物如肝、肾、瘦肉、鱼、蛋等，酵母 | 巨幼红细胞性贫血、神经髓鞘变性、退化等神经疾病 | 注射剂 | 复方制剂、片剂 |
| 维生素 C | 新鲜蔬菜及水果 | 坏血病 | 注射剂 | 复方制剂、颗粒剂、片剂、口含片、咀嚼片、泡腾片 |

## 本章小结

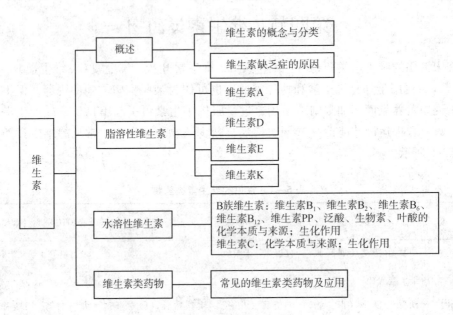

## 目标检测

### 一、单项选择题

1. 含有金属元素的维生素是（    ）。

    A. 维生素 C         B. 维生素 D         C. 维生素 A

    D. 维生素 $B_{12}$        E. 泛酸

2. 榨苹果汁时加入维生素 C，可以防止果汁变色。这说明维生素 C 具有（    ）。

    A. 氧化性         B. 还原性         C. 碱性

    D. 酸性         E. 催化作用

3. 长期食用高级精细加工大米，容易缺乏的维生素是（    ）。

    A. 维生素 E         B. 维生素 D         C. 维生素 A

    D. 维生素 $B_1$        E. 生物素

4. 坏血病患者应该多吃以下哪种食物（    ）？

    A. 水果和蔬菜        B. 鱼肉和猪肉        C. 鸡蛋和鸭蛋

    D. 糙米和肝脏        E. 各种干果

5. 维生素 $B_{12}$ 主要用于（    ）。

    A. 双香豆素类过量引起的出血        B. 纤溶亢进所致的出血

    C. 血栓性疾病        D. 巨幼红细胞性贫血

    E. 肾性贫血

6. 泛酸是哪种酶的辅助因子的组成分（    ）？

    A. CoA – SH        B. $NAD^+$        C. FAD

D. NADP$^+$        E. FMN

7. 氨基酸转氨酶的辅酶是（　　）。

A. TPP        B. 生物素        C. 磷酸吡哆醛

D. FH$_4$        E. 甲基 B$_{12}$

8. 某妇女，60 岁，近年经常出现腰背痛，走路自觉腿无力，特别是上楼梯时吃力，骨盆有明显压痛，考虑是（　　）。

A. 钙缺乏        B. 锌缺乏        C. 碘缺乏

D. 维生素 A 缺乏        E. 维生素 D 缺乏

9. 建议 8 题中的患者改善或者补充（　　）。

A. 钙片和维生素 D        B. 蔬菜        C. 碘片

D. 维生素 A 和 D        E. 鱼肉

## 二、简答题

1. 简述维生素缺乏症的主要原因。

2. 随着生活质量的提高，人们对饮食的要求也越来越高，比如为除去农药将切好的菜浸泡 2h 以上；炒青菜时加点食用碱；加入小苏打处理牛肉以增加口感，这些做法对食物中的维生素有何影响？

3. 列表说明维生素与酶的辅助因子的关系。

# 第六章 | 生物氧化

**知识目标**

掌握生物氧化的概念和特点；掌握体内产生 ATP 的两种方式。理解呼吸链及影响氧化磷酸化的因素；了解非营养物质在体内的生物转化。

**技能目标**

依据 ATP 的生成方式，学会 ATP 的计算。

生物体内物质的氧化分解统称为生物氧化（biological oxidation）。主要指糖、脂肪、蛋白质等有机物在体内经过一系列氧化分解最终生成 $CO_2$ 和 $H_2O$ 并释放能量的过程。生物氧化在细胞的线粒体及线粒体外均可进行，但氧化过程不同，线粒体内的氧化伴随着 ATP 的生成，而线粒体外如内质网、过氧化物酶体、微粒体等的氧化不伴有 ATP 生成的，主要和代谢物或药物、毒物的生物转化有关。肝脏微粒体发生的氧化反应是肝脏生物转化一部分，为了便于后续药理课程的学习，本章除了主要介绍线粒体氧化知识之外，还将肝脏的生物转化内容纳入本章一并介绍。

## 第一节 概　述

**课堂互动**

1. 等量的两份葡萄糖，一份放置在体外燃烧，一份被人体摄入，它们最终的结果会有什么异同？
2. 机体利用的直接能源是什么呢？

### 一、生物氧化的特点

有机物（如葡萄糖）在体内氧化和体外燃烧有共同的特点，其终产物都是 $CO_2$ 和 $H_2O$，化学反应的本质都是氧化还原反应，所产生的能量也一样多，但生物体内的氧化还有着自己的特点。

（1）生物氧化在细胞内温和的环境（体温、37℃左右、pH 接近中性）中进行，且均需要水的参与和酶的催化。

（2）氧化过程中产生的 $H_2O$ 是由有机物脱下的氢经呼吸链的传递，最终活化的氢（$H^+$）与活化的氧（$O^{2-}$）结合而生成。

（3）氧化所产生的能量逐步释放，以避免损害机体，同时有利于被机体捕捉和利用。能量中的一部分以高能化合物的形式储存，另一部分以热能形式散失。

（4）$CO_2$ 是通过有机酸和氨基酸的脱酸产生的。

（5）生物氧化在细胞内受到精细的调控，有很强的适应性，可随生理条件和环境的变化而改变反应的强度和代谢的方向

## 二、生物氧化的方式

生物氧化的方式包括：脱氢、加水脱氢、加氧和失电子，其中脱氢是主要方式。

**1. 脱氢**

$$SH_2 \xrightarrow{-2H} S$$

**2. 加水脱氢**

$$CH_3CHO \xrightarrow[-2H]{+H_2O} CH_3COOH$$

**3. 加氧**

$$RH+O_2+NADPH+H^+ \xrightarrow{\text{加单氧酶系}} ROH+NADP^+ +H_2O$$

**4. 失电子**

$$Fe^{2+} \xrightarrow{-2e} Fe^{3+}$$

# 第二节　线粒体氧化体系

生物氧化包括线粒体氧化体系和非线粒体氧化体系。线粒体氧化体系与能量生成有关，指营养物质在线粒体内彻底氧化分解生成 $CO_2$ 和 $H_2O$，同时释放出能量的过程；非线粒体氧化体系则与能量的生成无关，主要与体内代谢物或药物、毒物等的清除、排泄有关。

## 一、呼吸链的概念

线粒体是动物细胞的细胞器，由内膜、外膜和基质三部分构成，线粒体内膜上存在着一系列的酶和辅助因子。代谢物分子脱下的氢，经过一系列由酶和辅助因子组成的传递体传递，最终传递给氧结合生成水，此传递体系与细胞呼吸密切相关，被称为呼吸链。这些酶和辅助因子按照一定的顺序排列在线粒体的内膜上，起传递氢（称为递氢体）和传递电子（称为递电子体）的作用，因递氢体和递电子体都可传递电子，因此又称为电子传递链。

## 二、呼吸链的主要成分和作用

### (一) 尼克酰胺腺嘌呤二核苷酸 (NAD⁺)

NAD⁺ 又称为辅酶 I (Co I),是体内多种脱氢酶的辅酶。NAD⁺ 分子中的尼克酰胺能与代谢物上脱下的两个氢可逆的结合生成还原型 NADH,从而具备了接收和释放氢的能力。尼克酰胺只能接收一个氢和一个电子,另外一个质子总是游离在基质中。其反应如下所示:

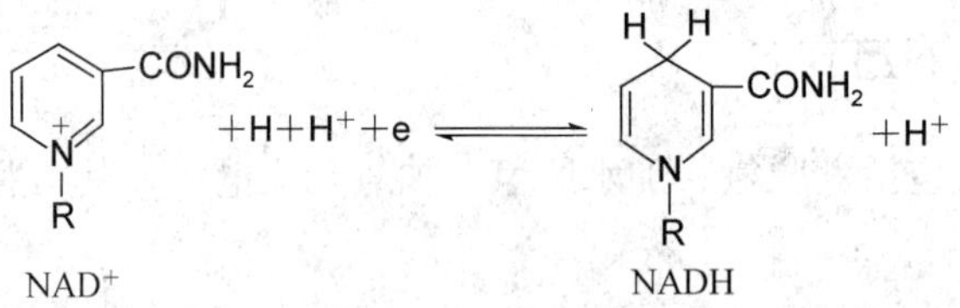

### (二) 黄素蛋白

黄素蛋白有黄素单核苷酸 (FMN) 和黄素腺嘌呤二核苷酸 (FAD) 两种辅基,FAD 和 FMN 分子中的异咯嗪能可逆的加氢和脱氢,因此也具有传递氢的能力,反应过程如下所示:

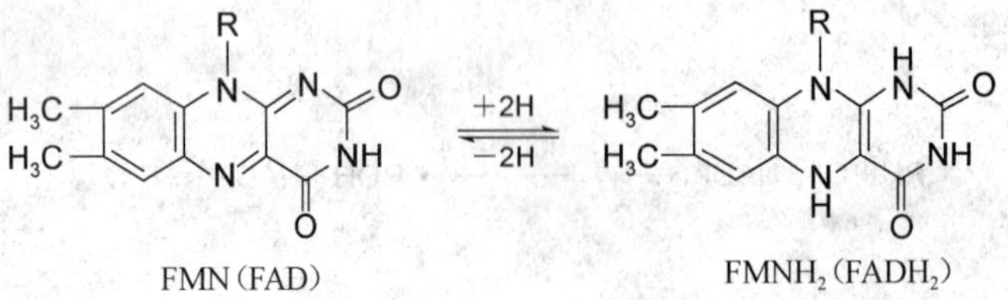

### (三) 铁硫蛋白

铁硫蛋白分子中所含的非卟啉铁和对酸不稳定的硫构成铁硫中心 (Fe-S),作用是传递电子。铁硫中心通过铁原子的价态变化传递电子。在呼吸链中,铁硫蛋白多与其他组分结合成复合物而存在。

$$Fe^{3+} + e \rightleftharpoons Fe^{2+}$$

### (四) 辅酶 Q (Q)

辅酶 Q 又称为泛醌 (ubiquinone),是一种脂溶性醌类化合物,因其广泛存在而得名,在呼吸链中接受黄素蛋白和铁硫蛋白复合物传递过来的氢,被还原成氢醌型 ($QH_2$),然后再将电子传递给细胞色素体系,将质子留在基质中,本身又被氧化为醌型 (Q)。

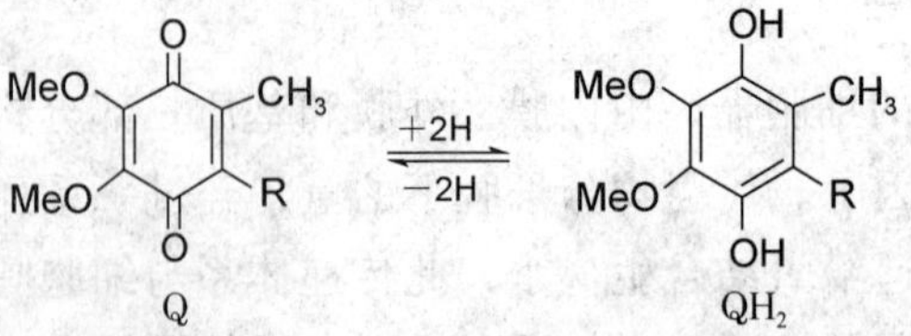

### (五) 细胞色素类 (Cyt)

细胞色素是分布于线粒体内膜上的一类以铁卟啉衍生物为辅基的结合蛋白,目前已发现 30 多种，参与呼吸链组成的有细胞色素 a、$a_3$、b、c、$c_1$，其中细胞色素 $aa_3$ 被称为细胞色素氧化酶。在呼吸链中，细胞色素依靠铁原子价态的可逆变化传递电子：$Fe^{3+} + e \Longrightarrow Fe^{2+}$。传递顺序是 $Cytb \rightarrow Cytc_1 \rightarrow Cytc \rightarrow Cytaa_3 \rightarrow O_2$。

## 三、呼吸链中传递体的顺序及呼吸链的分类

呼吸链的组成分按照其标准氧化还原电位由低到高的顺序排列在线粒体的内膜上，使电子从呼吸链氧化还原电位低的一端向高的一端传递。各组成成分的标准氧化还原电位见表 6 - 1。

表 6 - 1 呼吸链各组分的标准氧化还原电位

| 氧化还原对 | $E^0$ (V) | 氧化还原对 | $E^0$ (V) |
| --- | --- | --- | --- |
| $NAD^+/NADH + H^+$ | -0.32 | $Cytc_1 Fe^{3+}/Fe^{2+}$ | 0.22 |
| $FMN/FMNH_2$ | -0.30 | $CytcFe^{3+}/Fe^{2+}$ | 0.25 |
| $FAD/FADH_2$ | -0.06 | $CytaFe^{3+}/Fe^{2+}$ | 0.29 |
| $Q/QH_2$ | 0.10 | $Cyta_3 Fe^{3+}/Fe^{2+}$ | 0.55 |
| $CytbFe^{3+}/Fe^{2+}$ | 0.08 | $1/2O_2/H_2O$ | 0.82 |

用去垢剂温和处理线粒体内膜后可得到四种电子传递复合体，每一种复合体都具有特定的组成和传递电子的功能。复合体 Ⅰ 包括呼吸链上 $NAD^+$ 至泛醌之间的组分，又称为 NADH - 泛醌还原酶，能将氢从 NADH 传递到辅酶 Q；复合体 Ⅱ 介于代谢物琥珀酸至泛醌之间，又称为琥珀酸 - 泛醌还原酶，可将氢从琥珀酸传递至泛醌；复合体 Ⅲ 包括辅酶 Q 到 Cytc 之间的组分，亦被称为泛醌 - Cytc 还原酶，能在泛醌和细胞色素 C 之间传递电子；复合体 Ⅳ 即 $Cytaa_3$，可将电子从 Cytc 传递到氧。线粒体内主要存在两条呼吸链，即 NADH 氧化呼吸链和 $FADH_2$ 氧化呼吸链。

### （一）NADH 氧化呼吸链

生物氧化中大多数脱氢酶的辅酶均为 $NAD^+$。代谢物脱下的氢传递到 $NAD^+$ 后使其变成 $NADH + H^+$，然后再将氢经 FMN 传递给 Q 生成 $QH_2$，后者将氢分成质子（$H^+$）和电子（e），其中电子传递给细胞色素体系，而 $H^+$ 则释放到基质中。细胞色素体系将电子沿着 $Cytb \rightarrow Cytc_1 \rightarrow Cytc \rightarrow Cytaa_3$ 的顺序传递，最后传递给氧生成 $O^{2-}$，后者再与基质中的 $H^+$ 结合生成水。NADH 呼吸链的组分序列如图 6 - 1 所示。

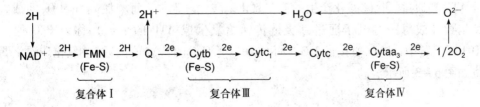

图 6 - 1 NADH 氧化呼吸链

### （二）$FADH_2$ 氧化呼吸链

生物氧化中还有一类脱氢酶的辅基为 FAD，代谢物上脱下来的氢由 FAD 接受后生

成 $FADH_2$，后者将氢传递给 Q 生成 $QH_2$，再往下的传递与 NADH 氧化呼吸链相同，如图 6-2 所示。

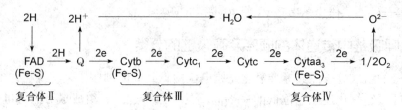

图 6-2　$FADH_2$ 氧化呼吸链

## 四、能量的生成、储存和利用

### （一）高能化合物

生物氧化过程中所产生的能量，大约 60% 左右以热能的形式散失，其余能量可贮存在一些高能化合物中。在生物体内，凡是键的水解释放出 21kJ/mol 以上键能的化合物称为高能化合物。高能化合物种类很多，如 ATP、CTP、GTP、UTP、1，3-二磷酸甘油酸、磷酸烯醇式丙酮酸、乙酰 CoA、琥珀酰 CoA 和磷酸肌酸等，其中含有高能磷酸基团（用 ~P 来表示）的化合物称为高能磷酸化合物，以 ATP 最为重要。

### （二）ATP 的生成方式

体内 ATP 的生成方式有两种：底物磷酸化（substrate phosphorylation）和氧化磷酸化（oxidative phosphorylation）。

#### 1. 底物磷酸化

代谢物由于脱氢或脱水等作用引起分子内部能量重新分配而形成高能化合物，其在酶的作用下可释放出能量使 ADP 磷酸化为 ATP，这种生成 ATP 的方式称为底物磷酸化。

3-磷酸甘油醛　　<u>3-磷酸甘油醛脱氢酶</u>　　1，3-二磷酸甘油酸　　<u>磷酸甘油酸激酶</u>　　3-磷酸甘油酸

$NAD^+ + Pi$　　$NADH + H^+$　　　　ADP　　ATP

#### 2. 氧化磷酸化

代谢物脱下的氢经呼吸链传递给氧的过程中释放出能量，使 ADP 磷酸化为 ATP，这种呼吸链上的氧化反应与 ADP 磷酸化反应相偶联的作用称为氧化磷酸化。体内绝大部分 ATP 是通过氧化磷酸化产生的。在氧化磷酸化过程中，每消耗 $1/2mol\ O_2$ 生成 ATP 的摩尔数（或每一对电子通过呼吸链传递给氧生成 ATP 的个数）称为 P/O 值。在 NADH 呼吸链中，P/O 值接近于 3，而 $FADH_2$ 呼吸链的 P/O 值接近 2。氧化磷酸化偶联部位如图 6-3 所示。

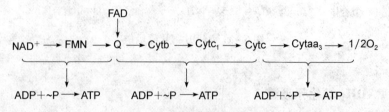

图 6-3　氧化磷酸化偶联部位

近年来大量实验证明，一对电子经过 NADH 氧化呼吸链的传递，其 P/O 值为 2.5，即生成 2.5 分子 ATP；而一对电子经过 $FADH_2$ 氧化呼吸链的传递，其 P/O 值为 1.5，即生成 1.5 分子 ATP。

氧化磷酸化依靠电子传递的有序进行以及与之相偶联的磷酸化反应正常发生，有些物质能够抑制氧化磷酸化反应，被称为氧化磷酸化反应的抑制剂。这些抑制剂分为两种：阻断剂和解偶联剂。例如粉蝶霉素 A、鱼藤酮、异戊巴比妥、二巯丙醇、CO、$CN^-$、$N_3^-$、$H_2S$ 等阻断剂能够在呼吸链的某些特定部位阻断电子的传递，部分阻断剂的阻断部位如图 6-4 所示。解偶联剂例如 2,4-二硝基苯酚和解偶联蛋白可将呼吸链的氧化反应和磷酸化反应的偶联分割开来，使氧化反应产生的能量不用于磷酸化产生 ATP，而是以热能的形式散失。

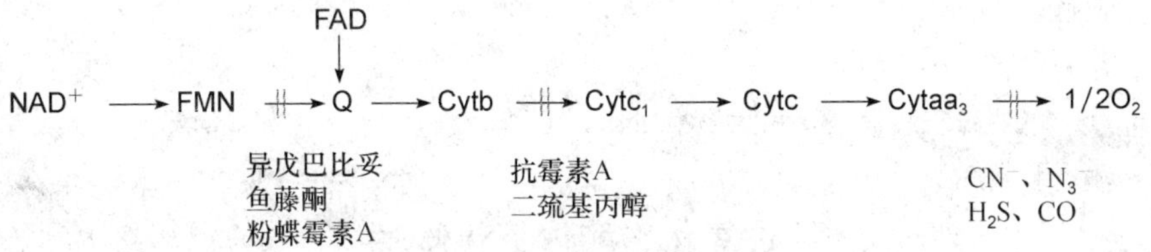

$$NAD^+ \longrightarrow FMN \Vert\!\!\rightarrow \overset{\displaystyle FAD\,\downarrow}{Q} \longrightarrow Cytb \Vert\!\!\rightarrow Cytc_1 \longrightarrow Cytc \longrightarrow Cytaa_3 \Vert\!\!\rightarrow 1/2O_2$$

异戊巴比妥　　　　抗霉素A　　　　　　　　　　　　$CN^-$、$N_3^-$
鱼藤酮　　　　　　二巯基丙醇　　　　　　　　　　　$H_2S$、CO
粉蝶霉素A

图 6-4 部分阻断剂的阻断部位

### 知识链接

人体和哺乳动物中都存在含有大量线粒体的棕色脂肪组织，该组织存在丰富的解偶联蛋白，可以通过氧化磷酸化解偶联释放热能，从而达到御寒的效果。新生儿如缺乏棕色脂肪组织，则可能会因为不能维持正常体温使皮下脂肪凝固，导致患上硬肿症。

除了抑制剂，ADP 的浓度也是影响氧化磷酸化的因素。当 ADP 浓度较高时，可促进氧化磷酸化的进行，使其速度加快，反之，则会抑制氧化磷酸化。此外，甲状腺素等也能影响氧化磷酸化的进行。

### （三）生物体内能量的转换、储存和利用

生物体内能量的生成和利用都以 ATP 为中心，ATP 作为能量载体分子，在分解代谢中产生，又在合成代谢等耗能过程中利用，ATP 分子性质稳定，但不在细胞内储存，寿命仅数分钟，而是不断进行 ADP-ATP 的再循环，伴随着自由能的释放和获得，完成不同生命过程间能量的转换。

磷酸肌酸作为能量的储存形式，存在于需能较多的肌肉和脑组织中，ATP 充足时，通过转移末端 ~P 给肌酸，生成磷酸肌酸；当迅速消耗 ATP 时，磷酸肌酸可分解补充 ATP 的不足。

总之，生物体内能量的储存和利用都以 ATP 为中心，如图 6-5 所示。

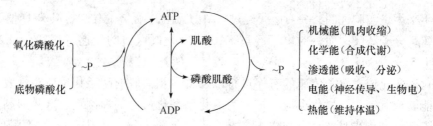

图 6 - 5　生物体内能量的储存和利用

### （四）生物氧化中 $CO_2$ 的生成

体内 $CO_2$ 的生成主要由有机酸脱羧所产生，根据脱羧是否伴随着脱氢分为直接脱羧和氧化脱羧两类，也可根据所脱羧基在有机酸分子中的位置，将脱羧反应分为 $\alpha$ - 脱羧和 $\beta$ - 脱羧。

---

#### 过氧化物酶体氧化体系

过氧化物酶体存在于动物组织的肝、肾、中性粒细胞和小肠黏膜细胞中。主要含有 $H_2O_2$ 酶和过氧化物酶。一些氨基酸和黄嘌呤等代谢物进行脱氢反应后，在呼吸链的末端会产生 $H_2O_2$，其可使一些具有特殊生理活性的酶和蛋白质丧失活性，而且还会造成生物膜的严重损伤，所以 $H_2O_2$ 产生过多会对机体产生危害。$H_2O_2$ 酶和过氧化物酶可将 $H_2O_2$ 转变为无害的物质加以利用。谷胱甘肽过氧化物酶可在红细胞中催化还原型谷胱甘肽 （G－SH） 与 $H_2O_2$ 作用生成氧化型的谷胱甘肽 （G－S－S－G） 和 $H_2O$。

---

# 第三节　生物转化

## 一、生物转化的概念

非营养物质在机体内的代谢转变过程称为生物转化 （biotransformation）。人体肝、肾、肠、肺、皮肤等组织的细胞都具有生物转化功能，可使非营养物质改变其原有的结构和性质，增强水溶性，便于排出体外。由于肝细胞存在的生物转化酶系种类多、含量高，所以肝脏是生物转化的最主要器官。

## 二、生物转化的意义

**1. 改变药物活性**

许多药物在体内需要经过生物转化作用后才能发挥作用，如水合氯醛等；同时大多数药物要通过生物转化作用灭活后排出体外。

**2. 解毒作用**

机体内肝、肾、肠、皮肤等器官可将血液运输而来的药物、毒物、废物等有害物质进行生物转化而使其利于排出体外，达到解毒的作用。

**3. 灭活体内活性物质**

为维持代谢调节和功能的正常，机体通过生物转化作用将激素、神经递质等的一些体内活性物质灭活。

## 三、生物转化的类型

生物转化反应可分为第一相和第二相两个反应类型。在第一相反应类型中，非营养物质在有关酶系的催化下经氧化、还原或水解反应改变其化学结构，形成某些活性基团（如—OH、—SH、—COOH、—$NH_2$ 等）或进一步使这些活性基团暴露，产生非营养物质的一级代谢物。在第二相反应中，非营养物质的一级代谢物在另外一些酶系统催化下通过上述活性基团与细胞内的某些化合物结合生成二级代谢物，他们的极性（亲水性）一般有所增强，利于排出。

### （一）第一相反应

**1. 氧化反应**

氧化反应是生物转化中最重要的反应，主要通过肝脏中的一些氧化酶系来完成，包括加单氧酶、单胺氧化酶和脱氢酶。加单氧酶系又称为羟化酶或混合功能氧化酶，加单氧酶系的羟化作用不仅增加药物或毒物的水溶性，有利于排泄，而且也参与体内许多药物、毒物、维生素 $D_3$、食品添加剂、类固醇激素和胆汁酸盐代谢的羟化过程。如维生素 $D_3$ 羟化成具有生物活性的 $1,25-(OH)_2-D_3$。单胺氧化酶可催化各种胺类氧化脱氨为醛类。脱氢酶系主要催化醇和醛氧化为相应的醛和酸。加单氧酶的反应通式如下。

$$RH + O_2 + NADPH + H^+ \xrightarrow{\text{加单氧酶系}} ROH + NADP^+ + H_2O$$

**2. 还原反应**

还原反应通过肝细胞微粒体中硝基还原酶和偶氮还原酶将硝基化合物和偶氮化合物转变为相应的胺类。

**3. 水解反应**

肝细胞的微粒体和胞液中含有一些水解酶类，例如酯酶、酰胺酶、糖苷酶等，能将脂类、酰胺类和糖苷类进行水解。

### （二）第二相反应

**1. 葡萄糖醛酸化反应**

肝细胞的葡萄糖醛酸基转移酶可催化尿苷二磷酸葡萄糖醛酸（UDPGA）中的葡萄糖醛酸基结合到含羟基、羧基和氨基等基团的非营养物质上，使其水溶性增加，更易于排出体外。例如 UDPGA 与苯酚生成苯 -$\beta$- 葡萄糖醛酸苷：

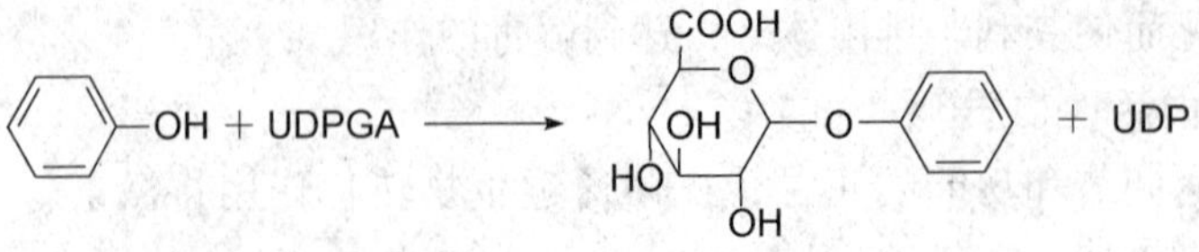

苯酚             苯-β-葡萄糖醛酸苷

### 2. 硫酸结合反应

在各组织内广泛存在的硫酸转移酶能够以 3′-磷酸腺苷-5′-磷酰硫酸（PAPS）为硫酸供体，将醇、酚、芳香胺类转化为硫酸酯。例如雌酮转化为雌酮硫酸酯：

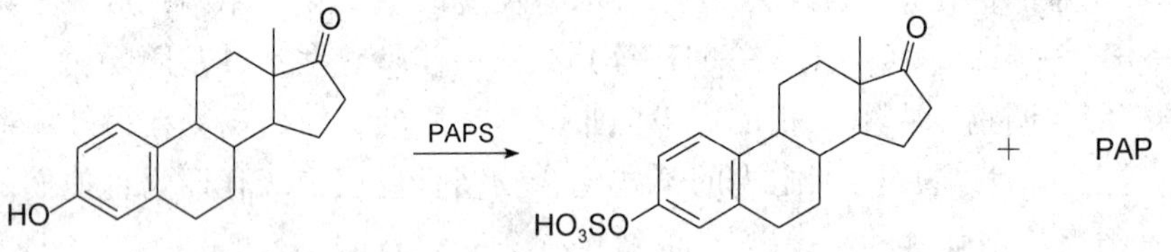

雌酮             雌酮硫酸酯        3′-磷酸腺苷-5′-磷酸

### 3. 乙酰基结合反应

乙酰辅酶 A 在乙酰基转移酶的催化下可与各种芳香胺、氨基酸和胺类结合生成乙酰类化合物，虽可使这些物质的水溶性下降，但它们的活性和毒性也大为降低。例如异烟肼的乙酰化：

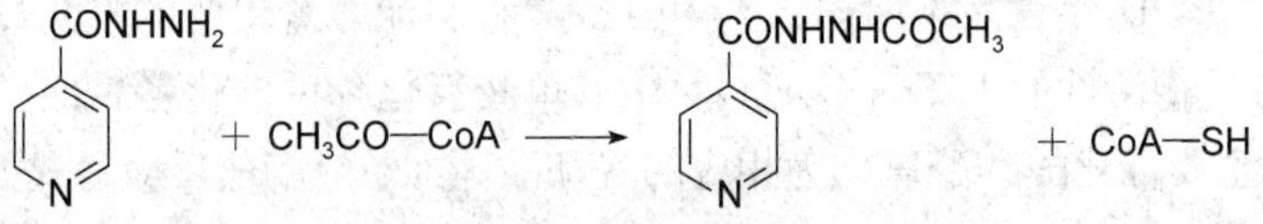

异烟肼               乙酰异烟肼

### 4. 谷胱甘肽结合反应

在肝细胞的胞液中，谷胱甘肽-S-转移酶能催化谷胱甘肽与能够引起细胞坏死或致癌的卤代化合物和环氧化合物结合，产物随胆汁进入肠腔排泄或生成硫醚氨酸通过肾脏排泄。例如谷胱甘肽与环氧萘的结合。

### 5. 甘氨酸结合反应

在甘氨酸酰基转移酶的催化下，甘氨酸可与含羧基的化合物结合。例如甘氨酸与胆酸结合生成甘氨胆酸。

### 6. 甲基结合反应

甲基转移酶可将 S-腺苷蛋氨酸提供的甲基转移到含氮杂环化合物上使其甲基化灭活。例如尼克酰胺的甲基化。

## 四、生物转化的特点

### 1. 多样性

某一种非营养物质在体内进行生物转化通常有一个主反应，也可以进行其他多种副反应。

### 2. 连续性

生物转化的第一相和第二相两个反应类型通常是相连续的，即很多非营养物质在进行了第一相反应后，还要进行第二相反应才能完成生物转化，很少发生经过一步生物转化反应就能够完成解毒作用的。

**3. 解毒性与致毒性**

机体内大多数物质经过生物转化作用后毒性会减弱或者消失，但也有少数物质的毒性反而增加。所以，生物转化作用有解毒与致毒双重性。

### 黄曲霉素的生物转化

黄曲霉素是黄曲霉和寄生曲霉的代谢产物，亦是一种剧毒物和强致癌物质，在体内能通过多条途径进行生物转化，这体现了生物转化的多样性。其中的一条途径是在加单氧酶的作用下，黄曲霉素经过第一相反应类型中的氧化反应，生成 2，3 - 环氧黄曲霉素，然后又在谷胱甘肽 - S - 转移酶的作用下发生第二相反应类型中的结合反应生成谷胱甘肽结合产物，从而消除其毒性，这既体现了生物氧化的连续性同时也体现了解毒性。另外，黄曲霉素氧化所生成的 2，3 - 环氧黄曲霉素可与 DNA 分子中的鸟嘌呤结合，引起 DNA 突变，成为原发性肝癌发生的重要危险因素，这也是生物氧化致毒性的表现。

## 五、影响生物转化的因素

生物转化作用受年龄、性别、肝脏疾病及药物等体内外各种因素的影响。例如新生儿生物转化酶发育不全，对药物及毒物的转化能力较差，易发生药物及毒素中毒等。老年人因器官退化，对氨基比林、保泰松等的药物转化能力降低，用药后药效较强，副作用较大。此外，某些药物或毒物可诱导转化酶的合成，使肝脏的生物转化能力增强，称为药物代谢酶的诱导。

## 本 章 小 结

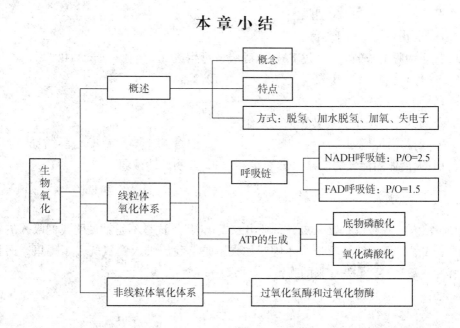

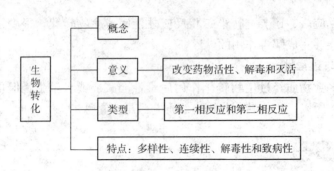

# 目标检测

## 一、单项选择题

1. 生物机体内能量的储存和利用是以哪种物质为中心（　　）？
   A. UTP　　　　B. CTP　　　　　C. ATP
   D. C～P　　　　E. GTP

2. 被称为细胞色素氧化酶的是（　　）。
   A. $Cytaa_3$　　B. $Cytc_1$　　　　C. $Cytc$
   D. $Cytb$　　　E. P450

3. 下列哪种不是 $FADH_2$ 呼吸链的组成成分（　　）。
   A. FAD　　　　B. $Cytb$　　　　C. Fe－S
   D. NADH　　　E. $Cytaa_3$

4. 下列只能传递电子不能传递氢的是（　　）。
   A. NADH　　　B. $FADH_2$　　　C. $FMNH_2$
   D. $Cytb$　　　E. $QH_2$

5. 下列哪个是生物转化作用最主要的器官（　　）。
   A. 肾　　　　　B. 肝　　　　　　C. 肠
   D. 皮肤　　　　E. 胃

6. 代谢物脱下来的2H通过 $FADH_2$ 呼吸链可生成（　　）分子ATP？
   A. 1.5　　　　B. 2　　　　　　C. 2.5
   D. 3　　　　　E. 5

7. 下列哪一项不是生物转化的主要作用（　　）？
   A. 药物活性增强　　　　　B. 解毒　　　　C. 提供能量
   D. 灭活体内活性物质　　　E. 药物活性减弱

## 二、简答题

人们常说"呼吸就是吸入氧气，呼出二氧化碳"，这是不是就说明我们吸入的氧气在体内变成了二氧化碳被呼出来了呢？如果不是，我们吸入的氧气去了哪里，而我们呼出来的二氧化碳又是怎么来的呢？

# 第七章 | 糖 代 谢

**知识目标**

掌握糖的无氧分解、有氧氧化、磷酸戊糖途径、糖原合成与分解、糖异生作用的概念、反应部位、关键酶及各种代谢的生理意义；熟悉糖的生理功能及糖类药物，血糖的来源与去路；了解糖代谢主要途径及糖代谢紊乱的调节。

**技能目标**

学会多糖类药物的制备及一般鉴定技术，进一步熟悉激素对血糖浓度的调节及血糖的测定技术。

糖代谢主要指糖在体内的分解代谢和合成代谢。糖的分解代谢是指大分子糖经消化成小分子单糖（主要是葡萄糖），吸收后进一步氧化，同时释放能量的过程。而糖的合成代谢是指体内小分子物质转变成糖的过程。本章从糖的基本知识入手，主要介绍葡萄糖在体内的代谢。

# 第一节　糖的概述

糖广泛存在于生物体内，以植物中含量最为丰富，占其干重的85%～95%，而约占人体干重的2%，在人体内糖含量虽少，但是人体生命活动中不可缺的能源物质和碳源。

## 一、糖的概念和分类

糖是指多羟基醛、多羟基酮以及它们的衍生物或多聚物的总称。根据水解产物不同，糖可分为四大类。

### （一）单糖

单糖是不能再水解的最简单糖类，如葡萄糖、核糖等。单糖按碳原子数目分为丙糖、丁糖、戊糖、己糖等。按分子中官能团又可分为醛糖（如葡萄糖 glucose，G）和酮糖（如果糖）。其中甘油醛和二羟丙酮是最简单的单糖。而体内最重要的单糖主要指葡萄糖、果糖和核糖等。

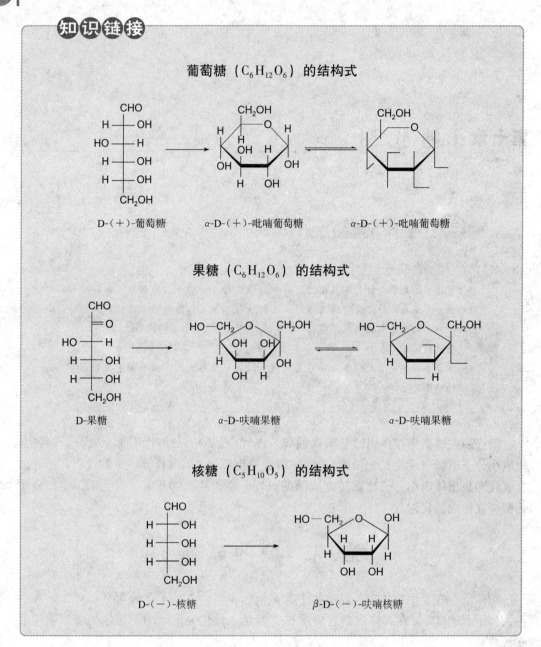

知识链接

**葡萄糖（$C_6H_{12}O_6$）的结构式**

D-（＋）-葡萄糖    α-D-（＋）-吡喃葡萄糖    α-D-（＋）-吡喃葡萄糖

**果糖（$C_6H_{12}O_6$）的结构式**

D-果糖    α-D-呋喃果糖    α-D-呋喃果糖

**核糖（$C_5H_{10}O_5$）的结构式**

D-（－）-核糖    β-D-（－）-呋喃核糖

### （二）寡糖

寡糖是由单糖缩合而成的短链结构的糖（一般含 2～6 个单糖分子），最常见的是双糖，如麦芽糖（2 分子葡萄糖脱水缩合而成）、蔗糖（1 分子葡萄糖与 1 分子果糖脱水缩合而成）和乳糖（1 分子葡萄糖与 1 分子半乳糖脱水缩合而成）等。

### （三）多糖

多糖是由许多单糖分子以糖苷键相连形成的高分子化合物，可分为同聚多糖和杂聚多糖。

#### 1. 同聚多糖

由同一种单糖组成，如淀粉、糖原（glycogen，Gn）、纤维素、右旋糖酐等。

**知识拓展**

## 不耐乳糖症

是先天缺乏乳糖酶的人，在食用牛奶后发生乳糖消化障碍，乳糖在大肠内经细菌代谢转变为有机酸，因渗透作用，大量水分被吸入肠腔内，引起腹泻和腹胀等症状。这类人群可改食酸奶以防止其症状发生。

**知识链接**

| 同聚多糖 | | | |
|---|---|---|---|
| | 淀 粉 | 糖原（肝糖原、肌糖原） | 纤维素 | 右旋糖酐 |
| 结构单元 | $\alpha$ – D – 葡萄糖 | $\alpha$ – D – 葡萄糖 | $\beta$ – D – 葡萄糖 | $\alpha$ – D – 葡萄糖 |
| 糖苷键类型 | $\alpha$ – 1,4 – 和 $\alpha$ – 1,6 – 糖苷键 | $\alpha$ – 1,4 – 和 $\alpha$ – 1,6 – 糖苷键 | $\beta$ – 1,4 – 糖苷键 | $\alpha$ – 1,6 – 和 $\alpha$ – 1,3 – 糖苷键 |
| 空间结构 | 直链、支链 | 直链、支链（多） | 直链 | 直链、支链 |
| 用途 | 人体能量的主要来源 | 主要是维持血糖的相对恒定 | 促进胃肠蠕动、防止便秘 | 血浆代用品 |

**2. 杂聚多糖**

是由两种或两种以上不同单糖组成的多糖。如透明质酸、硫酸软骨素和肝素等。透明质酸（hyaluronic acid，HA）是一种直链高分子多糖，由葡萄糖醛酸和 $N$ – 乙酰葡萄糖胺组成的双糖单位以糖苷键重复连接而成。其结构式如下：

透明质酸

## （四）结合糖

结合糖是糖与非糖物质的结合物，如糖蛋白和糖脂。

## 二、糖的生物学功能

**1. 氧化供能**

糖是人和动物的主要能源物质，通常人体所需能量的 50% ~70% 来自糖的氧化分解。1mol 葡萄糖在体内完全氧化可释放 2840kJ 的能量，其中约 34% 转化为 ATP，以供机体生命活动所需能量，另外部分能量以热能形式散发维持体温。

**2. 具有结构功能**

糖是构成人体组织结构的重要成分，如糖脂和糖蛋白是构成神经组织和生物膜的成分；蛋白聚糖和糖蛋白参与构成结缔组织、软骨和骨基质；核糖及脱氧核糖分别是 RNA 及 DNA 的组成成分。

**3. 提供碳源**

糖代谢的中间产物可为体内其他含碳化合物的合成提供原料，如糖在体内可转变为脂肪酸和甘油，进而合成脂肪；可转变为非必需氨基酸，参与组织蛋白质合成；可转变为葡萄糖醛酸参与机体生物转化等。

**4. 其他生物学功能**

体内多种重要的生物活性物质如 $NAD^+$、FAD、ATP 等是糖的磷酸衍生物；某些血浆蛋白质、抗体、酶和激素等分子中也含有糖；部分膜糖蛋白参与细胞间的信息传递，与细胞的免疫、识别作用有关。

## 三、糖的消化与吸收

食物中的糖主要成分是淀粉，故淀粉的消化主要在小肠进行，在胰液 $\alpha$-淀粉酶及肠道内其他水解酶（如 $\alpha$-葡萄糖苷酶、$\alpha$-临界糊精酶等）作用下，淀粉最终水解为葡萄糖。

葡萄糖在小肠黏膜细胞通过主动转运的形式被吸收，在吸收过程伴有 $Na^+$ 的转运和 ATP 的消耗。

**课堂互动**

糖在体内的运输和贮存形式分别是什么呢？

**知识拓展**

### 药用辅料纤维素

作为药用辅料的纤维素种类很多，有填充作用的微晶纤维素；有黏合作用的羧甲基纤维素钠、羟丙基纤维素、羟丙基甲基纤维素、甲基纤维素和乙基纤维素；有崩解作用的低取代羟丙基纤维素和交联羧甲基纤维素钠等。这些药用辅料在片剂生产中发挥重要作用。羟丙纤维素的用量一般为 2%～5% 左右，在片剂生产中可用于湿法制粒，可内加也可外加于干颗粒中压片。

## 四、糖在体内的代谢概况

被小肠黏膜吸收入血的单糖，通过门静脉入肝，其中一部分在肝进行代谢，另一部分经肝静脉运输到全身各组织。葡萄糖在肝中大部分合成肝糖原而储存；一部分氧化分解供给肝活动所需的能量。此外，还可转变成其他物质，如脂肪、某些氨基酸等。肝糖原又可分解为葡萄糖再进入血液。血液中的葡萄糖称为血糖。血糖随血液流经各组织时，一部分在各组织被氧化，一部分可转变成糖原储存，其中以肌糖原为最多。肌糖原不能直接分解为葡萄糖，当肌肉剧烈运动时，肌糖原分解产生大量乳酸，后者大部分经血液循环运送到肝，再转变成葡萄糖或肝糖原，葡萄糖又可经血液循环到肌组织中再合成糖原，该循环过程称为乳酸循环。可见血中葡萄糖是体内糖运输的形式。糖的氧化分解是糖供给机体能量的主要代谢途径，糖原是组织细胞中糖的储存形式，肌糖原通过乳酸循环对血液葡萄糖的平衡起间接调节作用。上述糖在体内的代谢概况如图7-1所示。

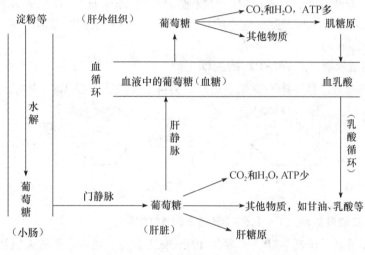

图7-1 糖代谢概况示意图

# 第二节 糖的分解代谢

葡萄糖进入组织细胞后，根据机体生理需要在不同组织间进行分解代谢，按其反应条件和途径不同分解代谢可分三种：糖的无氧分解、有氧氧化和磷酸戊糖途径。

## 一、糖的无氧分解

机体在无氧或缺氧条件下，葡萄糖或糖原分解产生乳酸（lactate），并产生少量能量的过程称为糖的无氧分解，由于此中间代谢过程与酵母菌的乙醇发酵过程大致相同，因此又称为糖酵解途径（glycolytic pathway）。糖酵解由 Embden、Meyerhof、Parnas 三人首先提出，故又称为 EMP 途径。反应过程发生在胞液中。

### （一）反应过程

**1. 6-磷酸葡萄糖（G-6-P）的生成**

葡萄糖进入细胞后在己糖激酶或葡萄糖激酶催化下，由 ATP 提供能量和磷酸基团，磷酸化生成6－磷酸葡萄糖，此反应不可逆，消耗 ATP。

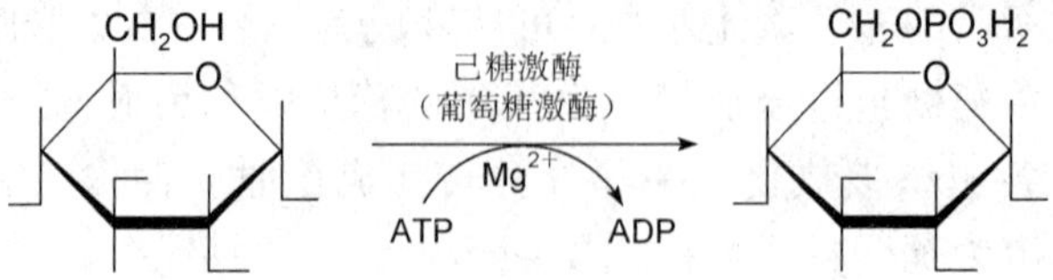

葡萄糖        6-磷酸葡萄糖

己糖激酶是糖酵解途径的第一个关键酶，此酶专一性不强，可作用于多种己糖，如葡萄糖、果糖、甘露糖等。它有4种同工酶，Ⅰ、Ⅱ、Ⅲ型主要存在于肝外组织，对葡萄糖有较强亲和力，Ⅳ型己糖激酶即葡萄糖激酶主要存在于肝，专一性强，只能催化葡萄糖磷酸化。

糖原进行糖酵解时，首先由糖原磷酸化酶催化糖原生成1－磷酸葡萄糖（glucose－1－phosphate，G－1－P），此反应不消耗 ATP。G－1－P 在磷酸葡萄糖变位酶催化下生成 G－6－P。

**2. 6－磷酸果糖（F－6－P）的生成**

此反应在磷酸己糖异构酶催化下进行，为可逆反应，需要 $Mg^{2+}$ 参与。

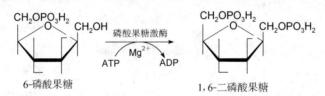

6-磷酸葡萄糖        6-磷酸果糖

**3. 1,6－二磷酸果糖（F－1,6－BP 或 FDP）的生成**

此反应不可逆，消耗 ATP，需要 ATP 和 $Mg^{2+}$ 参与，由 6－磷酸果糖激酶催化，是糖酵解途径中最重要的限速酶。此酶为变构酶，受多种代谢物的变构调节。

6-磷酸果糖        1,6-二磷酸果糖

**知识拓展**

### 1,6－二磷酸果糖输液的临床应用

FDP 是细胞内糖代谢的重要中间产物，可直接参与能量代谢。国内外研究均确认，外源性的 FDP 可作用于细胞膜，通过激活细胞膜上的 6－磷酸果糖激酶，增加细胞内 ATP 的浓度，从而促进钾离子内流，恢复细胞静息状态。增加红细胞内磷酸甘油酸的含量，抑制氧自由基和组胺释放，有益于休克、缺血、缺氧、组织损伤、体外循环、输血等状态下的细胞能量代谢和对葡萄糖的利用，起到促进恢复、改善细胞功能的作用。尤其是在提高机体免疫力方面具有良好的效果，因而在临床上被广泛应用。

#### 4. 磷酸丙糖的生成

在醛缩酶作用下，1,6－二磷酸果糖裂解为3－磷酸甘油醛和磷酸二羟丙酮，两者互为异构体，在磷酸丙糖异构酶作用下可相互转变。当3－磷酸甘油醛继续反应时，磷酸二羟丙酮可不断转变为3－磷酸甘油醛，这样1分子F－1，6－BP生成2分子3－磷酸甘油醛。

#### 5. 3－磷酸甘油醛的氧化

在3－磷酸甘油醛脱氢酶催化下，3－磷酸甘油醛脱氢生成高能磷酸化合物1,3－二磷酸甘油酸，脱下的氢由 $NAD^+$ 接受，还原为 $NADH + H^+$。这是糖酵解中唯一的氧化反应。

#### 6. 3－磷酸甘油酸的生成

1,3－二磷酸甘油酸在磷酸甘油酸激酶催化下，将高能磷酸基团转移给 ADP，使之生成 ATP，其本身转变为3－磷酸甘油酸。这种生成 ATP 的方式称为底物磷酸化。此反应是糖酵解途径中第一次生成 ATP 的反应。

#### 7. 3－磷酸甘油酸的变位反应

在磷酸甘油酸变位酶的作用下，3－磷酸甘油酸 $C_3$ 位上的磷酸基转移到 $C_2$ 位上，生成2－磷酸甘油酸。

### 8. 磷酸烯醇式丙酮酸的生成

2 – 磷酸甘油酸经烯醇化酶作用脱水，分子内部能量重新分布，生成高能磷酸化合物磷酸烯醇式丙酮酸（phosphoenolpyruvate，PEP）。

$$
\begin{array}{ccc}
\text{COOH} & & \text{COOH} \\
| & & | \\
\text{CHOH} & \xrightleftharpoons{\text{磷酸甘油酸变位酶}} & \text{CHOPO}_3\text{H}_2 \\
| & & | \\
\text{CH}_2\text{OPO}_3\text{H}_2 & & \text{CH}_2\text{OH} \\
\text{3-磷酸甘油酸} & & \text{2-磷酸甘油酸}
\end{array}
$$

### 9. 丙酮酸的生成

磷酸烯醇式丙酮酸释放高能磷酸基团以生成 ATP，自身转变为烯醇式丙酮酸，并自动变为丙酮酸（pyruvate）。此为不可逆反应，由丙酮酸激酶（pyruvate kinase，PK）所催化。此反应是糖酵解途径中第二次底物磷酸化生成 ATP 的反应。丙酮酸激酶是糖酵解途径中的最后一个关键酶。

$$
\begin{array}{ccccc}
\text{COOH} & & \text{COOH} & & \text{COOH} \\
| & \xrightarrow[\text{Mg}^{2+}]{\text{丙酮酸激酶}} & | & \longrightarrow & | \\
\text{CO}\sim\text{PO}_3\text{H}_2 & & \text{C}-\text{OH} & & \text{C}=\text{O} \\
\| & \text{ADP}\quad\text{ATP} & \| & & | \\
\text{CH}_2 & & \text{CH}_2 & & \text{CH}_3 \\
\text{磷酸烯醇式丙酮酸} & & \text{烯醇式丙酮酸} & & \text{丙酮酸}
\end{array}
$$

### 10. 丙酮酸还原生成乳酸

丙酮酸在无氧条件下加氢还原为乳酸。此反应由乳酸脱氢酶催化，$NADH + H^+$ 提供还原反应所需要的 2H。

$$
\begin{array}{ccc}
\text{COOH} & & \text{COOH} \\
| & & | \\
\text{C}=\text{O} + NADH + H^+ & \xrightleftharpoons{\text{L-乳酸脱氢酶}} & \text{HO}-\text{C}-\text{H} + NAD^+ \\
| & & | \\
\text{CH}_3 & & \text{CH}_3 \\
\text{丙酮酸} & & \text{L-乳酸}
\end{array}
$$

综上所述，糖酵解过程的总反应式为：

$$葡萄糖 + 2Pi \longrightarrow 2乳酸 + 2ATP + 2H_2O$$

糖酵解的反应过程见图 7 – 2。

### （二）反应特点

（1）糖酵解全过程在无氧条件下的胞液中进行，终产物是乳酸。

（2）糖酵解中只有一次氧化反应，生成 $NADH + H^+$，$NADH + H^+$ 缺氧时被氧化成 $NAD^+$，有氧时进入呼吸链产生能量。

（3）糖酵解是不需氧的产能过程，产能方式为底物磷酸化。1 分子葡萄糖氧化为 2 分子丙酮酸，经两次底物磷酸化，产生 4 分子 ATP，减去葡萄糖活化时消耗的 2 分子 ATP，可净产生 2 分子 ATP。若从糖原开始，糖原中的一个葡萄糖单位通过糖酵解，则净产生 3 分子 ATP。

（4）糖酵解途径中己糖激酶（葡萄糖激酶）、6-磷酸果糖激酶和丙酮酸激酶催化的反应是不可逆的，是糖无氧分解的关键酶。其中6-磷酸果糖激酶是最重要的限速酶。

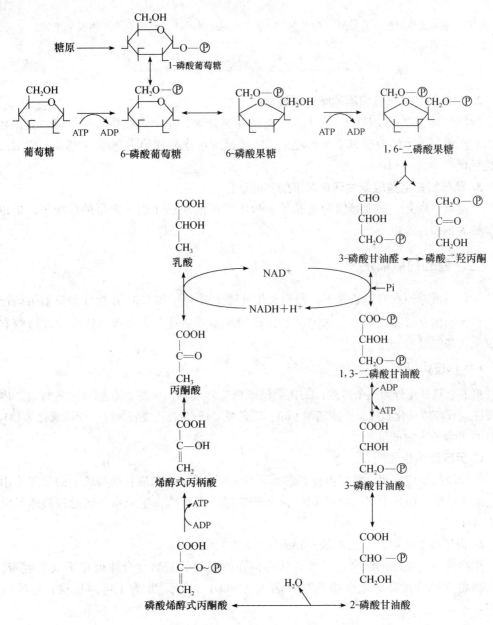

图 7-2 糖酵解的反应过程

## （三）生理意义

### 1. 糖酵解是机体在缺氧情况下快速供能的重要方式

在生理条件下，如剧烈运动时，肌肉仍处于相对缺氧状态，必须通过糖酵解提供急需的能量。在病理性缺氧情况下，如心肺疾病、呼吸受阻、严重贫血、大量失血等造成机体缺氧时，也可通过加强糖酵解以满足机体能力需求。如机体相对缺氧时间较长，而导致糖酵解终产物（乳酸）堆积，可引起代谢性酸中毒。

---

**课堂互动**

　　某患者发生急性心肌梗死，心肌缺血缺氧，其局部梗死区域心肌的糖代谢有何变化？什么产物容易堆积？

---

**2. 糖酵解是成熟红细胞的唯一供能途径**

　　成熟红细胞没有线粒体，不能进行糖的有氧分解，完全依赖糖酵解供能。血循环中的红细胞每天大约分解 30g 葡萄糖，其中经糖酵解途径代谢占 90% ~ 95%，磷酸戊糖途径代谢占 5% ~ 10%。

**3. 糖酵解是某些组织生理情况下的供能途径**

　　视网膜、睾丸、神经髓质和皮肤等少数组织即使在机体供氧充足的情况下，仍以糖酵解为主要供能途径。

## 二、糖的有氧氧化

　　葡萄糖或糖原在有氧条件下，彻底氧化分解生成 $CO_2$ 和 $H_2O$ 并释放大量能量的过程，称为糖的有氧氧化。它是体内糖氧化供能的主要途径。大多数组织细胞通过糖有氧氧化获得能量。

### （一）反应过程

　　糖的有氧氧化分为三个阶段：①葡萄糖或糖原转变为丙酮酸，在胞液中进行；②丙酮酸进入线粒体氧化脱羧，生成乙酰 CoA；③乙酰 CoA 进入三羧酸循环，彻底氧化为 $CO_2$ 和 $H_2O$ 并释放大量能量。

**1. 丙酮酸的生成**

　　此阶段的反应步骤与糖酵解途径相似，所不同的是 3 - 磷酸甘油醛脱下的氢并不用于还原丙酮酸，而是生成 $NADH + H^+$ 进入呼吸链，与氧结合生成水，同时释放能量以合成 ATP。

**2. 丙酮酸氧化脱羧生成乙酰 CoA**

　　在胞液中生成的丙酮酸进入线粒体内，在丙酮酸脱氢酶复合体催化下氧化脱羧，并与辅酶 A 结合成高能化合物乙酰辅酶 A（acetyl CoA）。此为不可逆反应，总反应如下：

$$\underset{\text{丙酮酸}}{CH_3-\overset{\overset{\displaystyle O}{\|}}{C}-COOH} + CoA\text{-}SH \xrightarrow[\underset{NAD^+ \quad NADH+H^+}{}]{\text{丙酮酸脱氢酶复合体}} \underset{\text{乙酰辅酶A}}{CH_3-\overset{\overset{\displaystyle O}{\|}}{C}\sim SCoA} + CO_2$$

　　丙酮酸脱氢酶复合体属于多酶复合体，存在于线粒体内，由三种酶蛋白、五种辅助因子组成（表 7 - 1），$Mg^{2+}$ 作为激活剂。

表7-1 丙酮酸脱氢酶复合体的组成

| 酶 | 辅助因子 | 所含维生素 |
| --- | --- | --- |
| 丙酮酸脱氢酶 | TPP | 维生素 $B_1$ |
| 二氢硫辛酰胺转乙酰酶 | 二氢硫辛酸 辅酶 A | 硫辛酸 泛酸 |
| 二氢硫辛酰胺脱氢酶 | FAD NAD$^+$ | 维生素 $B_2$ 和 PP |

### 3. 乙酰 CoA 进入三羧酸循环

三羧酸循环（tricarboxylic acid cycle，TCA cycle，TCA 循环）是从乙酰 CoA 和草酰乙酸缩合成含有 3 个羧基的柠檬酸开始，经过 4 次脱氢和 2 次脱羧反应后，又以草酰乙酸的再生成而结束，故称为三羧酸循环、柠檬酸循环。由于该循环由 Krebs 正式提出，故又称为 Krebs 循环。三羧酸循环在线粒体内进行，反应过程如下。

（1）柠檬酸的生成 乙酰 CoA 和草酰乙酸由柠檬酸合酶（citrate synthase）催化，缩合成柠檬酸，所需能量由乙酰 CoA 提供。柠檬酸合酶是三羧酸循环的第一个关键酶，其催化反应不可逆。

（2）柠檬酸异构生成异柠檬酸 柠檬酸在顺乌头酸酶催化下脱水形成顺乌头酸，再加水生成异柠檬酸。

（3）异柠檬酸氧化脱羧生成 $\alpha$-酮戊二酸 由异柠檬酸脱氢酶催化，反应生成的 NADH + H$^+$ 进入 NADH 氧化呼吸链氧化，这是三羧酸循环中第一次氧化脱羧生成 $CO_2$ 的反应。异柠檬酸脱氢酶是三羧酸循环的第二个关键酶，为变构酶，其活性受 ADP 的变构激活，受 ATP 的变构抑制。

（4）$\alpha$-酮戊二酸氧化脱羧生成琥珀酰 CoA 此反应不可逆，由 $\alpha$-酮戊二酸脱氢酶复合体催化。该酶是三羧酸循环的第三个关键酶，其组成和催化反应过程与丙酮酸脱氢酶复合体极为相似，是三羧酸循环中第二次氧化脱羧生成 $CO_2$ 的反应。

$$\begin{array}{c} COOH \\ (CH_2)_2 \\ C=O \\ COOH \end{array} + CoA\text{-}SH \xrightarrow[\text{NAD}^+ \quad \text{NADH}+H^+]{\alpha\text{-酮戊二酸脱氢酶复合体}} \begin{array}{c} COOH \\ CH_2 \\ CH_2 \\ CO\sim SCoA \end{array} + CO_2$$

α-酮戊二酸　　　　　　　　　　　　　　　　　　　　琥珀酰辅酶A

> **课堂互动**
>
> 你知道组成 α-酮戊二酸脱氢酶复合体的三种酶和五种辅助因子吗？

（5）琥珀酸的生成　在琥珀酰 CoA 合成酶催化下，琥珀酰 CoA 将高能磷酸基团转移给 GDP 生成 GTP，再转移给 ADP 生成 ATP。这是三羧酸循环中唯一经底物磷酸化生成的 ATP。

$$\begin{array}{c} COOH \\ CH_2 \\ CH_2 \\ CO\sim SCoA \end{array} \xrightarrow[\substack{\text{GDT} \quad \text{GTP} \\ \text{ATP} \quad \text{ADP}}]{\text{Pi}} \begin{array}{c} COOH \\ CH_2 \\ CH_2 \\ COOH \end{array} + HS\text{-}CoA$$

琥珀酰辅酶A　　　　　　　　　　　　　　　　　　琥珀酸

（6）草酰乙酸的再生　草酰乙酸的再生经历 3 个反应过程。琥珀酸在琥珀酸脱氢酶的催化下脱氢生成延胡索酸，生成的 $FADH_2$ 进入琥珀酸氧化呼吸链氧化。延胡索酸在延胡索酸酶催化下，加水生成苹果酸。后者在苹果酸脱氢酶催化下脱氢生成草酰乙酸，生成的 $NADH+H^+$ 进入 NADH 氧化呼吸链氧化。再生的草酰乙酸可又携带乙酰基进入三羧酸循环（图 7-3）。

$$\begin{array}{c} CH_2-COOH \\ CH_2-COOH \end{array} \xrightarrow[\text{FAD} \quad \text{FADH}_2]{\text{琥珀酸脱氢酶}} \begin{array}{c} CH-COOH \\ \| \\ CH-COOH \end{array} \xrightarrow[\text{H}_2\text{O}]{\text{延胡索酸酶}} \begin{array}{c} CH_2-COOH \\ CHOH-COOH \end{array}$$

琥珀酸　　　　　　　　　　　延胡索酸　　　　　　　　　　L-苹果酸

$$\begin{array}{c} CH_2-COOH \\ CHOH-COOH \end{array} \xrightarrow[\text{NAD}^+ \quad \text{NADH}+H^+]{\text{L-苹果酸脱氢酶}} \begin{array}{c} CH_2-COOH \\ CO-COOH \end{array}$$

苹果酸　　　　　　　　　　　　　　　　　草酰乙酸

### （二）三羧酸循环的特点

（1）三羧酸循环在有氧的条件下在线粒体内进行。

（2）三羧酸循环是机体产能的主要途径。1 分子乙酰 CoA 通过 TCA 经历 4 次脱氢（3 次脱氢生成 $NADH+H^+$，1 次脱氢生成 $FADH_2$），2 次脱羧生成 $CO_2$，1 次底物磷酸化，循环一周共产生 10 分子 ATP。

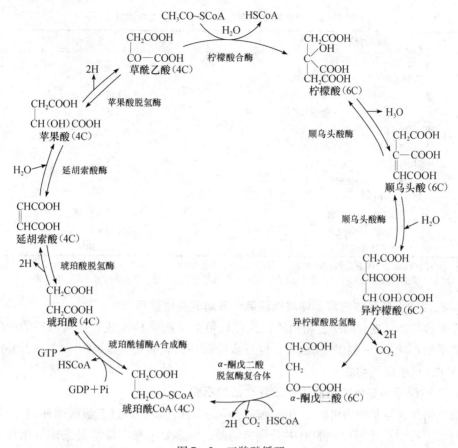

图 7 - 3　三羧酸循环

**课堂互动**

TCA 一周为什么产生 10 分子 ATP?

（3）三羧酸循环是单向反应体系。三羧酸循环的关键酶柠檬酸合酶、α - 酮戊二酸脱氢酶复合体和限速酶异柠檬酸脱氢酶催化的反应是不可逆反应，故三羧酸循环是单向反应体系。

（4）三羧酸循环必须不断补充中间产物。三羧酸循环有些中间产物常移出循环而参与其他代谢途径，如草酰乙酸可转变为天冬氨酸，琥珀酰 CoA 可用于血红素合成，α - 酮戊二酸可转变为谷氨酸等。所以必须不断补充循环的中间产物。

**（三）有氧氧化的生理意义**

**1. 糖的有氧氧化是机体获得能量的主要方式**

1 分子葡萄糖经有氧氧化净生成 32（或 30）分子 ATP（表 7 - 2）。

表 7 – 2　葡萄糖有氧氧化时 ATP 的生成与消耗

| 反应过程 | ATP 的生成数 |
|---|---|
| 葡萄糖→6 – 磷酸葡萄糖 | – 1 |
| 6 – 磷酸果糖→1，6 – 二磷酸果糖 | – 1 |
| 3 – 磷酸甘油醛→1，3 – 二磷酸甘油酸 | 2.5×2 或 1.5×2[①] |
| 1，3 – 二磷酸甘油酸→3 – 磷酸甘油酸 | 1×2[②] |
| 磷酸烯醇式丙酮酸→烯醇式丙酮酸 | 1×2 |
| 丙酮酸→乙酰 CoA | 2.5×2 |
| 异柠檬酸→α – 酮戊二酸 | 2.5×2 |
| α – 酮戊二酸→琥珀酰 CoA | 2.5×2 |
| 琥珀酰 CoA→琥珀酸 | 1×2 |
| 琥珀酸→延胡索酸 | 1.5×2 |
| 苹果酸→草酰乙酸 | 2.5×2 |
| 1 分子葡萄糖共获得 | 32（或30） |

注：①根据 NADH + $H^+$ 进入线粒体的方式不同，如经苹果酸穿梭系统，1 个 NADH + $H^+$ 产生 2.5 个 ATP；如经 α – 磷酸甘油穿梭系统只产生 1.5ATP；②1 分子葡萄糖生成 2 分子 3 – 磷酸甘油醛，故 ×2。

**2. 三羧酸循环是体内营养物质彻底氧化分解的共同途径**

三大营养物质糖、脂肪、蛋白质经代谢均可生成乙酰 CoA 或三羧酸循环的中间产物（如草酰乙酸、α – 酮戊二酸等），经三羧酸循环彻底氧化生成 $CO_2$ 和 $H_2O$，并产生大量 ATP，供生命活动之需。

**3. 三羧酸循环是体内物质代谢相互联系的枢纽**

糖、脂肪和氨基酸均可转变为三羧酸循环的中间产物，通过三羧酸循环相互转变、相互联系。乙酰 CoA 可以在胞液中合成脂肪酸；许多氨基酸的碳架是三羧酸循环的中间产物，可以通过草酰乙酸转变为葡萄糖（参见"糖异生"）；草酰乙酸和 α – 酮戊二酸通过转氨基反应合成天冬氨酸、谷氨酸等一些非必需氨基酸。

## 三、磷酸戊糖途径

磷酸戊糖途径（pentose phosphate pathway）由 6 – 磷酸葡萄糖开始，生成 5 – 磷酸核糖和 NADPH + $H^+$，前者再进一步转变成 3 – 磷酸甘油醛和 6 – 磷酸果糖的反应过程（图 7 – 4）。此反应途径主要发生在肝、脂肪组织等组织细胞胞液中。

### （一）反应过程

6 – 磷酸葡萄糖首先由 6 – 磷酸葡萄糖脱氢酶催化脱氢生成 6 – 磷酸葡萄糖酸，再脱氢、脱羧生成 5 – 磷酸核酮糖，同时生成 2 分子 NADPH + $H^+$ 和 1 分子 $CO_2$。5 – 磷酸核酮糖经异构化反应生成 5 – 磷酸核糖，或者在差向异构酶作用下，转变为 5 – 磷酸木酮糖。6 – 磷酸葡萄糖脱氢酶是磷酸戊糖途径中的限速酶，其活性受 $NADP^+$/NADPH + $H^+$ 浓度影响。NADPH + $H^+$ 浓度增高时抑制该酶活性，磷酸戊糖途径被抑制。

### （二）生理意义

磷酸戊糖途径产生大量的 5 – 磷酸核糖和 NADPH，而不是生成 ATP。

（1）5 – 磷酸核糖为核苷酸及其衍生物合成提供原料。

（2）NADPH 作为供氢体参与多种代谢反应

① NADPH 参与胆固醇、脂肪酸、类固醇激素等重要化合物的生物合成。

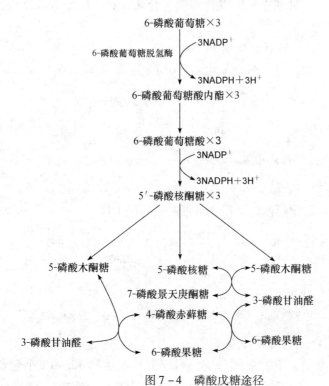

图 7-4 磷酸戊糖途径

② NADPH 参与体内羟化反应，例如从鲨烯合成胆固醇，从胆固醇合成胆汁酸、类固醇激素等。有些羟化反应与生物转化有关，如 NADPH 作为加单氧酶（羟化反应）的供氢体，参与激素、药物、毒物的生物转化过程。

③ NADPH 是谷胱甘肽还原酶的辅酶，这对维持细胞中还原型谷胱甘肽（GSH）的正常含量起着重要作用。如红细胞中的 GSH 可以保护红细胞膜上含巯基的蛋白质和酶，以维持膜的完整性和酶活性。NADPH 还可与 $H_2O_2$ 作用而消除其氧化作用。遗传性 6-磷酸葡萄糖脱氢酶缺陷的患者，磷酸戊糖途径不能正常进行，NADPH 缺乏，GSH 含量减少，使红细胞膜易于破坏而发生溶血性贫血、黄疸，因患者常在食蚕豆或服用抗疟疾药物磷酸伯氨喹后诱发本病，故又称蚕豆病。

为什么有些人在食用蚕豆或服用某些药物（如磺胺药、阿司匹林、抗疟药）等会发生溶血？

# 第三节　糖原的代谢

糖原是是体内糖的储存形式，机体能迅速动用的能量储备。

## 一、糖原的合成

由单糖（主要是葡萄糖）合成糖原的过程称为糖原合成（glycogenesis）。肝糖原可以任何单糖为合成原料，而肌糖原只能以葡萄糖为合成原料。糖原合成反应在胞液中进行，需消耗 ATP 和 UTP。

### 1. 葡萄糖磷酸化生成 6 – 磷酸葡萄糖

此反应由己糖激酶（葡萄糖激酶）催化，反应不可逆，消耗 ATP。

$$葡萄糖(G) + ATP \xrightarrow{\text{己糖激酶或葡萄糖激酶}} 6\text{-}磷酸葡萄糖(G\text{-}6\text{-}P) + ADP$$

### 2. 1 – 磷酸葡萄糖的生成

$$6\text{-}磷酸葡萄糖(G\text{-}6\text{-}P) \underset{}{\overset{\text{磷酸葡萄糖变位酶}}{\rightleftharpoons}} 1\text{-}磷酸葡萄糖(G\text{-}1\text{-}P)$$

### 3. UDPG 的生成

此反应由 UDPG 焦磷酸化酶催化，反应不可逆，消耗 UTP。

$$\begin{array}{c}1\text{-}磷酸葡萄糖 + UTP \xrightarrow{\text{UDPG焦磷酸化酶}} 尿苷二磷酸葡萄糖 + PPi \\ (G\text{-}1\text{-}P) \qquad\qquad\qquad\qquad\qquad (UDPG)\end{array}$$

### 4. 糖原的合成

$$尿苷二磷酸葡萄糖(UDPG) + 糖原引物(G_n) \xrightarrow{\text{糖原合酶}} UDP + 糖原(G_{n+1})$$

### 5. 分支酶的作用

糖原合酶只能延长糖链，不能形成分支，当糖链长度达到 12 ~ 18 个葡萄糖单位时，分支酶可将一段糖链（6 ~ 7 个葡萄糖单位）转移到邻近的糖链上，以 $\alpha$ – 1，6 – 糖苷键相连，形成分支结构（图 7 –5）。

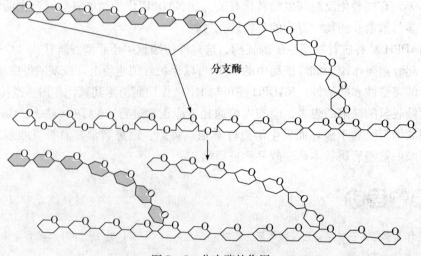

图 7 – 5　分支酶的作用

## 二、糖原的分解

肝糖原分解为葡萄糖以补充血糖的过程，称为糖原分解（glycogenolysis）。

**1. 糖原分解为 1 - 磷酸葡萄糖**

从糖原分子的非还原端开始，糖原磷酸化酶催化 $\alpha - 1,4 -$ 糖苷键水解，逐个生成 1 - 磷酸葡萄糖。

$$糖原(G_n) + Pi \xrightarrow{\text{糖原磷酸化酶}} 1\text{-磷酸葡萄糖}(G\text{-}1\text{-}P) + 糖原(G_{n-1})$$

糖原磷酸化酶是催化糖原分解的关键酶，该酶只能水解 $\alpha - 1,4 -$ 糖苷键。此酶受到共价修饰调节和变构调节双重调节作用。发生磷酸化的糖原磷酸化酶 a 是有活性的，而脱磷酸化的糖原磷酸化酶 b 是无活性的。AMP 是糖原磷酸化酶 b 变构激活剂，ATP 是糖原磷酸化酶 a 的变构抑制剂。脱支酶主要功能是具有 $\alpha - 1,6 -$ 糖苷酶活性，催化分支点的葡萄糖单位水解，生成游离葡萄糖，在磷酸化酶和脱支酶的协同和反复作用下，形成 15% 的游离葡萄糖和 85% 的 1 - 磷酸葡萄糖（图 7-6）。

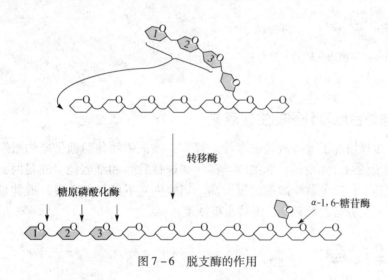

图 7-6　脱支酶的作用

**2. 1 - 磷酸葡萄糖异构为 6 - 磷酸葡萄糖**

$$1\text{-葡萄糖}(G\text{-}1\text{-}P) \xrightleftharpoons{\text{磷酸葡萄糖变位酶}} 6\text{-磷酸葡萄糖}(G\text{-}6\text{-}P)$$

**3. 6 - 磷酸葡萄糖水解为葡萄糖**

$$6\text{-磷酸葡萄糖}(G\text{-}6\text{-}P) \xrightarrow[\underset{H_2O \quad\quad Pi}{}]{\text{葡萄糖-6-磷酸酶}} 葡萄糖(G)$$

该酶只存在于肝和肾，而不存在于肌肉中，因此只有肝糖原能直接分解为葡萄糖，补充血糖浓度。而肌糖原不能分解为葡萄糖，只能进行糖酵解或有氧氧化。

现将糖原合成与分解过程总结如下（图 7-7）。

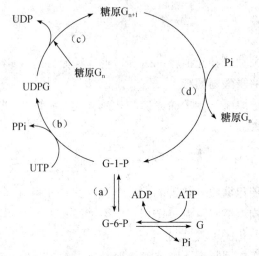

（a）磷酸葡萄糖变位酶；（b）UDPG焦磷酸化酶；（c）糖原合酶；（d）糖原磷酸化酶

图7 - 7　糖原合成与分解

肌糖原和肝糖原分解的产物有何不同？为什么？

### 三、糖原合成与分解的生理意义

在正常生理情况下维持血糖浓度相对恒定，保证依赖葡萄糖供能的组织（脑、红细胞）的能量供给。如当机体糖供应丰富（如进食后）和细胞能量充足时，合成糖原将能量储存起来，以免血糖浓度过度升高。当糖供应不足（如空腹）或能量需求增加时，储存的糖原分解为葡萄糖，维持血糖浓度。

#### 糖原累积症

是一类遗传性代谢病，如患者体内缺乏肝糖原磷酸化酶时，肝糖原分解障碍，糖原沉积导致肝肿大，并无严重后果，婴儿仍可成长。缺乏葡萄糖 - 6 - 磷酸酶，肝糖原分解障碍，不能用以维持血糖，则造成严重后果。溶酶体的 $\alpha$ - 葡萄糖苷酶缺乏，会影响 $\alpha$ - 1,4 - 糖苷键和 $\alpha$ - 1,6 - 糖苷键的水解，使组织广泛受损，甚至常因心肌受损而突然死亡。

# 第四节　糖异生作用

## 一、糖异生作用

由非糖物质转变为葡萄糖或糖原的过程，称为糖异生作用（gluconeogenesis）。甘油、有机酸（乳酸、丙酮酸及三羧酸循环中的各种羧酸）和某些氨基酸均可作为异生的原料。糖异生的器官主要是肝脏，其次是肾脏。长期饥饿或酸中毒时，肾脏的糖异生作用可大大加强。

糖异生途径基本上是糖酵解途径的逆反应，但己糖激酶（包括葡萄糖激酶）、磷酸果糖激酶及丙酮酸激酶催化的三步反应，都是不可逆反应，称之为"能障"。实现糖异生必须绕过这三个"能障"，这些酶就是糖异生的关键酶。

**1. 丙酮酸羧化支路**

丙酮酸不能直接逆转为磷酸烯醇式丙酮酸，但丙酮酸可以在丙酮酸羧化酶的催化下生成草酰乙酸，然后在磷酸烯醇式丙酮酸羧激酶催化下，草酰乙酸脱羧基并从 GTP 获得磷酸生成磷酸烯醇式丙酮酸，此过程称为丙酮酸羧化支路，是消耗能量的循环反应。

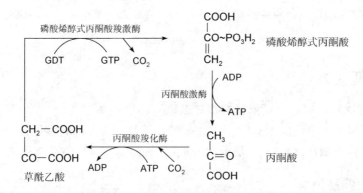

丙酮酸羧化酶仅存在于线粒体内，胞液中的丙酮酸必须进入线粒体才能羧化成草酰乙酸，而磷酸烯醇式丙酮酸羧激酶在线粒体和胞液中都存在，因此草酰乙酸转变成磷酸烯醇式丙酮酸在线粒体和胞液中都能进行。

**2. 1,6－二磷酸果糖转变为 6－磷酸果糖**

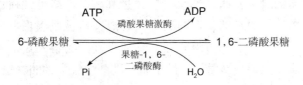

**3. 6－磷酸葡萄糖水解生成葡萄糖**

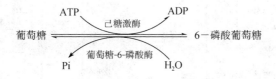

上述过程中，丙酮酸羧化酶、磷酸烯醇式丙酮酸羧激酶、果糖－1，6－二磷酸酶、葡萄糖－6－磷酸酶是糖异生途径的关键酶。它们主要分布在肝脏和肾皮质。糖异生途径小结如图 7－8。

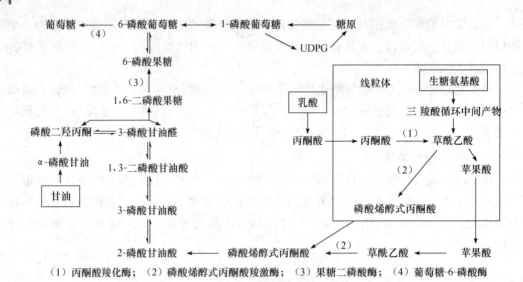

（1）丙酮酸羧化酶；（2）磷酸烯醇式丙酮酸羧激酶；（3）果糖二磷酸酶；（4）葡萄糖-6-磷酸酶

图7-8 糖异生途径

## 二、生理意义

### 1. 维持空腹和饥饿时血糖浓度的相对恒定

空腹和饥饿时，靠肝糖原分解产生葡萄糖仅能维持8～12h，以后机体完全依靠糖异生作用来维持血糖浓度恒定，从而保证脑、红细胞等重要器官能量供应。

> **课堂互动**
>
> 剧烈运动后肌肉出现酸痛，休息一段时间后酸痛感觉会自然消失。这是为什么？

### 2. 有利于乳酸的再利用

在缺氧或剧烈运动时，肌糖原酵解产生大量乳酸，乳酸可经血液运输到肝，通过糖异生作用合成肝糖原或葡萄糖，葡萄糖进入血液又可被肌肉摄取利用，如此形成乳酸循环，也称Cori循环（图7-9）。此循环有利于乳酸的再利用，同时也有利于丙酮酸糖原更新及补充肌肉消耗的糖原，有助于防止乳酸性酸中毒的发生。

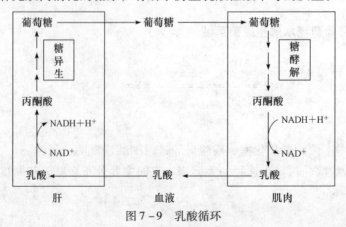

图7-9 乳酸循环

**3. 肾糖异生增强有利于维持酸碱平衡**

由于长期饥饿产生代谢性酸中毒，使体液 pH 降低，促进了肾小管中磷酸烯醇式丙酮酸羧激酶的合成，从而使糖异生作用增强。另外，肾中 $\alpha$-酮戊二酸因异生成糖减少时，则促进谷氨酰胺及谷氨酸的脱氨，使肾小管细胞泌氨加强，氨与原尿中的 $H^+$ 结合，降低原尿中 $H^+$ 浓度，有利于肾排氢保钠作用，对于防止酸中毒有重要意义。

# 第五节 血 糖

血糖（blood sugar）主要指血液中的葡萄糖。正常成人空腹血糖浓度相当恒定，维持在 3.9～6.1mmol/L（葡萄糖氧化酶法）。血糖浓度之所以如此恒定，是机体对血糖的来源和去路进行了精细调节，使之维持动态平衡的结果。

## 一、血糖的来源和去路

### （一）血糖的来源

**1. 食物中糖类的消化吸收**

这是血糖的主要来源。

**2. 肝糖原分解**

这是空腹血糖的直接来源。

**3. 糖异生作用**

长期饥饿时，储备的肝糖原已不能满足维持血糖浓度，则糖异生作用增强，将大量非糖物质转变为糖，继续维持血糖的正常水平。因此糖异生作用是空腹和饥饿时血糖的重要来源。

### （二）血糖的去路

（1）氧化供能。这是血糖最主要的去路。

（2）合成肝糖原和肌糖原。

（3）转变为其他物质。可转变为脂肪及某些非必需氨基酸等。

（4）随尿排出 当血糖浓度高于 8.89～10.0mmol/L 时，超过肾小管最大重吸收的能力，糖则从尿中排出，出现糖尿现象，此时的血糖浓度称为肾糖阈（renal glucose threshold）值。尿排糖是血糖的非正常去路，糖尿在病理情况下出现，常见于糖尿病患者。

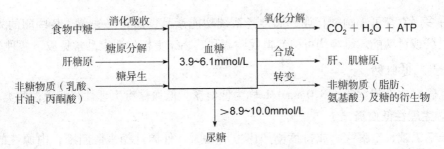

血糖升高就一定是糖尿病吗?

## 二、血糖浓度的调节

### 1. 器官水平的调节

肝脏是调节血糖浓度的主要器官，肝脏通过糖原的合成、分解和糖异生作用调节血糖浓度。当餐后血糖浓度增高时，肝细胞通过肝糖原合成来降低血糖浓度；空腹血糖浓度降低时，肝脏通过糖原分解补充血糖；饥饿或禁食情况下，肝的糖异生作用加强，从而有效维持血糖浓度。其次，肾脏、肌肉和肠道等也能调节血糖浓度。

### 2. 激素水平的调节

调节血糖的激素有两类，一类是降低血糖的激素，即胰岛素（insulin）；另一类是升高血糖的激素，如肾上腺素、胰高血糖素、肾上腺糖皮质激素和生长素等。两类作用不同的激素通过调节糖代谢途径中限速酶的活性，影响相应的代谢过程。它们既相互对立，又相互统一，共同调节血糖浓度，以维持其正常水平（表7-3）。

表7-3　激素对血糖浓度的调节

| 激　素 | 生化作用 |
| --- | --- |
| 胰岛素 | ①促进葡萄糖进入肌肉、脂肪等组织细胞；②促进糖原合成，抑制糖原分解；③促进糖的氧化；④促进糖转变为脂肪，抑制脂肪分解；⑤抑制糖异生作用 |
| 肾上腺素 | ①促进肝糖原分解，促进肌糖原酵解；②促进糖异生作用 |
| 胰高血糖素 | ①抑制肝糖原合成，促进肝糖原分解；②促进糖异生作用；③促进脂肪动员，减少糖的利用 |
| 糖皮质激素 | ①促进肌肉蛋白分解，加速糖异生作用；②抑制肝外组织摄取利用葡萄糖 |

### 3. 神经系统调节

神经系统对血糖的调节属于整体调节，通过调节激素的分泌量，进而影响各代谢途径中酶活性而完成调节作用。例如，情绪激动时，交感神经兴奋，使肾上腺素分泌增加，促进肝糖原分解、肌糖原酵解和糖异生作用，使血糖升高；当处于静息状态时，迷走神经兴奋，使胰岛素分泌增加，血糖水平降低。正常情况下，机体通过多种调节因素的相互作用而维持血糖浓度恒定。

## 三、糖代谢紊乱及常用降血糖药物

许多因素都可影响糖代谢，如神经系统功能紊乱、内分泌失调、某些酶的先天性缺陷、肝或肾功能障碍等均可引起糖代谢紊乱。临床上糖代谢紊乱常见以下两种类型：

### （一）低血糖

空腹时血糖浓度低于3.0mmol/L称为低血糖。低血糖有生理性和病理性两类。

### 1. 生理性低血糖

长期饥饿、空腹饮酒或持续剧烈体力活动时，外源性糖来源阻断，内源性的肝糖原已经耗竭，此时，糖异生作用亦减弱，因而易造成低血糖。

**2. 病理性低血糖**

包括：①胰岛 B 细胞增生或胰岛肿瘤等可导致胰岛素分泌过多，引起低血糖；②内分泌功能异常（如垂体前叶或肾上腺皮质功能减退），使生长素或糖皮质激素等对抗胰岛素的激素分泌不足；③胃癌等肿瘤；④严重肝脏疾患（如肝癌、糖原累积症等），肝功能严重低下，肝糖原的合成、分解及糖异生等糖代谢均受阻，肝脏不能及时有效地调节血糖浓度，故产生低血糖。

低血糖时，脑组织首先对低血糖出现反应，患者常表现为头晕、心悸、出冷汗、手颤、倦怠无力和饥饿感等症状，称低血糖症。因为脑组织不能利用脂肪酸氧化供能，且几乎不储存糖原，其所需能量直接依靠血中葡萄糖氧化分解提供。当血糖含量持续低于 2.5mmol/L 时，脑细胞的能量极度匮乏，影响脑的正常功能，严重者出现昏迷，称为低血糖休克。临床上遇到这种情况时，只需及时给患者静脉注射葡萄糖溶液，症状就会得到缓解。否则可导致死亡。

### （二）高血糖与糖尿

空腹时血糖浓度高于 6.9mmol/L 称为高血糖。如果血糖浓度高于肾糖阈值（8.9 ~ 10.0mmol/L）时，超过了肾小管对糖的最大重吸收能力，则尿中就会出现糖，此现象称为糖尿。引起高血糖的原因也有生理性和病理性两类。

**1. 生理性高血糖**

生理情况下，由于糖的来源增加可引起高血糖。①一次性进食或静脉输入大量葡萄糖（每小时每千克体重超过 22 ~ 28mmol/L）时，血糖浓度急剧增高，可引起饮食性高血糖；②情绪过度激动时，交感神经兴奋，肾上腺素分泌增加，肝糖原分解为葡萄糖释放入血，使血糖升高，可出现情感性高血糖和糖尿。这些属于生理性高血糖和糖尿，其高血糖和糖尿是暂时的，且空腹血糖正常。

**2. 病理性高血糖**

在病理情况下：①升高血糖的激素分泌亢进或胰岛素分泌障碍均可导致高血糖，以至出现糖尿；②肾脏疾病可导致肾小管重吸收葡萄糖能力减弱而出现糖尿，称为肾性糖尿。这是由肾糖阈下降引起的，此时血糖浓度可正常，也可升高，但糖代谢未发生紊乱。临床上最常见的高血糖症是糖尿病（diabetes mellitus，DM）。

### （三）糖尿病及常用降血糖药物

糖尿病是由于胰岛素绝对或相对不足或细胞对胰岛素敏感性降低，引起糖、脂肪、蛋白质、水和电解质等一系列代谢紊乱的临床综合征。它是除肥胖症之外人类最常见的内分泌紊乱性疾病。糖尿病的特征即为高血糖与糖尿，临床上将糖尿病分为两型，胰岛素依赖型（1 型）和非胰岛素依赖型（2 型）。1 糖尿病多发于青少年，主要与遗传有关。2 型糖尿病和肥胖关系密切，我国糖尿病患者以 2 型居多。糖尿病的病因是由于胰岛 B 细胞功能减低，胰岛素分泌量绝对或相对不足，或其靶细胞膜上胰岛素受体数量不足、亲和力降低，或胰高血糖素分泌过量等，导致胰岛素不足。其中胰岛素受体基因缺陷已被证实是 2 型糖尿病的重要病因。

糖尿病可出现多方面的糖代谢紊乱，如葡萄糖不易进入肌肉、脂肪组织细胞；糖原合成减少，糖原分解增强；组织细胞氧化利用葡萄糖的能力减弱；糖异生作用增强。使血糖的来源增加而去路减少，出现持续性高血糖和糖尿。糖尿病患者由于糖的氧化分解障碍，机体所需能量不足，故患者感到饥饿而多食；多食进一步导致血糖升高，使血浆渗透压升高，引起口渴，因而多饮；血糖升高形成高渗性利尿而导致多尿。由于机体糖氧化供能发生障碍，大量动员体内脂肪及蛋白质氧化分解，加之排尿多而引起失水，患者逐渐消瘦，体重下降。因此，糖尿病患者表现为多食、多饮、多尿、体重减少的"三多一少"症状。严重糖尿病患者常伴有多种并发症，包括视网膜毛细血管病变、白内障、神经轴突萎缩和脱髓鞘、动脉硬化性疾病和肾病。这些并发症的严重程度与血糖水平升高程度直接相关，可见治疗糖尿病关键在于控制血糖浓度，"早防、早治"是最有成效的治疗。"早防"能使高危人士远离糖尿病，"早治"能让一半"准患者"逆转进程，回到正常人中。"早治"包括三方面内容，除了端正理念、调整生活方式，还有根据患病原因和患者的个体情况进行药物治疗，可选用的药物包括双胍类、糖苷酶抑制剂、胰岛素增敏剂等，常用药物有罗格列酮和二甲双胍，它们能够通过不同机制降低血糖，研究证明两者联用可能更利于治疗。用内环境稳态模型技术测量了胰岛素敏感性，结果表明罗格列酮和二甲双胍联用胰岛素敏感性要比单独的用药高，因此这样联合用药效果不错。2型糖尿病的治疗选用胰岛素，胰岛素治疗失效的糖尿病患者加用二甲双胍能提高血糖控制，减少空腹血糖发生的频率，而对高密度胆固醇则无影响。

# 第六节  糖 类 药 物

## 一、糖类药物的分类及作用

### （一）糖类药物的分类

#### 1. 单糖

如葡萄糖、果糖、氨基葡萄糖等。

#### 2. 寡糖

如蔗糖、麦芽糖、乳糖、乳果糖（lactulose）等。

#### 3. 多糖

如右旋糖酐、甘露聚糖、香菇多糖、茯苓多糖等。糖类药物研究最多的是多糖类药物，已发现具有一定生理活性的多糖有来源于植物的黄芪多糖、人参多糖、刺五加多糖、麦麸多糖、黄精多糖、昆布多糖、菊糖、褐藻多糖、波叶多糖、茶叶脂多糖、葡萄皮脂多糖、麦秸半纤维素B、针裂蹄多糖、酸模多糖、地衣多糖。来源于微生物的多糖有猪苓多糖、银耳多糖、香菇多糖、灵芝多糖、黑木耳多糖、云芝多糖、茯苓多糖、竹黄多糖、木蹄多糖、蘑菇多糖、裂褶多糖、亮菌多糖、酵母多糖、细菌脂多糖、大肠埃希菌脂多糖、变形杆菌热源多糖、$NK_{131}$细菌多糖和产氨短杆菌外多糖。来源于动物的多糖有肝素、硫酸乙酰肝素、硫酸软骨素、硫酸皮肤素、硫酸角质素、透明质酸、壳多糖和胎盘脂多糖等。

#### 4. 糖的衍生物

如6-磷酸葡萄糖，1,6-二磷酸果糖，磷酸肌醇等。

### （二）糖类药物的作用

#### 1. 调节免疫功能

主要表现为影响补体活性，促进淋巴细胞增殖，激活或提高吞噬细胞的功能。增强机体的抗炎、抗氧化和抗衰老作用。如 PS－K 多糖和香菇多糖对小鼠 S180 瘤株有明显抑制作用，已作为免疫型抗肿瘤药物，猪苓多糖能促进抗体的形成，是一种良好免疫调节剂。

#### 2. 抗感染作用

多糖可以提高机体组织细胞对细菌，原虫，病毒和真菌感染的抵抗力。如甲壳素对皮下肿胀有治疗作用，对皮肤伤口有愈合作用。

#### 3. 加快细胞增殖生长

通过促进细胞 DNA 和蛋白质的合成，加快细胞的增殖生长。

#### 4. 抗辐射损伤作用

茯苓多糖、紫菜多糖、透明质酸、甲壳素等均能抗 $^{60}Co$、$\gamma$－射线的损伤，有抗氧化、防辐射作用。

#### 5. 抗凝血作用

肝素是天然抗凝剂。甲壳素、芦荟多糖、黑木耳多糖等也具有肝素样的抗凝血作用。用于防治血栓、周围血管病、心绞痛、充血性心力衰竭与肿瘤的辅助治疗。

#### 6. 降血脂、抗动脉粥样硬化作用

类肝素（heparinoid）、硫酸软骨素、小相对分子质量肝素等具有降血脂、降血胆固醇，抗动脉粥样硬化作用，用于防治冠心病和动脉硬化。

#### 7. 维持血液渗透压

右旋糖酐可以代替血浆蛋白以维持血液渗透压，中相对分子质量右旋糖酐用于增加血容量，维持血压，以抗休克为主；低相对分子质量右旋糖酐主要用于改善微循环，降低血液黏度；小相对分子质量右旋糖酐是一种安全有效的血浆扩充剂。海藻酸钠能增加血容量，使血压恢复正常。

## 二、常见糖类药物

#### 1. 透明质酸

透明质酸广泛存在于人和脊椎动物体内，是组成结缔组织的细胞外基质、眼球玻璃体、脐带和关节液的几种糖胺聚糖之一。在人的皮肤真皮层和关节滑液中含量最多，具有保水、润滑和清除自由基等重要的生理作用。透明质酸作为药物主要应用于眼科治疗手术，如晶状体植入、摘除，角膜移植，抗青光眼手术等，还用于治疗骨关节炎、外伤性关节炎和滑囊炎以及加速伤口愈合。透明质酸在化妆品中的应用更为广泛，它能保持皮肤湿润光滑、细腻柔嫩，富有弹性，具有防皱、抗皱、美容保健和恢复皮肤生理功能的作用。目前国际上添加透明质酸的化妆品种类已从最初的膏霜、乳液、化妆水、精华素胶囊、膜贴扩展到浴液、粉饼、口红、洗发护发剂、摩丝等，应用日趋广泛。

### 2. 硫酸软骨素

硫酸软骨素滴眼液用于治疗角膜炎，角膜溃疡，角膜损伤等，其主要成分为硫酸软骨素，硫酸软骨素是从动物组织提取、纯化制备的酸性黏多糖类物质，是构成细胞间质的主要成分，对维持细胞环境的相对稳定性和正常功能具有重要作用。可加速伤口愈合，减少瘢痕组织的产生。通过促进基质的生成，为细胞的迁移提供构架，有利于角膜上皮细胞的迁移，从而促进角膜创伤愈合。硫酸软骨素可以改善血液循环，加速新陈代谢，促进渗出液的吸收及炎症的消除。

## 知识链接

### 常见糖类药物简介

| 糖 类 | 品 名 | 来 源 | 作用与用途 |
|---|---|---|---|
| 单糖及其衍生物 | 甘露醇 | 由海藻提取或葡萄糖电解 | 降低颅内压、抗脑水肿 |
| | 山梨醇 | 由葡萄糖氢化或电解还原 | 降低颅内压、抗脑水肿、治青光眼 |
| | 葡萄糖 | 由淀粉水解制备 | 制备葡萄糖注射液 |
| | 葡萄糖醛酸内酯 | 由葡萄糖氧化制备 | 治疗肝炎、肝中毒、解毒、风湿性关节炎 |
| | 葡萄糖酸钙 | 由淀粉或葡萄糖发酵 | 钙补充剂 |
| | 植酸钙（菲汀） | 由玉米、米糠提取 | 营养剂、促进生长发育 |
| | 肌醇 | 由植酸钙制备 | 治疗肝硬化、血管硬化，降血脂 |
| | 1，6-二磷酸果糖 | 酶转化制备 | 治疗急性心肌缺血休克、心肌梗死 |
| 多糖 | 右旋糖酐 | 微生物发酵 | 血浆扩充剂、改善微循环、抗休克 |
| | 右旋糖酐铁 | 用右旋糖酐与铁络合 | 治疗缺铁性贫血 |
| | 糖酐酯钠 | 由右旋糖酐水解酯化 | 降血脂、防止动脉硬化 |
| | 猪苓多糖 | 由真菌猪苓提取 | 抗肿瘤转移、调节免疫功能 |
| | 海藻酸 | 由海带或海藻提取 | 增加血容量抗休克、抑制胆固醇吸收，清除重金属离子 |
| | 透明质酸 | 由鸡冠、眼球、脐带提取 | 化妆品基质、眼科用药 |
| | 肝素钠 | 由肠黏膜和肺提取 | 抗凝血、防肿瘤转移 |
| | 肝素钙 | 由肝素制备 | 抗凝血、防止血栓 |
| | 硫酸软骨素 | 由喉骨、鼻中隔提取 | 治疗偏头痛、关节炎 |
| | 硫酸软骨素 A | 由硫酸软骨素制备 | 降血脂、防治冠心病 |
| | 冠心舒 | 由猪十二指肠提取 | 治疗冠心病 |
| | 甲壳素 | 由甲壳动物外壳提取 | 人造皮、药物赋形剂 |
| | 脱乙酰壳多糖 | 由甲壳质制备 | 降血脂、金属解毒、止血、消炎 |

# 本 章 小 结

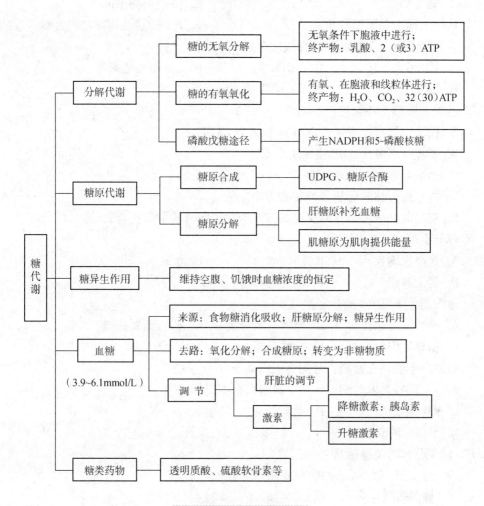

## 目标检测

### 一、单项选择题

1. 下列糖酵解的特点中哪一项是错误的（　　　）？

    A. 没有氧的参与　　　　B. 终产物是乳酸　　　C. 产能较少

    D. 在胞液中进行　　　　E. 己糖激酶、磷酸甘油酸激酶和丙酮酸激酶是其关键酶

2. 巴斯德效应是（　　　）。

    A. 糖的无氧分解抑制糖的有氧氧化　　　　B. 糖的无氧分解抑制磷酸戊糖途径

    C. 糖的无氧分解抑制糖异生　　　　D. 糖的有氧氧化抑制糖的无氧分解

    E. 糖的有氧氧化抑制磷酸戊糖途径

3. 1 分子葡萄糖彻底氧化为 $CO_2$ 和 $H_2O$ 时净生成 ATP 数为（　　　）。

    A. 18　　　　　　　　B. 24　　　　　　　　C. 32 或 30

    D. 36 或 38　　　　　　E. 40

4. 红细胞中还原型谷胱甘肽不足,易引起溶血,原因是缺乏( )。

    A. 葡萄糖激酶     B. 果糖二磷酸酶     C. 磷酸果糖激酶

    D. 6 - 磷酸葡萄糖脱氢酶     E. 6 - 磷酸葡萄糖酸脱氢酶

5. 合成糖原时,葡萄糖基的直接供体是( )。

    A. CDPG     B. UDPG     C. 1 - 磷酸葡萄糖

    D. GDPG     E. 6 - 磷酸葡萄糖

6. 有关三羧酸循环叙述正确的是( )。

    A. 循环一周可生成 4 个 NADH 和 2 个 $FADH_2$

    B. 循环一周可从 GDP 生成 2 个 GTP

    C. 乙酰 CoA 可异生为葡萄糖

    D. 丙二酸可抑制延胡索酸转变为苹果酸

    E. 琥珀酰 CoA 是 $\alpha$ - 酮戊二酸转变为琥珀酸时的中间化合物

7. 降低血糖浓度的激素是( )。

    A. 胰高血糖素     B. 胰岛素     C. 生长素

    D. 肾上腺素     E. 糖皮质激素

8. 体内产生 NADPH 的途径是( )。

    A. 磷酸戊糖途径     B. 糖的有氧分解     C. 糖的无氧分解

    D. 糖异生作用     E. 乳酸循环

9. 肌糖原不能补充血糖,是因为肌肉缺乏( )。

    A. 6 - 磷酸果糖激酶     B. 6 - 磷酸葡萄糖脱氢酶

    C. 葡萄糖激酶     D. 葡萄糖 - 6 - 磷酸酶

    E. 果糖二磷酸酶

10. 糖原分解的关键酶是( )。

    A. 分支酶     B. 脱支酶

    C. 糖原磷酸化酶     D. 葡萄糖 - 6 - 磷酸酶

    E. 葡萄糖 - 6 - 磷酸酶

## 二、案例分析题

患者男性 50 岁,主诉"多饮、多食、多尿伴乏力、消瘦半年多"。两月前,患者体重较前减轻 6.0kg,并逐渐出现口渴、多饮,食欲增强,尿频、小便次数增多,夜尿 3~4 次/晚,尿量较前明显增多。实验室检查:空腹血糖为 12.0mmol/L,尿糖(+),尿蛋白(-)等,入院后给予胰岛素等治疗,患者症状有所减轻。

根据你所学的知识解释:

1. 患者为什么出现乏力症状?

2. 为什么患者食欲增强时体重反而减轻?

3. 你能判断出患者得的是什么病吗?

4. 可用何种药物治疗?

## 实训 一 银耳多糖的制备及一般鉴定

### 一、实训目的

通过实训，进一步明确真菌多糖类的分离、纯化原理和一般鉴定的方法；进一步熟悉紫外分光光度计、离心机的使用；学会透析袋、纸层析技术的正确操作。

### 二、实训内容

#### （一）实训原理

银耳是我国传统的一种珍贵药用真菌，具有滋补强壮、扶正固本之功效。银耳中含有的多糖类物质则具有明显提高机体免疫功能、抗炎症和抗放射等作用。

用固体法培养获得的银耳子实体，经沸水抽提、三氯甲烷－正丁醇法除蛋白质和乙醇沉淀分离可制得银耳多糖粗品，再用 CTAB（溴化十六烷基三甲胺）络合法进一步精制可得银耳多糖纯品。然后进行定性和定量测定及杂质含量测定。

#### （二）试剂和器材

**1. 试剂**

银耳子实体 20g，硅藻土，活性炭，95% 乙醇，甲苯胺，乙醚，无水乙醇，浓硫酸，$\alpha$－萘酚，2mol/L NaOH 溶液，2mol/L NaCl 溶液，三氯甲烷－正丁醇溶液（4：1）。

2%CTAB：取 2g CTAB 溶于 100ml 蒸馏水中，摇匀备用。

斐林试剂：A 液：将 34.5g $CuSO_4$（含 5 分子结晶水）溶于 500ml 水中；B 液：将 125g NaOH 和 137g 酒石酸钾钠溶于 500ml 水中。临用时，将 A、B 两液等量混合。

**2. 器材**

布氏漏斗，500ml 抽滤瓶，250ml 分液漏斗，10ml、100ml 量筒，离心机，250ml、500ml 和 1000ml 烧杯，水浴锅，透析袋，滤纸，层析缸，搅拌器，真空干燥箱，分光光度计。

#### （三）实训方法和步骤

**1. 提取**

将 20g 银耳实体和 800ml 水加入 1000ml 烧杯中，于沸水浴中加热搅拌 8h，离心去残渣（3000r/min，25min）。上清液用硅藻土助滤，水洗，合并滤液后与 80℃ 水浴搅拌浓缩至糖浆状。然后加入 1/4 体积的三氯甲烷－正丁醇溶液摇匀，离心（3000r/min，10min）分层，用分液漏斗分出下层三氯甲烷和中层变性蛋白，然后，重复去蛋白质操作两次。上清液用 2mol/L NaOH 调至 pH 7.0，加热回流用 1% 活性炭脱色，抽滤，滤液扎袋，流水透析 48h。透析液离心（3000r/min，10min），上清液于 80℃ 水浴浓缩，加三倍量 95% 乙醇，搅拌均匀后，离心（3000r/min，10min），沉淀用无水乙醇洗涤 2次，乙醚洗涤一次，真空干燥得银耳多糖粗品。

**2. 纯化**

取粗品 1g，溶于 100ml 水中，溶解后离心（3000r/min，10min），除去不溶物，上清液加 2% CTAB 溶液至沉淀完全，摇匀，静置 4h。离心，沉淀用热水洗涤 3 次，加 100ml 2mol/L NaCl 溶液于 60℃解离 4h，离心（3000r/min，10min），上清液扎袋流水透析 12h。将透析液于 80℃水浴浓缩，加 3 倍量 95% 乙醇，搅拌均匀后，离心（3000r/min，10min），沉淀再分别用无水乙醇、乙醚洗涤，真空干燥，得银耳多糖。

**3. 理化性质分析**

将纯化的银耳多糖分别加入水、乙醇、丙酮、乙酸乙酯和正丁醇中，观察其溶解性。另在浓硫酸存在下观察银耳多糖与 $\alpha$ - 萘酚的作用，于界面处观察颜色变化。

**4. 含量测定**

多糖在浓硫酸中水解后，进一步脱水生成糖醛类衍生物，与蒽酮作用形成有色化合物，进行比色测定。另外以 Folin 酚法测定银耳多糖样品中蛋白质含量，以紫外分光光度法测定样品中核酸的含量。

**5. 银耳多糖纸层析**

以正丙醇 - 浓氨水 - 水（40：60：5）为展开剂，分别将银耳多糖粗品和精品溶于水中，使浓度成 0.5%，点样于层析滤纸上，展层后吹干，以 0.5% 甲苯胺乙醇溶液染色，95% 乙醇漂洗。

**（四）温馨提示**

1. 以三氯甲烷 - 正丁醇法去蛋白时，振摇要剧烈，以使蛋白质变性完全。由于一次无法将蛋白质去除干净，故需要反复几次。

2. 多糖样品在真空干燥前，需用有机溶剂（乙醇、丙酮、乙醚等）反复洗涤以脱水完全，否则样品颜色会加深，影响产品质量。

**（五）实训思考**

1. 写出提取工艺流程，并思考什么是提取工艺的关键步骤。

2. 总结多糖的性质及多糖分离、纯化的原理。

3. 多糖类物质按其来源和组分可分别分为几种？不同材料来源的多糖其提取方法是否相同？

4. CTAB 为什么能与多糖类物质发生沉淀反应？

5. 以热水提取多糖是否会破坏多糖的结构？

## 实训 二  胰岛素和肾上腺素对血糖浓度的影响

### 一、实训目标

通过实训进一步明确胰岛素、肾上腺素对血糖浓度的影响；掌握血糖浓度测定方法。进一步熟悉离心技术和分光光度法技术。

### 二、实训内容

**（一）实训原理**

激素是调节血糖浓度恒定的重要因素，其中胰岛素起降低血糖的作用，肾上腺素起升高血糖的作用。本实训采用胰岛素和肾上腺素制剂注射入健康家兔体内,通过测定注射前后血糖含量变化的比较,观察胰岛素和肾上腺素对糖代谢的影响。

葡萄糖氧化酶(GOD)将葡萄糖氧化为葡萄糖酸和过氧化氢,后者在过氧化物酶(POD)和色素原性氧受体存在下,将过氧化氢分解为水和氧,同时使色素原性氧受体 4 - 氨基安替比林和酚去氢缩合为红色醌类化合物,其色泽深浅在一定范围内与葡萄糖浓度成正比。其反应式如下:

$$葡萄糖 + O_2 + H_2O \xrightarrow{GOD} 葡萄糖酸内酯 + H_2O_2$$

$$2H_2O_2 + 4\text{-氨基安替比林} + 酚 \xrightarrow{POD} 红色醌类化合物$$

### (二)实训动物、试剂和器材

**1. 动物**

家兔两只(健康,体重 2 ~ 3kg)。

**2. 试剂**

(1) 0.1mol/L 磷酸盐缓冲液(pH 7.0) 称取无水磷酸氢二钠 8.67g 及无水磷酸氢钾 5.3g 溶于蒸馏水 800ml 中,用 1mol/L NaOH(或 1mol/L HCl)调 pH 7.0,用蒸馏水定容至 1L。

(2) 酶试剂 称取过氧化物酶 1200U,葡萄糖氧化酶 1200U,4 - 氨基安替比林 10mg,叠氮钠 100mg,溶于磷酸盐缓冲液 80ml 中,用 1mol/L NaOH 调 pH 至 7.0,用磷酸盐缓冲液定容至 100ml,置 4℃保存,可稳定 3 个月。

(3) 酚溶液 称取重蒸馏酚 100mg 溶于蒸馏水 100ml 中,用棕色瓶储存。

(4) 酶酚混合试剂 酶试剂及酚溶液等量混合,4℃可以存放 1 个月。

(5) 12mmol/L 苯甲酸溶液 溶解苯甲酸 1.4g 于蒸馏水约 800ml 中,加温助溶,冷却后加蒸馏水定容至 1L。

(6) 100mmol/L 葡萄糖标准储存液 称取已干燥恒重的无水葡萄糖 1.802g,溶于 12mmol/L 苯甲酸溶液约 70ml 中,以 12mmol/L 苯甲酸溶液定容至 100ml。2h 以后方可使用。

(7) 5mmol/L 葡萄糖标准应用液 吸取葡萄糖标准储存液 5.0ml 放入 100ml 容量瓶中,用 12mmol/L 苯甲酸溶液稀释至刻度,混匀。

**3. 器材**

手术刀片,二甲苯,剪刀,干棉球,注射器(1ml),试管及试管架,微量加样器,水浴箱,分光光度计,离心机。

### (三)实训方法和步骤

**1. 动物准备**

取家兔两只,实训前预先饥饿 16h,称体重。

**2. 注射激素前取血**

一般多以耳缘静脉取血。先剪去外耳静脉周围的兔毛,用二甲苯擦拭兔耳,使其充血。再用干棉球擦干,于放血部位涂一薄层凡士林,再用手术刀片划破静脉放血。使血液滴入预先准备的相应试管里,取血完毕后用干棉球压迫血管止血。

**3. 注射激素**

（1）一只兔注射胰岛素　皮下注射，剂量为 1.0U/kg，并记录注射时间，30min 后取第二次血。

（2）另一只兔注射肾上腺素　皮下注射，剂量为 0.4mg/kg，并记录注射时间，30min 后取第二次血。取血方法同前。

**4. 取试管 3 支，按下表操作**

| 加入量（ml） | 空白管 | 标准管 | 测定管 |
| --- | --- | --- | --- |
| 血清加入物 | — | — | 0.02 |
| 葡萄糖标准应用液 | — | 0.02 | — |
| 蒸馏水 | 0.02 | — | — |
| 酶酚混合试剂 | 3.0 | 3.0 | 3.0 |

**5. 比色**

混匀，置 37℃ 水浴中，保温 15min，在波长 505nm 处比色，以空白管调零，读取标准管及测定管吸光度。

**6. 计算血糖浓度**

将读取的标准管与测定管的吸光度数值代入下列公式计算：

$$血清葡萄糖（mmol/L）= \frac{测定管吸光度}{标准管吸光度} \times 5$$

**7. 比较**

将计算出来的血糖浓度与正常血糖浓度进行比较，了解激素（胰岛素、肾上腺素）对血糖浓度的影响。（空腹血清葡萄糖为 3.9~6.1mmol/L）

**（四）温馨提示**

1. 一般用饥饿 24h 的动物做注射前后测试，但考虑到饥饿后再注射胰岛素，可能使动物血糖过低引起痉挛，发生胰岛素性休克，因此取血后，宜向家兔皮下注射 40% 葡萄糖溶液 10ml。

2. 血清或血浆应在采血后及时与细胞分离，以避免血清或血浆中葡萄糖被细胞利用而降低。

3. 血糖测定应在取血后 2h 内完成，血液放置过久，糖易氧化分解，致使含量降低。

4. 葡萄糖氧化酶对 $\beta-D-$ 葡萄糖高度特异，溶液中的葡萄糖约 36% 为 $\alpha-$ 型，64% 为 $\beta-$ 型。葡萄糖的完全氧化需要 $\alpha-$ 型到 $\beta-$ 型的变旋反应。国外某些商品葡萄糖氧化酶试剂盒含有葡萄糖变旋酶，可加速这一反应，但在终点法中，延长孵育时间可达到完成自发变旋过程。新配制的葡萄糖标准液主要是 $\alpha-$ 型，故须放置 2h 以上（最好过夜），待变旋平衡后方可使用。

5. 测定标本以草酸钾 - 氟化钠为抗凝剂的血浆较好。取草酸钾 6g，氟化钠 4g。加水溶解至 100ml。吸取 0.1ml 到试管内，在 80℃ 以下烤干使用，可使 2~3ml 血液在 3~4 天内部凝固并抑制糖分解。

6. 本法用血量甚微，操作中应直接加标本至试剂中，再吸试剂反复冲洗吸管，以保证结果可靠。

## （五）实训思考

从注射胰岛素和肾上腺素前后血糖浓度含量的变化，试分析这两种激素对血糖水平调节作用的机制。

# 第八章 | 脂类代谢

脂类是脂肪和类脂的总称，是一类难溶于水而易溶于有机溶剂（如丙酮、乙醚、三氯甲烷等），并能为机体利用的有机化合物。本章主要介绍脂类的分解代谢和合成代谢。

日常生活中经常听到"三脂"高及其对身体的危害，"三脂"是指哪三脂？

## 第一节 脂类的化学

### 一、脂类的分布与含量

脂肪（fat）即三（脂）酰甘油（triacylglycerol），习惯上叫做甘油三酯（triglyceride，TG）。主要分布在脂肪组织，以皮下、大网膜、肠系膜及肾周围等处最多。一般把储存脂肪的组织称为"脂库"。体内脂肪含量常受营养状况和机体活动量等因素的影响，变动较大，称为可变脂，女性＞男性（其中女性约占体重的20%～30%，男性约占体重的10%～20%）。

类脂主要包括磷脂（phospholipid，PH）、胆固醇（cholesterol，CH）和胆固醇酯等，约占体重的5%，体内含量比较恒定，又称固定脂或基本脂。是生物膜的基本组成分，分布于机体各组织中，以神经组织含量最高。

### 二、脂类的生物学功能

**1. 脂肪的生理功能**

（1）储能和供能。机体所需能量的17%～25%来自脂肪氧化，是蛋白质或糖产能的两倍多。空腹和禁食 1~3 天，机体所需能量的 50%~85% 来自脂肪氧化，因此脂肪是空腹或饥饿时体内能量的主要来源。

（2）维持体温、保护脏器。

（3）脂肪协助脂溶性维生素的吸收。

（4）提供必需脂肪酸。

**2. 类脂的生理功能**

（1）类脂是构成生物膜的重要组成分。特别是磷脂，以双分子层形式构成生物膜的基本结构，胆固醇在维持生物膜通透性方面起重要作用；糖脂、脂蛋白参与构成生物膜。

（2）对代谢的调节作用。如胆固醇可转化成胆汁酸、类固醇激素和维生素 $D_3$ 等。

## 三、重要脂类的化学

### （一）脂肪

脂肪由 1 分子甘油和 3 分子脂肪酸组成，其中第 2 分子脂肪酸多为不饱和脂肪酸。

$$H_2C-O-\overset{O}{\overset{\|}{C}}-R_1$$
$$R_2-\overset{O}{\overset{\|}{C}}-O-\overset{}{\underset{}{C}}H-O$$
$$H_2C-O-\overset{O}{\overset{\|}{C}}-R_3$$

脂肪（三酰甘油）

据脂肪酸烃链是否有双键，脂肪酸可分为饱和脂肪酸和不饱和脂肪酸。动植物体内饱和脂肪酸以软脂酸和硬脂酸分布最广，含量最多；不饱和脂肪酸有油酸、亚油酸、亚麻酸、花生四烯酸、二十二碳六烯酸（DHA）和二十碳五烯酸（EPA）等，包括单不饱和脂肪酸（主要是指油酸）和多不饱和脂肪酸；从营养学角度，脂肪酸分为必需脂肪酸和非必需脂肪酸。其中必需脂肪酸（essential fatty acid）是指多不饱和脂肪酸因体内不能自身合成或合成量太少，不能满足机体代谢需要，必须由食物供给。必需脂肪酸及其衍生物是磷脂的重要成分，与细胞膜的结构和功能密切相关；参与体内免疫调节、炎性反应及血栓的形成和溶解；必需脂肪酸还可防治胆固醇在血管壁沉积，减少动脉粥样硬化的发生。其中 DHA 和 EPA 在深海鱼类中含量比较丰富，在促进大脑发育和调节血脂等方面具有积极作用。

---

**知识链接**

### 多不饱和脂肪酸的重要衍生物——前列腺素、血栓烷及白三烯

1. 前列腺素（prostaglandin，PG）

最早发现于精液，现已知来源广泛，种类繁多，但均为二十碳多不饱和脂肪酸的衍生物。

2. 血栓烷（thromboxane，TX）

来自白细胞，是二十碳多不饱和脂肪酸的衍生物。

3. 白三烯（leukotriene，LT）

来自白细胞，是由二十碳多不饱和脂肪酸衍生而来。

PG、$TXA_2$ 及 $LT_3$ 几乎参与了所有细胞代谢活动，并且与炎症、免疫、过敏、心血管病等重要病理过程有关，在调节细胞代谢上亦具有重要作用。

### （二）磷脂

含磷酸的脂类称为磷脂，体内含量最多的磷脂是甘油磷脂。可分为磷脂酰胆碱（卵磷脂）、磷脂酰乙醇胺（脑磷脂）、磷脂酰丝氨酸、磷脂酰甘油等，每一种磷脂可因组成的脂肪酸不同而有若干种。

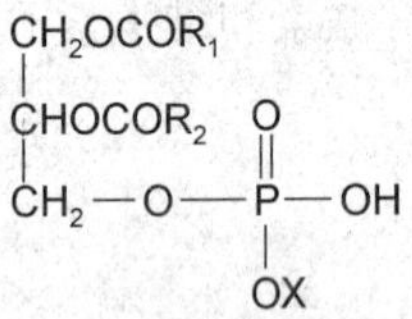

甘油磷脂通式 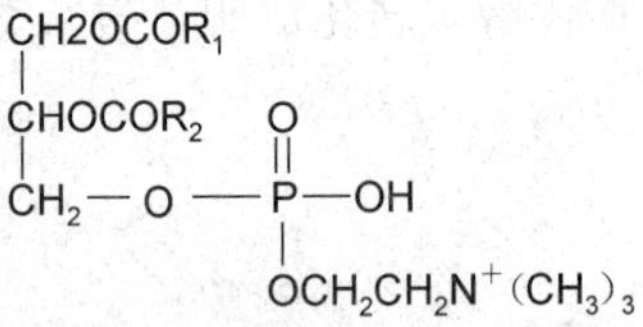  磷脂酰胆碱（卵磷脂） 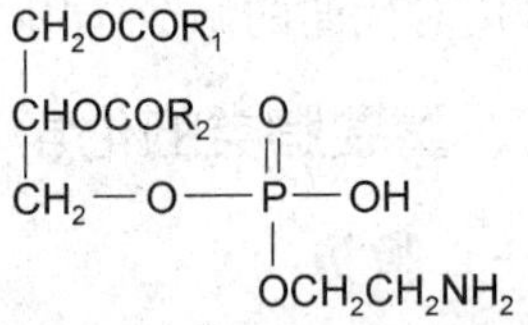  磷脂酰乙醇胺（脑磷脂）

### （三）胆固醇和胆固醇酯

胆固醇是人和动物体内重要的固醇类化合物，是环戊烷多氢菲的衍生物，胆固醇分子中 $C_3$ 上的羟基和脂肪酸以酯键连接即为胆固醇酯。

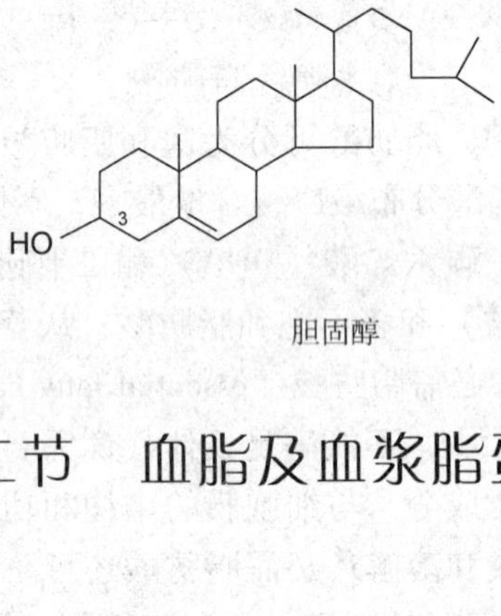

胆固醇

# 第二节 血脂及血浆脂蛋白

## 一、血脂

血浆所含脂类统称血脂。包括：脂肪、磷脂、胆固醇及其酯和游离脂肪酸等。血脂含量不如血糖恒定，受各种因素影响，波动范围较大。正常成年人空腹 12～14h 血脂的组成及含量见表 8-1。

表 8-1 正常人空腹血脂的组成和含量

| 组 成 | 含量（mmol/L） | 空腹时主要来源 |
|---|---|---|
| 脂肪 | 0.5～1.71 | 肝 |
| 总胆固醇 | 3.1～5.7 | 肝 |
| 胆固醇酯 | 1.8～5.2 | 肝 |
| 游离胆固醇 | 1.0～1.8 | 肝 |
| 总磷脂 | 48.4～80.7 | 肝 |
| 游离脂肪酸 | 0.195～0.805 | 脂肪组织 |

## 二、血浆脂蛋白

脂类难溶于水，正常人血浆含脂类虽多，却仍清澈透明，说明血脂在血浆中不是以自由状态存在，而是与血浆中的蛋白质结合，以血浆脂蛋白形式存在。

### （一）血浆脂蛋白的分类及分离方法

血浆脂蛋白因所含脂类及蛋白质含量不同，其密度、颗粒大小、表面电荷、电泳行为及免疫性均不相同。一般用电泳法及超速离心法可将血浆脂蛋白分为四类。

**1. 电泳法**

按在电场中移动的快慢，血浆脂蛋白可分为 $\alpha$ - 脂蛋白（alpha lipoprotein）、前 $\beta$ - 脂蛋白（before the beta lipoprotein）、$\beta$ - 脂蛋白（beta lipoprotein）及乳糜微粒（chylomicron，CM）四类（图 8 - 1）。

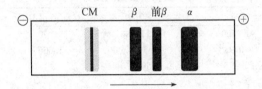

图 8 - 1　电泳法分离脂蛋白

**2. 超速离心法**

按密度大小不同，血浆脂蛋白依次分为乳糜微粒、极低密度脂蛋白（very low density lipoprotein，VLDL）、低密度脂蛋白（low density lipoprotein，LDL）和高密度脂蛋白（high density lipoprotein，HDL）（图 8 - 2）。

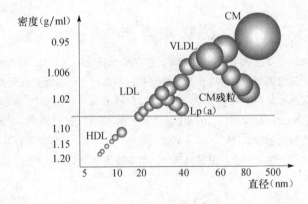

图 8 - 2　血浆脂蛋白的密度

### （二）血浆脂蛋白的组成及功能

血浆脂蛋白主要由蛋白质（称为载脂蛋白，apolipoprotein，Apo）、脂肪、磷脂、胆固醇及其酯组成。各类脂蛋白都含有这四类成分，但其组成比例及含量却大不相同（表 8 - 2）。

**1. 乳糜微粒**

乳糜微粒是在小肠上皮细胞中合成的，含有大量脂肪（约占 90%），密度非常低，主要运输外源性脂肪，从小肠经淋巴管、胸导管进入血液运送到肝组织，最后被肝细胞摄取代谢。正常人 CM 在血浆中代谢迅速，空腹 12 ~ 14h，血浆中不含 CM（血液由浑浊变成澄清称为脂肪的廓清）。

**2. 极低密度脂蛋白**

在肝脏中生成，将脂类运输到组织中，当 VLDL 被运输到全身组织时，被分解为脂肪、载脂蛋白、胆固醇和磷脂等，最后，VLDL 被转变为 LDL。

### 3. 低密度脂蛋白

在血浆中由 VLDL 转化而来，主要功能是向肝外运输胆固醇，它的增加会导致胆固醇增加，而胆固醇很容易沉积在血管内壁而成为动脉粥样硬化的病理基础。

### 4. 高密度脂蛋白

在肝脏中生成，可参与清除血管及细胞膜上过量的胆固醇。当血浆中的卵磷脂 - 胆固醇酰基转移酶将卵磷脂上的脂肪酸残基转移到胆固醇，生成胆固醇酯时，HDL 将这些胆固醇酯运至肝，进行进一步代谢。

表 8 - 2　血浆脂蛋白组成分及功能

| | | CM | VLDL | LDL | HDL |
|---|---|---|---|---|---|
| 直径（nm） | | 80 ~ 500 | 25 ~ 80 | 20 ~ 25 | 6.9 ~ 9.5 |
| 密度（g/ml） | | <0.95 | 0.95 ~ 1.006 | 1.006 ~ 1.063 | 1.063 ~ 1.210 |
| 含脂类（%） | TG | 80 ~ 95 | 50 ~ 70 | 10 | 5 |
| | CH | 2 ~ 7 | 10 ~ 15 | 45 | 20 |
| | PH | 6 ~ 9 | 10 ~ 15 | 20 | 36 |
| 含蛋白质 | | 最少，1% | 5% ~ 10% | 20% ~ 25% | 最多，45% ~ 50% |
| 生成部位 | | 小肠 | 肝 | 血浆 | 肝、小肠、血浆 |
| 功能 | | 运输外源性脂肪 | 运输内源性脂肪 | 运输肝中胆固醇至肝外 | 运输全身各组织胆固醇至肝 |

## 知识链接

## 载 脂 蛋 白

迄今已从人血浆分离出 Apo 有 20 种之多。主要有分 A、B、C、D、E 五类，各类又分若干亚类，其主要功用为运载脂类并维持脂蛋白结构的稳定，有些载脂蛋白还具有激活脂蛋白代谢酶和识别脂蛋白受体的功能。如 ApoA I 能激活卵磷脂 - 胆固醇酰基转移酶（LCAT）；ApoB 能识别细胞膜上的 LDL 受体；ApoC II 能激活脂蛋白脂肪酸（LPL）。脂蛋白的结构特点是载脂蛋白位于脂蛋白颗粒的外层，其亲水基团朝外，疏水基团朝内。脂质位于脂蛋白颗粒内，磷脂的亲水基团可伸出到脂蛋白的外表，以增加脂蛋白外层的亲水性，并起稳定脂蛋白结构的作用（图 8 - 3）。

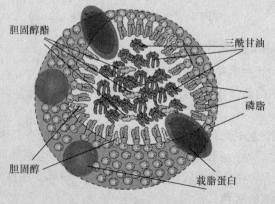

图 8 - 3　血浆脂蛋白模型

### 三、高脂血症

空腹血脂含量高于正常范围上限即为高脂血症。高脂血症也可以认为是高脂蛋白血症。正常人上限标准因地区、膳食、年龄、劳动状况、职业以及测定方法不同而有差异。一般以成人空腹 12~14h 血三酰甘油超过 2.26mmol/L，胆固醇超过 6.21mmol/L 为高脂血症标准。

### 四、常用调血脂药物

#### （一）胆汁酸结合树脂

考来烯胺（消胆胺）和考来替泊（降胆宁）都为碱性阴离子交换树脂，不溶于水，不易被消化酶破坏。用于Ⅱa型高脂血症，4天生效，2周内达明显效果，使血浆 LDL、胆固醇浓度明显降低。对家族性高脂血症，因患者肝细胞表面缺乏 LDL 受体功能，本类药物无效。

#### （二）烟酸

烟酸（niacin）是一广谱调血脂药，对多种高脂血症有效。对Ⅱ、Ⅲ、Ⅳ、Ⅴ型高脂血症均有效。也可用于心肌梗死。

#### （三）氧酸类

氯贝丁酯（氯贝特）又名安妥明，是最早应用的苯氧酸衍化物，降脂作用明显，但不良反应多而严重。新的苯氧酸类药效强毒性低，有吉非贝齐、苯扎贝特、非诺贝特、环丙贝特等。本类药物以降 TG、VLDL 及 IDL 为主，所以临床应用于Ⅱb、Ⅲ、Ⅳ型高脂血症。尤其对家族性Ⅲ型高脂血症效果更好。也可用于消退黄色瘤。对 HDL－c 下降的轻度高胆固醇血症也有较好疗效。

#### （四）HMG－CoA 还原酶抑制剂

HMG－CoA 还原酶抑制剂最早是从霉菌培养液中提取，有辛伐他汀、洛伐他汀、普伐他汀、氟伐他汀等。对原发性高胆固醇血症、家族性高胆固醇血症、Ⅲ型高脂蛋白血症，以及糖尿病性、肾性高脂血症均为首选药物。

# 第三节 脂肪的分解代谢

### 一、脂肪动员

体内脂肪的来源：一是来源于食物脂肪的消化和吸收，食物脂肪在小肠中，经过胆汁酸盐的乳化，在各种消化酶的作用下分解得到二酰甘油、一酰甘油、脂肪酸和甘油等物质，在小肠黏膜内壁吸收。另一个来源是由糖类转化而成。各种组织中的脂肪不断地进行代谢，脂肪的合成和分解在正常情况下处于动态平衡。

体内各组织细胞除成熟的红细胞外，几乎都有氧化脂肪和脂肪分解产物的能力。一般情况下，脂肪在体内氧化时，先要进行脂肪动员，储存在脂肪细胞中的脂肪，被脂肪酶逐步水解为游离脂酸及甘油并释放入血以供其他组织氧化利用的过程，称为脂肪的动员。

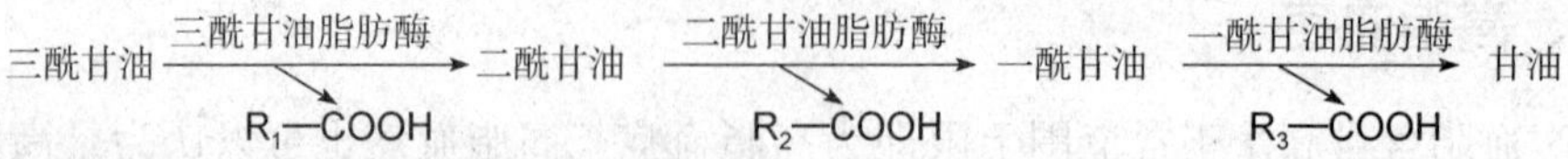

$$三酰甘油 \xrightarrow[\substack{\downarrow \\ R_1-COOH}]{三酰甘油脂肪酶} 二酰甘油 \xrightarrow[\substack{\downarrow \\ R_2-COOH}]{二酰甘油脂肪酶} 一酰甘油 \xrightarrow[\substack{\downarrow \\ R_3-COOH}]{一酰甘油脂肪酶} 甘油$$

三酰甘油脂肪酶催化的反应是三酰甘油水解的限速步骤，此酶为限速酶，且该酶对激素特别敏感，又称为激素敏感脂肪酶。其中肾上腺素，胰高血糖素及促肾上腺皮质激素等能促进脂肪分解，称为脂解激素；胰岛素、前列腺素等能抑制脂肪动员，称为抗脂解激素。

## 二、甘油的氧化分解

甘油的氧化分解主要在肝中进行，彻底氧化分解或经糖异生途径生成葡萄糖。甘油的分解过程是：

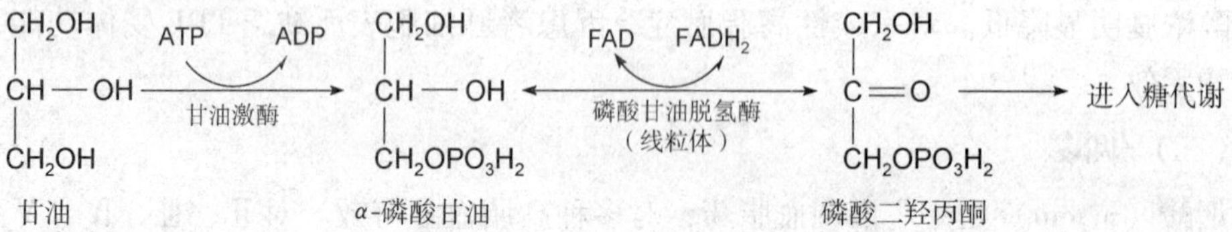

$$
\underset{\text{甘油}}{\begin{array}{c} CH_2OH \\ | \\ CH-OH \\ | \\ CH_2OH \end{array}}
\xrightarrow[\text{甘油激酶}]{ATP \quad ADP}
\underset{\alpha-\text{磷酸甘油}}{\begin{array}{c} CH_2OH \\ | \\ CH-OH \\ | \\ CH_2OPO_3H_2 \end{array}}
\underset{\substack{\text{磷酸甘油脱氢酶} \\ (\text{线粒体})}}{\overset{FAD \quad FADH_2}{\rightleftharpoons}}
\underset{\text{磷酸二羟丙酮}}{\begin{array}{c} CH_2OH \\ | \\ C=O \\ | \\ CH_2OPO_3H_2 \end{array}}
\rightarrow \text{进入糖代谢}
$$

生成的磷酸二羟丙酮经异构化生成 3 - 磷酸甘油醛，后者可沿醇解途径生成丙酮酸，或经糖异生生成糖。由于甘油只占整个脂肪分子很小部分，所以脂肪氧化提供的能量主要来自于脂肪酸部分。另外，磷酸甘油脱氢酶催化的反应是可逆的，因此磷酸二羟丙酮也可还原成 $\alpha$ - 磷酸甘油，参与脂肪的合成。

## 三、脂肪酸的氧化分解

根据氧化的部位不同分为 $\alpha$ - 氧化、$\beta$ - 氧化和 $\omega$ - 氧化；下面主要介绍人体中最常见的形式——饱和偶数碳原子脂肪酸的 $\beta$ - 氧化。

脂肪酸的 $\beta$ - 氧化分解包括脂肪酸的活化、脂酰 CoA 的转移、脂酰 CoA 的 $\beta$ - 氧化三个阶段。由于氧化作用是从长链脂肪酸的 $\beta$ 碳原子开始，脱下一个二碳化物，故称 $\beta$ - 氧化。脂肪酸 $\beta$ - 氧化主要发生在线粒体基质中，下面是软脂酸（$C_{16}$）的 $\beta$ - 氧化过程。

### （一）脂肪酸的活化

由脂肪酸转变为脂酰 CoA 的过程称脂肪酸活化。整个反应在胞浆中，1 分子脂肪酸活化实际消耗 2 分子 ATP（PPi 易水解）。

$$R-COOH + ATP + HS-CoA \xrightarrow[Mg^{2+}]{脂酰CoA合成酶} R-CO\sim SCoA + AMP + PPi$$

### （二）脂酰 CoA 进入线粒体

催化脂肪酸氧化分解的酶系存在于线粒体的基质内，因此活化的脂酰 CoA 必须进入线粒体内才能代谢。长链的脂酰 CoA 不能直接透过线粒体内膜，需要依靠肉毒碱作为脂酰基的转运载体（图 8 -4）将它们转运入线粒体内，催化此反应的酶是肉毒碱脂酰转移酶。

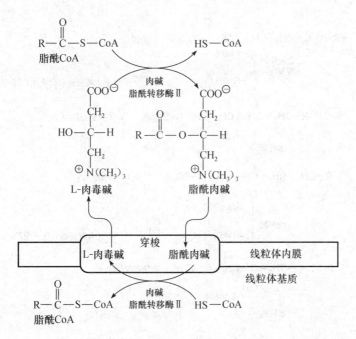

图 8-4　肉毒碱穿梭系统

知识链接

　　左旋肉碱，化学名称：L-$\beta$-羟基-$\gamma$-三甲基铵丁酸，一般成人体内含有 20g 左右，除自身合成外，可另从饮食中摄入。服用左旋肉碱能够减少脂肪、降低体重，但不减少水分和肌肉，在 2003 年被国际肥胖健康组织认定为最安全、无副作用的减肥营养补充品。但是应注意的是左旋肉碱不是减肥药，其主要作用是运输脂肪到线粒体中燃烧，要想用左旋肉碱减肥，必须配合适当的运动、控制饮食等。

## （三）$\beta$-氧化

脂酰 CoA 在线粒体基质中，经脱氢、加水、再脱氢、硫解 4 步连续反应，生成 1 分子乙酰 CoA 和 1 分子比原来少 2 个碳原子的脂酰 CoA（图 8-5）。

### 1. 脱氢

脂酰 CoA 在脂酰 CoA 脱氢酶的催化下，$\alpha$、$\beta$ 碳原子各脱下一个氢原子，FAD 接受这对氢原子生成 $FADH_2$。

### 2. 加水

$\alpha$，$\beta$-烯脂酰 CoA 在水化酶的作用下，加水生成 L-$\beta$-羟脂酰 CoA。

### 3. 再脱氢

L-$\beta$-羟脂酰 CoA 在羟脂酰 CoA 脱氢酶的作用下，$\beta$ 碳原子上脱去 2H，生成 $\beta$-酮脂酰 CoA，$NAD^+$ 接受脱下的这对氢原子生成 $NADH + H^+$。

### 4. 硫解

$\beta$-酮脂酰 CoA 在 $\beta$-酮脂酰 CoA 硫解酶的催化下，$\alpha$ 与 $\beta$ 碳原子间发生断裂，1 分子 CoA 参与反应，生成 1 分子乙酰 CoA 和少了 2 个碳原子的脂酰 CoA。

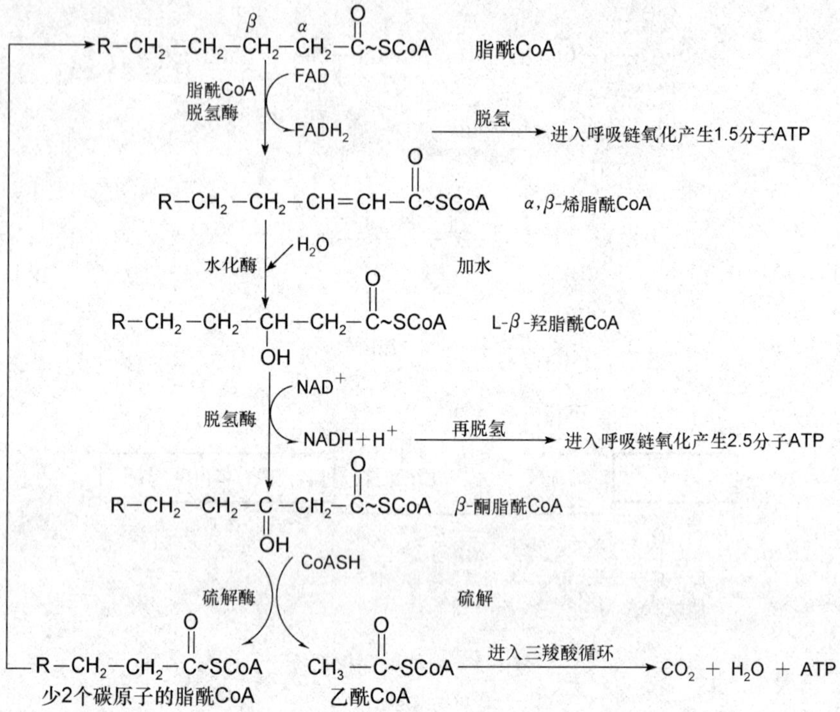

$$R-CH_2-CH_2-\overset{\beta}{CH_2}-\overset{\alpha}{CH_2}-\overset{O}{\overset{\|}{C}}\sim SCoA \quad 脂酰CoA$$

脂酰CoA脱氢酶 FAD / FADH₂

脱氢 → 进入呼吸链氧化产生1.5分子ATP

$$R-CH_2-CH_2-CH=CH-\overset{O}{\overset{\|}{C}}\sim SCoA \quad \alpha,\beta-烯脂酰CoA$$

水化酶 H₂O 加水

$$R-CH_2-CH_2-\underset{OH}{CH}-CH_2-\overset{O}{\overset{\|}{C}}\sim SCoA \quad L-\beta-羟脂酰CoA$$

脱氢酶 NAD⁺ / NADH+H⁺

再脱氢 → 进入呼吸链氧化产生2.5分子ATP

$$R-CH_2-CH_2-\underset{OH}{\overset{\|}{C}}-CH_2-\overset{O}{\overset{\|}{C}}\sim SCoA \quad \beta-酮脂酰CoA$$

硫解酶 CoASH 硫解

$$R-CH_2-CH_2-\overset{O}{\overset{\|}{C}}\sim SCoA \quad CH_3-\overset{O}{\overset{\|}{C}}\sim SCoA \xrightarrow{进入三羧酸循环} CO_2 + H_2O + ATP$$

少2个碳原子的脂酰CoA　　乙酰CoA

图8-5　脂肪酸的 $\beta$-氧化

经多次这样的重复以上四步反应，最后脂酰 CoA 全部分解成 $CH_3CO \sim SCoA$，$CH_3CO \sim SCoA$ 可进入三羧酸循环，产生大量的 ATP。

例如：16 碳的软脂酸 $CH_3-(CH_2)_{14}-COOH$ 在胞浆活化后生成 $CH_3-(CH_2)_{14}-CO \sim SCoA$（软脂酰 CoA），活化过程要消耗 2 分子 ATP，接着进入线粒体进行 $\beta$-氧化（即四步反应）后，产生 1 分子 $CH_3CO \sim SCoA$，生成 4 分子 ATP，使 16 碳的软脂酰 CoA 少了 2 个碳原子，如此反复进行，共经过 7 次 $\beta$-氧化，可产生 8 分子 $CH_3CO \sim SCoA$，生成 $4 \times 7 = 28$ 分子 ATP，8 个 $CH_3CO \sim SCoA$ 进入三羧酸循环彻底氧化后可生成：$8 \times 10 = 80$ 分子 ATP。1 分子软脂酸彻底氧化共生成：$28 + 80 - 2 = 106$ 分子 ATP。

**课堂互动**

1 分子的硬脂酸彻底氧化分解产生 $CO_2$ 和 $H_2O$，能产生多少分子 ATP？

## 四、酮体的生成和利用

**课堂互动**

讨论一下人体在什么样的情况下利用糖原、酮体？在什么情况下进行糖异生？人体的能量来源为什么不以脂肪分解为主？

脂肪酸在肝外组织生成的乙酰 CoA 能彻底氧化成 $CO_2$ 和 $H_2O$，而肝脏脂肪酸的氧化却是不完全的，这是因为肝细胞具有活性较强的合成酮体（acetone body）的酶类，$\beta$-氧化生成的乙酰 CoA 大都转变为乙酰乙酸（acetoacetic acid）、$\beta$-羟丁酸（$\beta$-hydroxybutyric acid）和丙酮（acetone）等中间产物，这三种物质统称为酮体。

## （一）酮体的生成

酮体在肝细胞线粒体内合成，原料为乙酰 CoA，反应分三步进行（图8-6）。反应过程如图8-6。肝细胞线粒体含有酮体合成酶系，但氧化酮体的酶活性低，因此肝脏不能利用酮体。酮体在肝内生成后，经血液运输至肝外组织氧化分解。

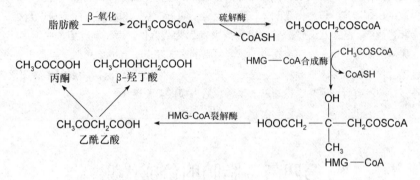

图8-6　酮体的生成过程

## （二）酮体的氧化利用

酮体的氧化利用主要是肝外组织（尤以心肌、大脑、骨骼肌、肾脏为主）。其中丙酮因具挥发性多从呼吸道呼出或随尿排出体外。乙酰乙酸、$\beta$-羟丁酸被氧化生成乙酰CoA，继续进行代谢（图8-7）。

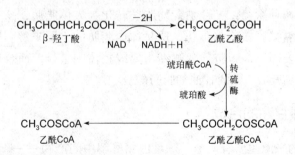

图8-7　酮体的利用

## （三）酮体代谢的生理意义

酮体是生理条件下肝脏向外输出能源的形式之一。因为酮体易溶于水，分子较小，易透过血-脑屏障和静止肌肉的毛细血管壁。特别是在饥饿或糖供应不足时，血糖下降，脑组织无法依靠血糖供给能量，主要靠酮体供能。

正常情况下，血中酮体的量很少。浓度保持在 $0.03 \sim 0.5$ mmol/L。在饥饿、高脂低糖膳食时，酮体的生成增加，当酮体生成超过肝外组织的利用能力时，引起血中酮体升高，出现酮症酸中毒和酮尿症。

---

**知识拓展**

### 饥饿性酮症

当机体长期处于饥饿状态，会使肝脏内糖原逐渐降低而耗竭。这样一方面缺乏食物补充，另一方面肝糖原耗竭，机体所需的能源就要另辟"途径"，即由体内储存的脂肪取代之。但脂肪分解代谢增强时往往伴随氧化不全，容易产生过多的酮体。简单来讲就是：饥饿导致体内产生的酮体增多，超出机体代谢能力，会使血液酸化，发生代谢性酸中毒。饥饿性酮症轻者仅血中酮体增高，尿中出现酮体，临床上可无明显症状。和糖尿病酮症酸中毒相比，虽然两者都是酮症，但是饥饿性酮症的特点为血糖正常或偏低，有酮症，但酸中毒多不严重。饭后，尿中酮体基本消失。两者在中、重度患者的临床表现上有很多相似，早期出现四肢无力、疲乏、口渴、尿多、食欲缺乏、恶心呕吐加重等症状。随着病情发展，患者出现头痛、深大呼吸、呼气有烂苹果味，逐渐陷入嗜睡、意识模糊及昏迷。

---

# 第四节　脂肪的合成代谢

---

**课堂互动**

为什么喜欢吃甜食的人容易发胖？

---

脂肪的合成有两种途径：一种是食物脂肪转化为人体脂肪，这种来源的脂肪相对较少；另一种是将糖类等转化为脂肪，这是体内脂肪的主要来源。脂肪组织和肝脏是体内合成脂肪的主要部位，脂肪的分解在主要线粒体中进行，而合成是在胞浆中进行的。合成脂肪的原料是 α-磷酸甘油和脂肪酸。

## 一、α-磷酸甘油的合成

α-磷酸甘油的来源主要有两个：一是由糖酵解中间产物——磷酸二羟丙酮在 α-磷酸甘油脱氢酶催化下还原形成。二是由脂肪水解产生的甘油，在 ATP 参与下经甘油激酶催化而形成。

由于脂肪组织缺乏有活性的甘油激酶，因此在脂肪组织中脂肪合成所需的 α-磷酸甘油来自糖代谢。

## 二、脂肪酸的生物合成

脂肪酸可在肝、肾、脑、肺、乳腺和脂肪等组织中合成。其中肝脏是最主要的合成场所，在这些组织细胞胞浆中存在着脂肪酸合成酶复合体。

## （一）合成原料

合成脂肪酸的直接原料是乙酰 CoA，凡是在体内能分解生成乙酰 CoA 的物质都能用于合成脂肪酸。

糖氧化分解产生大量乙酰 CoA，乙酰 CoA 主要存在于线粒体中，而合成脂肪酸的场所为胞浆，所以乙酰 CoA 要从线粒体转运到细胞浆中，这就需要依靠柠檬酸–丙酮酸循环来实现。

## （二）合成过程

乙酰 CoA 在脂肪酸合成酶的催化下，在胞浆中以丙二酸单酰 CoA 为基础进行连续的反应生成脂肪酸。

### 1. 丙二酸单酰 CoA 的合成

乙酰 CoA 羧化成丙二酸单酰 CoA，此反应不可逆，由乙酰 CoA 羧化酶所催化。这步反应为脂肪酸合成的关键步骤，乙酰 CoA 羧化酶是脂肪酸合成酶系中的关键酶，辅基为生物素。

$$\underset{\displaystyle H_3C-\overset{\displaystyle O}{\overset{\displaystyle \|}{C}}-S-CoA}{} + ATP + CO_2 \xrightarrow[\text{生物素,Mn}^{2+}]{\text{乙酰CoA羧化酶}} HOOC-CH_2-\overset{\displaystyle O}{\overset{\displaystyle \|}{C}}-S-CoA + ADP + Pi$$

### 2. 软脂酸的合成

从乙酰 CoA 羧化生成丙二酸单酰 CoA 合成 16 碳的饱和软脂酸，实际上是 1 分子乙酰 CoA 和 7 分子丙二酸单酰 CoA 在脂肪酸合成酶系催化下合成的。乙酰 CoA 的乙酰基在乙酰基转移酶的催化下转移到脂肪酸合成酶复合体的 ACP（ACP 是脂肪酸合成中脂酰基的载体）上，然后再从 ACP 转到 $\beta$–酮脂酰合成酶的半胱氨酸残基–SH 上，形成硫酯键。丙二酸单酰 CoA 在转移酶的催化下，与 ACP 辅基上的–SH 连接，形成丙二酸单酰–ACP，经过缩合、还原、脱水、再还原等反应过程，每重复一次增加 2 个碳原子，经过 7 次重复，合成 16 碳的软脂酸，以下是合成软脂酸的总的反应式。

$$\text{乙酰CoA} + 7\text{丙二酸单酰CoA} + 14\text{NADPH} + H^+ \longrightarrow \text{软脂酸} + 6H_2O + 7CO_2 + 14\text{NADP}^+ + 8\text{CoA}$$

## （三）脂肪酸碳链的延长

脂肪酸碳链的延长可在滑面内质网和线粒体中经脂肪酸延长酶体系催化完成。

## 三、脂肪的生物合成

脂肪在体内的合成并非是其水解过程的逆过程，脂肪的生物合成主要发生在脂肪组织和肝脏。小肠黏膜上皮细胞合成脂肪主要是将消化吸收的脂肪分解产物重新合成脂肪。脂肪的合成过程如图 8 –8。

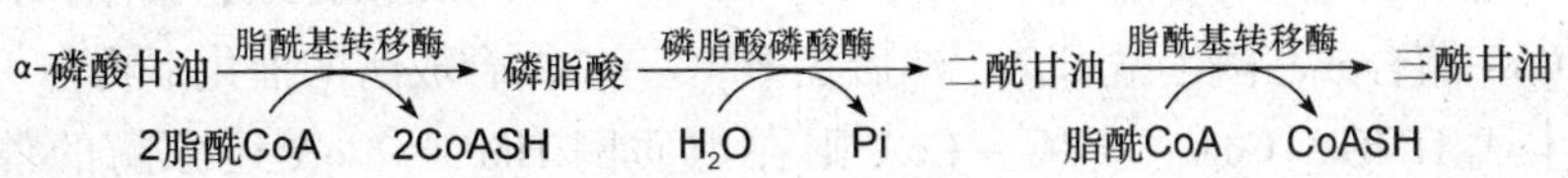

α-磷酸甘油 $\xrightarrow[\text{2脂酰CoA} \quad \text{2CoASH}]{\text{脂酰基转移酶}}$ 磷脂酸 $\xrightarrow[\text{H}_2\text{O} \quad \text{Pi}]{\text{磷脂酸磷酸酶}}$ 二酰甘油 $\xrightarrow[\text{脂酰CoA} \quad \text{CoASH}]{\text{脂酰基转移酶}}$ 三酰甘油

图 8 –8 脂肪合成过程

# 第五节 类脂的代谢

## 一、甘油磷脂的生物合成

### 1. 合成部位

全身各组织细胞内质网中均可合成，但以肝、肾及肠等组织最活跃。

### 2. 合成原料

原料是 $\alpha$-磷酸甘油和脂肪酸。$\alpha$-磷酸甘油、脂肪酸主要由葡萄糖代谢转化而来，但所需必需脂肪酸可从食物中获取，其他原料如胆碱、胆胺、丝氨酸、肌醇等可来自食物和体内合成。

### 3. 合成过程

磷脂酰胆碱（卵磷脂）及磷脂酰胆胺（脑磷脂）主要通过下面途径（图8-9）合成，合成过程中需要 ATP 和 CTP 提供能量，其中 CDP-胆碱和 CDP-胆胺是重要的中间体，特别是 CDP-胆碱已作为药物在临床应用。

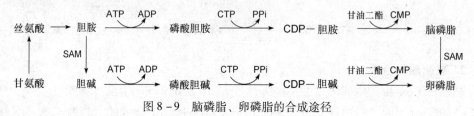

图8-9 脑磷脂、卵磷脂的合成途径

## 二、胆固醇的代谢

胆固醇主要由机体自身合成及从食物中摄取。食物中胆固醇以游离胆固醇和胆固醇酯两种形式存在，其中游离胆固醇占总量的85%～90%。吸收的游离胆固醇脂肪酸结合成胆固醇酯，未被吸收的胆固醇转化为粪固醇随粪便排出。

### （一）胆固醇的生物合成

### 1. 合成部位

成年脑组织及成熟红细胞外，几乎全身各组织都可合成。但肝脏是主要合成场所，占合成总量的70%～80%。胆固醇合成酶系存在于胞浆及光面内质网膜上，因此胆固醇的合成主要在胞浆及内质网中进行。胆固醇合成有明显的昼夜节律性。午夜时合成速率最高，而中午合成最低，主要是肝 HMG-CoA 还原酶活性有昼夜节律性所致。

### 2. 合成原料

胆固醇的基本合成原料是乙酰 CoA，并需要 ATP 供能，NADPH 供氢。

### 3. 合成过程

合成步骤十分复杂，有近30步酶促反应大致可划分为三个阶段（图8-10）。

（1）甲基二羟戊酸的合成（mevalonic acid，MVA） 在乙酰乙酰硫解酶的催化下，2分子乙酰 CoA 缩合成乙酰乙酰 CoA；然后在 HMG-CoA 合成酶的催化下再与1分子乙酰 CoA 缩合生成 HMG-CoA。HMG-CoA 则在内质网 HMG-CoA 还原酶的催化下，由 NADPH+H$^+$ 作为供氢体，还原生成甲基二羟戊酸（MVA）。HMG-CoA 还原酶是合成胆固醇的限速酶，该步也是胆固醇合成的限速反应。

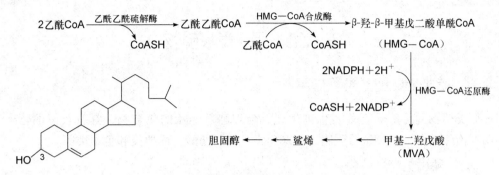

图 8 – 10　胆固醇的生物合成

（2）鲨烯的合成　MVA 由 ATP 提供能量，在胞浆内一系列酶的催化下，生成 30 碳的多烯烃——鲨烯（squalene）。

（3）胆固醇的合成　鲨烯结合在胞浆中固醇载体蛋白（SCP – SH）上，在内质网经过各种酶的作用最终生成胆固醇。

**4. 合成调节**

胆固醇合成的调节主要是通过影响 HMG – CoA 还原酶的活性来实现的。食物胆固醇可反馈抑制肝胆固醇的合成，它主要抑制 HMG – CoA 还原酶的活性。而降低食物胆固醇量的摄入，对该酶的抑制解除，胆固醇合成增加。胰岛素及甲状腺素能诱导肝 HMG – CoA 还原酶的活性，从而增加胆固醇的合成。

### （二）胆固醇的转化

**1. 转化为胆汁酸**

胆固醇在肝脏中约75%～80%转化为胆酸，胆酸再与甘氨酸或牛磺酸结合成胆汁酸。胆汁酸以钠盐或钾盐的形式存在，称为胆汁酸盐或胆盐。胆汁酸随胆汁排入肠道，促进脂类及脂溶性维生素的消化吸收。

**2. 转化为类固醇激素**

胆固醇是肾上腺皮质、睾丸、卵巢等内分泌腺合成及分泌类固醇激素的原料。

**3. 转化为维生素 $D_3$**

在皮肤，胆固醇可被氧化为 7 – 脱氢胆固醇，后者经紫外光照射转变为维生素 $D_3$。

### 知识链接

## "好胆固醇"和"坏胆固醇"

一般认为，如果人体血液中胆固醇过高，会引起动脉粥样硬化，而动脉粥样硬化又是冠状动脉粥样硬化性心脏病（简称冠心病）、心肌梗死和脑血管意外的主要危险因素。胆固醇又分为高密度胆固醇和低密度胆固醇两种，日常饮食中动物性胆固醇通常属于低密度胆固醇，植物中的植物固醇多为高密度胆固醇，最常见的是谷固醇和麦角固醇，就是人们通常所说的维生素 D 原，通常对心血管有保护作用，通常称之为"好胆固醇"；而动物性固醇在饮食中偏高，冠心病的危险性就会增加，通常称之为"坏胆固醇"。因此，日常生活中要注重科学合理安排膳食，多摄入"好胆固醇"。

# 第六节　脂类药物

## 一、脂类药物的分类和作用

脂类药物是一些具有重要生理生化、药理药效作用的化合物，具有较好的营养、预防和治疗效果。主要包括磷脂、胆酸、不饱和脂肪酸、固醇类和色素类等。

### （一）磷脂类

主要有脑磷脂和卵磷脂。卵磷脂可从蛋黄、大豆中提取，可用于脂肪肝、胆结石、冠心病、神经紧张、动脉粥样硬化的治疗。脑磷脂可从脑和酵母中提取，用于动脉粥样硬化和神经衰弱的治疗。另外 CDP - 胆碱是磷脂合成过程中重要的中间产物，目前广泛应用于改善神经系统功能的治疗。

### （二）胆酸

从猪胆汁中提取的去氢胆酸可治疗慢性胆囊炎、胆结石，也是人工牛黄的原料。牛的胆结石称牛黄，有清热、祛痰、抗惊厥的功能。

### （三）不饱和脂肪酸

包括亚油酸、亚麻酸、花生四烯酸和近年发展较迅速的前列腺素等。亚油酸、亚麻酸、花生四烯酸等都是必需脂肪酸，具有降血脂、抗脂肪肝的作用。前列腺素具有广泛的生理功能，可用于治疗心血管疾病、哮喘和防治动脉粥样硬化。

### （四）固醇类

主要有胆固醇、麦角固醇和 $\beta$ - 谷固醇。胆固醇是生产激素的重要原料。$\beta$ - 谷固醇有降低胆固醇和防治动脉硬化症的作用。

### （五）色素类

包括胆红素、胆绿素、血红素等。原料药，主要用于人工牛黄的制作原料。

## 二、常见的脂类药物

表8-3列出常见脂类药物的来源与主要用途。

表 8 - 3　脂类药物的来源和主要用途

| 名　称 | 来　源 | 主要用途 |
| --- | --- | --- |
| 脑磷脂 | 动物脑 | 止血、防治动脉粥样硬化和神经衰弱 |
| 卵磷脂 | 动物脑、大豆 | 防治动脉粥样硬化和神经衰弱、治疗肝疾患 |
| 胆酸钠 | 牛、羊胆汁 | 治疗胆囊炎、胆汁缺乏 |
| 胆酸 | 牛、羊胆汁 | 人工牛黄原料 |
| 去氢胆酸 | 胆酸脱氢 | 治疗胆囊炎 |
| 鹅去氧胆酸 | 禽胆汁或半合成 | 治疗胆结石 |
| 猪去氧胆酸 | 猪胆汁 | 人工牛黄原料 |
| 亚油酸 | 玉米油、大豆油 | 降血脂 |
| 亚麻酸 | 月见草油 | 降血脂 |

续表

| 名　称 | 来　源 | 主要用途 |
|---|---|---|
| 花生四烯酸 | 猪肾上腺 | 合成前列腺素原料 |
| 二十碳五烯酸 | 鱼油 | 降血脂、抗凝血 |
| 二十二碳六烯酸 | 鱼油 | 防治动脉粥样硬化、健脑益智 |
| 前列腺素 $E_1$、前列腺素 $E_2$ | 羊精囊提取的酶使有关前体转化 | 中期引产、催产 |
| 胆固醇 | 动物神经组织、羊毛脂 | 人工牛黄原料 |
| 麦角固醇 | 发酵 | 维生素原料 |
| 胆红素 | 胆汁 | 人工牛黄原料 |

## 牛　黄

　　天然牛黄，是指牛的胆结石。牛黄完整者多呈卵形，质轻，表面金黄至黄褐色，细腻而有光泽。中医学认为牛黄气清香，味微苦而后甜，性凉。可用于解热、解毒、定惊。内服治高热神志昏迷，癫狂，小儿惊风，抽搐等症。外用治咽喉肿痛、口疮痈肿。天然牛黄很珍贵，国际上的价格要高于黄金，现在大部分使用的是人工牛黄。人工牛黄是按照天然牛黄的主要成分——胆红素、胆酸、胆固醇、无机盐等人工配制而成。其制作工艺简单，价格便宜，在一定程度上满足了人们的需求。

## 本 章 小 结

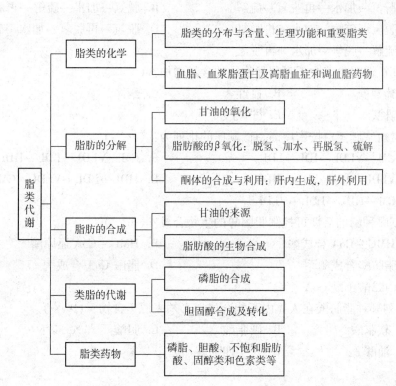

# 目标检测

## 一、单项选择题

1. 以下不属于类脂的是（　　）。
   A. 胆固醇　　　　　　B. 糖脂　　　　　　C. 脂肪
   D. 卵磷脂　　　　　　E. 脑磷脂

2. 正常情况下机体储存的脂肪主要来自（　　）。
   A. 酮体　　　　　　　B. 类脂　　　　　　C. 葡糖糖
   D. 生糖氨基酸　　　　E. 食物

3. 下列何种脂蛋白胆固醇含量最高？（　　）
   A. CM　　　　　　　　B. VLDL　　　　　　C. LDL
   D. HDL　　　　　　　E. $\alpha$ – 脂蛋白

4. 酮体生成过多主要是因为（　　）。
   A. 摄入脂肪过多　　　　B. 糖供给不足或利用障碍
   C. 脂肪运转障碍　　　　D. 肝功能低下　　　E. 生成酮体的酶活性过高

5. 脂肪酸氧化后能进入三羧酸循环的是（　　）。
   A. 乙酰 CoA　　　　　B. 脂酰 CoA　　　　C. 丙二酸单酰 CoA
   D. $CO_2 + H_2O + ATP$　　E. 乙酰 ACP

6. 脂肪酸的 $\beta$ – 氧化分为四个阶段，其先后顺序是（　　）。
   A. 脱氢→加水→再脱氢→硫解　　　　B. 脱氢→加水→硫解→再脱氢
   C. 脱氢→硫解→加水→再脱氢　　　　D. 脱氢→再脱氢→加水→硫解
   E. 硫解→脱氢→加水→再脱氢

7. 长期饥饿后血液中下列哪种物质的含量增加？（　　）
   A. 葡萄糖　　　　　　B. 血红素　　　　　C. 酮体
   D. 乳酸　　　　　　　E. 柠檬酸

8. 正常血浆脂蛋白按密度高→低顺序的排列为：（　　）
   A. CM→VLDL→IDL→LDL　　　　B. CM→VLDL→LDL→HDL
   C. VLDL→CM→LDL→HDL　　　　D. HDL→LDL→VLDL→CM
   E. CM→HDL→LDL→VLDL

9. 抑制哪种酶的活性可控制胆固醇的生物合成？（　　）
   A. HMG – CoA 合成酶　　　　　B. HMG – CoA 还原酶
   C. 脂肪酸合成酶系　　　　　　D. 脂酰 CoA 合成酶
   E. 丙二酸单酰 CoA

10. 下列哪种脂肪酸在人体内不能合成，必须来源于食物？（　　）。
    A. 软脂酸　　　　　　B. 硬脂酸　　　　　C. 胆酸
    D. 油酸　　　　　　　E. 花生四烯酸

## 二、简答题

1. 为什么人体摄入过多的糖容易发胖？
2. 何谓酮体？酮体是否为机体代谢产生的废物，为什么？
3. 运用已学过的生化知识，阐述如何有效地降低血浆中的胆固醇？

# 实 训 血清胆固醇含量测定技术

## 一、实训目的

通过实训，进一步明确胆固醇氧化酶法测定血清胆固醇的原理和血清胆固醇测定的临床意义，学会血清胆固醇含量的测定技术。熟练使用恒温水浴箱和分光光度计；学会独立分析检测结果。

## 二、实训内容

### （一）实训原理

血清中总胆固醇（TC）包括胆固醇酯（CE）和游离型胆固醇（FC），酯型占70%，游离型占30%。胆固醇酯酶（CEH）先将胆固醇酯水解为胆固醇和游离脂肪酸（FFA），胆固醇在胆固醇氧化酶（COD）的作用下氧化生成胆甾烯酮和 $H_2O_2$，后者经过氧化物酶（POD）催化与4-氨基安替比林（4-AAP）和酚反应，生成红色的醌亚胺，其颜色深浅与胆固醇的含量呈正比，在500nm波长处测定吸光度，与标准管比较可计算出血清胆固醇的含量。反应式如下：

$$胆固醇酯 \xrightarrow[脂肪酸]{CEH} 胆固醇 \xrightarrow[O_2\ 胆甾烯酮]{COD} H_2O_2 \xrightarrow[4-氨基安替比林]{酚\ POD} 红色醌亚胺$$

### （二）试剂和器材

**1. 试剂**

（1）酶应用液 胆固醇酶试剂的组成见表8-4，此外还需要胆酸钠和 Triton X-100。

表8-4 胆固醇酶试剂的组成

| 试剂名称 | 浓 度 | 试剂名称 | 浓 度 |
| --- | --- | --- | --- |
| 4-氨基安替比林 | 0.3mmol/L | 胆固醇氧化酶 | ≥100U/L |
| pH 6.7磷酸盐缓冲液 | 50mmol/L | 过氧化物酶 | ≥3000U/L |
| 胆固醇酯酶 | ≥200U/L | 苯酚 | 5.0mmol/L |

（2）5.17mmol/L（200mg/dl）胆固醇标准液 精确称取胆固醇200mg溶于无水乙醇，移入100ml容量瓶中，用无水乙醇稀释至刻度（也可用异丙醇等配制）。

酶法测定胆固醇多采用市售试剂盒。

（3）人血清（市售）或自行采血制备。

**2. 器材**

试管，移液器，微量加样器，恒温水浴箱，分光光度计等。

## （三）实训方法和步骤

取试管3支，编号，按表8-5操作。

表8-5　酶法测定血清胆固醇操作步骤

| 加入物 | 测定管（ml） | 标准管（ml） | 空白管（ml） |
| --- | --- | --- | --- |
| 血清 | 0. 02 | — | — |
| 胆固醇标准液 | — | 0. 02 | — |
| 蒸馏水 | — | — | 0. 02 |
| 酶应用液 | 2. 00 | 2. 00 | 2. 00 |

混匀后，放置在37℃水浴中保温15min，在500nm波长处比色，以空白管调零，读取各管吸光度。

## （四）实训结果处理及分析

血清总胆固醇含量 $= A_{测定} / A_{标准} \times 5. 17$

正常参考范围3. 10 ~ 5. 70mmol/L

## （五）温馨提示

1. 临床上血清胆固醇增高常见于动脉粥样硬化、原发性高脂血症、糖尿病、肾病综合征、胆管阻塞、甲状腺功能减退等疾病。

2. 血清胆固醇降低多见于严重贫血、甲状腺功能亢进、长期营养不良等疾病。

## （六）实训思考

1. 血清胆固醇升高对机体最严重的危害是什么？

2. 胆固醇在体内可转变为哪些物质，如何排泄？

3. 实训中需要哪几种酶参加，各有什么作用？

# 第九章 | 蛋白质分解代谢

**知识目标**

掌握氨基酸的一般代谢，尿素合成的原料、部位和生理意义；个别氨基酸代谢的生理意义以及一碳单位的定义和作用。了解尿素的合成过程及 $\alpha$ - 酮酸的代谢去路。

**技能目标**

依据氨的代谢，说明高血氨及氨中毒的发病机制。说明氨基酸代谢酶缺陷引起的遗传病原因；能够解释临床食物营养搭配问题。

通过前面的学习，已经知道蛋白质是生命的物质基础，组成蛋白质的基本单位是氨基酸。

食物中的蛋白质在消化道内经过酶的作用最终被水解成氨基酸才能被人体吸收利用，而体内蛋白质也要首先分解为氨基酸后再进一步代谢。因此，蛋白质分解代谢的中心是氨基酸的代谢，氨基酸代谢包括合成代谢和分解代谢，本章重点介绍氨基酸的分解代谢。蛋白质合成代谢在下一章中叙述。

# 第一节　蛋白质的营养作用

## 一、蛋白质的生理功能

### （一）维持组织器官的生长、更新和修补

蛋白质是细胞的主要成分，儿童必须摄入足够的蛋白质才能保证其正常的生长发育；成人也必须摄入足够的蛋白质才能维持组织蛋白的更新和修补。

### （二）合成重要的含氮化合物

体内重要生理活性物质的合成都需要蛋白质的参与，如酶、核酸、抗体、多肽激素等。

### （三）氧化供能

1g 蛋白质完全氧化可以产生 17kJ 能量，一般来说，成人每日约 18% 的能量来自蛋白质的分解代谢，但蛋白质作为能源是不经济的，供能是次要功能。

## 二、氮平衡

食物和排泄物中含氮物质大部分来源于蛋白质，可用氮的平衡来反映体内蛋白质

合成与分解代谢的总体情况。氮平衡是指摄入蛋白质的含氮量与排泄物（主要是尿和粪便）中含氮量之间的关系。①氮总平衡是指摄入氮量等于排泄氮量。说明组织蛋白的合成与分解处于相对平衡状态。见于营养正常的成年人。②氮正平衡是指摄入氮量大于排泄氮量。说明组织蛋白的合成量多于分解量。多见于儿童、青春期青少年、孕妇、恢复期病人。③氮负平衡是指摄入氮量小于排泄氮量。说明组织蛋白的分解量多于合成量。多见于长期饥饿、消耗性疾病患者。

### 三、蛋白质的营养价值

**1. 必需氨基酸**

必需氨基酸是指机体代谢需要，而人体不能合成或合成量不足，必须由食物供给的氨基酸。共有 8 种，赖氨酸、色氨酸、苯丙氨酸、蛋氨酸、苏氨酸、亮氨酸、异亮氨酸、缬氨酸。但组氨酸和精氨酸在体内合成量较小，不能长期缺乏，特别在婴儿期可造成氮的负平衡，因此称为营养半必需氨基酸。

**2. 蛋白质的互补作用**

食物蛋白质的营养价值是指食物蛋白质在体内的利用率。营养价值的高低主要取决于必需氨基酸的种类、数量和比例。与人体蛋白质组成越接近，利用率就越高，蛋白质的营养价值就越高。

将几种营养价值较低的蛋白质混合食用，互相补充必需氨基酸的种类和数量，从而提高其营养价值，称为蛋白质的互补作用。例如：小米中赖氨酸含量低，色氨酸含量高，大豆恰好相反，混合食用时两者的必需氨基酸互相补充，使利用率大大提高，从而提高了营养价值。

---

**课堂互动**

如何巧记 8 种必需氨基酸？列举几种食物混合食用的例子吧。

---

## 第二节 氨基酸的一般代谢

### 一、氨基酸代谢概况

**1. 体内氨基酸的来源**

食物蛋白质经过消化吸收后进入人体内的氨基酸称为外源性氨基酸，是体内氨基酸的主要来源。体内各组织的蛋白质分解生成的及机体合成的氨基酸称为内源性氨基酸。体内各种来源的氨基酸，通过血液循环在各组织之间转运，以保证各组织对氨基酸代谢的需要。

**2. 体内氨基酸的去路**

合成机体的组织蛋白；转变为重要的含氮化合物，如嘌呤、嘧啶、甲状腺素、肾上腺素等；通过脱羧基作用生成胺类和二氧化碳；通过脱氨基生成氨和 $\alpha$ - 酮酸。

正常情况下，氨基酸的来源和去路处于动态平衡，即氨基酸代谢库内氨基酸的总量恒定（图9-1）。

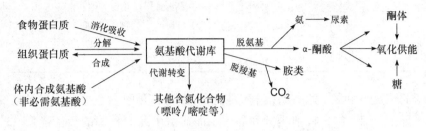

图9-1 氨基酸代谢概况

## 二、氨基酸的脱氨基作用

氨基酸脱氨基作用是指氨基酸在酶的催化下脱去氨基，同时生成 $\alpha$-酮酸和氨的过程。这是氨基酸在体内分解的主要方式，在体内大多数组织细胞中均可进行。氨基酸脱氨基的方式主要有氧化脱氨基、转氨基、联合脱氨基等，其中以联合脱氨基最为主要。

### （一）氧化脱氨基作用

氧化脱氨基作用是指在酶的催化下，氨基酸脱氢并脱去氨基的过程。催化氧化脱氨基的酶有氨基酸氧化酶和L-谷氨酸脱氢酶。只有L-谷氨酸脱氢酶活性最强，广泛分布在肝、肾、脑等组织。它催化的反应是可逆的，反应平衡点偏向合成谷氨酸，这是发酵工业生产味精的基本原理。但是，L-谷氨酸脱氢酶的特异性强，且在骨骼肌和心肌中活性很低，故大多数氨基酸需要通过其他方式脱氨。

$$\begin{array}{c} COOH \\ | \\ (CH_2)_2 \\ | \\ CHNH_2 \\ | \\ COOH \end{array} + H_2O \underset{NAD^+ \quad NADH+H^+}{\overset{\text{L-谷氨酸脱氢酶}}{\rightleftharpoons}} \begin{array}{c} COOH \\ | \\ (CH_2)_2 \\ | \\ C=O \\ | \\ COOH \end{array} + NH_3$$

L-谷氨酸 　　　　　　　　　　　　　　　　　 $\alpha$-酮戊二酸

### （二）转氨基作用

转氨基作用是指在转氨酶的作用下，氨基酸的 $\alpha$-氨基与另一个 $\alpha$-酮酸的酮基互换，生成相应的新的氨基酸和 $\alpha$-酮酸的过程。

大多数氨基酸可参与转氨基作用，但赖氨酸、脯氨酸、羟脯氨酸除外。转氨酶的辅酶都是磷酸吡哆醛及磷酸吡哆胺。转氨酶在体内分布广泛，其中较重要的有丙氨酸氨基转移酶（alanine amino-transferase，ALT）又称谷丙转氨酶（glutamic pyruvic transaminase，GPT）和天冬氨酸氨基转移酶（aspartate amino-transferase，AST）又称谷草转氨酶（glutamic oxaloacetic transaminase，GOT）。ALT 与 AST 在体内各组织中活性差异大，其中 ALT 在肝中活性最高，AST 在心肌中活性最高。见表9-1。

**表 9-1 正常成人组织中 ALT 和 AST 的活性（单位/每克湿组织）**

| 组织 | ALT | AST | 组织 | ALT | AST |
|------|------|-------|------|------|-------|
| 心脏 | 7100 | 15600 | 胰腺 | 2000 | 28000 |
| 肝 | 44000 | 14200 | 脾 | 1200 | 14000 |
| 骨骼肌 | 4800 | 99000 | 肺 | 700 | 10000 |
| 肾 | 19000 | 91000 | 血清 | 16 | 20 |

临床上转氨作用常作为一些疾病诊断和治疗时必要的参考指标。正常情况下，转氨酶主要分布于细胞内，特别是肝和心脏，而血清中此两种酶的活性最低。若因疾病使细胞膜通透性增加、组织坏死或细胞破裂等，可有大量转氨酶从细胞内释放入血，结果使血清转氨酶活性增高。

## 知识链接

临床上检查肝功能，为什么要抽血化验转氨酶指数？

肝脏是机体重要的生化反应器官，有广泛的生理功能，如代谢、解毒、排泄、免疫、凝血和纤溶因子的生成等。肝脏含有大量酶类，体内几乎所有的酶都在肝内存在，因此，血清酶学检查可评估肝细胞受损状况。血清酶检测常包括丙氨酸氨基转移酶（ALT）和天冬氨酸氨基转移酶（AST）等，ALT 和 AST 能敏感地反映肝细胞损伤与否及损伤程度。

各种急性病毒性肝炎、药物或乙醇引起的急性肝细胞损伤时，血清 ALT 最敏感，在临床症状如黄疸出现之前 ALT 就急剧升高，同时 AST 也升高，但是升高程度不如 ALT。而在慢性肝炎或肝硬化时，AST 升高程度超过 ALT，因此 AST 主要反映的是肝脏损伤程度。

实际上，转氨基作用只是进行了氨基的转移。真正含义并不在于脱氨，而是生成非必需氨基酸。研究发现，体内氨基酸的脱氨基方式主要是联合脱氨基作用。

### （三）联合脱氨基作用

联合脱氨基作用有两种方式，一种是转氨基与氧化脱氨基作用偶联，另一种是转氨基作用与嘌呤核苷酸循环偶联。

**1. 转氨基与氧化脱氨基作用偶联**

α－氨基酸与α－酮戊二酸经转氨酶作用生成谷氨酸；谷氨酸在 L－谷氨酸脱氢酶作用下氧化脱氨生成α－酮戊二酸，而α－酮戊二酸再继续参加转氨基基作用。反应过程如图9－2所示。

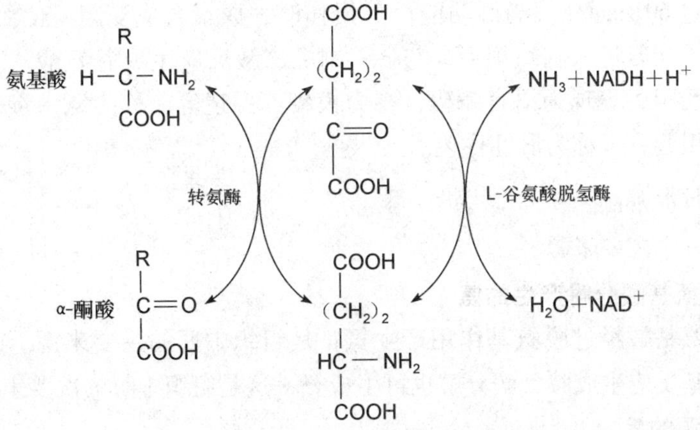

图9－2　转氨基与氧化脱氨基作用偶联

由于 L－谷氨酸脱氢酶在肝、脑、肾中活性强，因此这种联合脱氨基方式主要在肝、脑、肾等组织中进行。联合脱氨基全过程可逆，是体内合成非必需氨基酸的主要途径。骨骼肌、心脏等组织中 L－谷氨酸脱氢酶活性低，但含有丰富的腺苷酸脱氨酶，因此在这些组织中可进行转氨基与嘌呤核苷酸循环偶联方式脱氨。

**2. 转氨基作用与嘌呤核苷酸循环偶联**

氨基酸首先通过两次转氨将氨基转移给草酰乙酸，生成天冬氨酸。天冬氨酸又与次黄嘌呤核苷酸（IMP）反应生成腺苷酸代琥珀酸，后者裂解成延胡索酸和腺苷酸（AMP）。AMP 在腺苷酸脱氨酶的作用下生成 IMP 和游离的 $NH_3$，IMP 可以再参加循环。反应过程如图9－3。

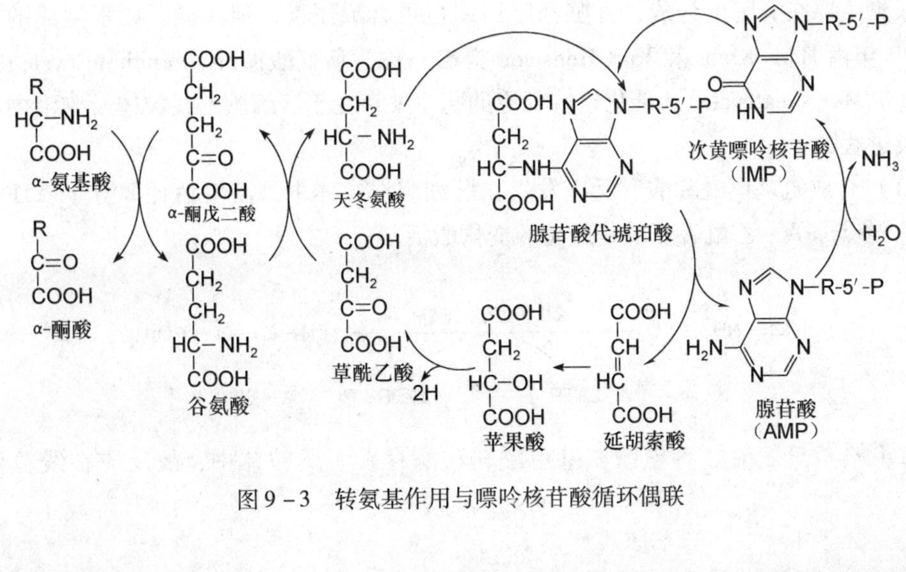

图9－3　转氨基作用与嘌呤核苷酸循环偶联

### 三、氨的代谢

体内代谢产生的氨，以及消化道吸收来的氨进入血液，形成血氨。氨对人体及动物来说是有毒的，脑组织对氨的作用尤为敏感。正常情况下，氨在体内有解毒机制，不会发生氨的堆积，血氨的来源与去路保持动态平衡，血氨浓度相对稳定，正常人血氨的浓度不超过 $60\mu mol/L$。当肝功能严重损伤时，尿素合成受阻，使血氨浓度升高，称为高血氨症。当氨进入脑组织后，与 $\alpha$ - 酮戊二酸反应生成谷氨酸，三羧酸循环中断，能量供应受阻，表现为语言障碍，视力模糊、昏迷等，称为氨中毒，由于氨中毒因肝脏疾患而引起，又称为肝性昏迷。

#### （一）氨的来源

体内氨有三个主要来源。

**1. 组织中氨基酸分解产生的氨**

组织中的氨基酸经过脱氨基作用产生氨，是组织中氨的主要来源。此外，组织中氨基酸经脱羧反应生成胺，胺分解也可生成氨，这是组织中氨的次要来源。

**2. 肾脏来源的氨**

血液中的谷氨酰胺流经肾脏时，可被肾小管上皮细胞中的谷氨酰胺酶分解为谷氨酸和氨。这部分氨有两条去路，一是排入原尿中，随尿液排出体外；二是重吸收入血成为血氨。为了减少氨的吸收，高血氨患者不能使用碱性利尿药。

**3. 肠道来源的氨**

这是血氨的主要来源。一部分来自肠道细菌含有的脲酶对尿素的分解，另一小部分来自蛋白质的腐败作用。

#### （二）氨的去路

主要去路是在肝脏合成尿素，随尿排出；另一部分氨可以合成谷氨酰胺，也可合成其他非必需氨基酸；少量的氨可在酸性条件下生成 $NH_4^+$ 随尿排出体外。

**1. 合成尿素**

尿素主要在肝脏中合成，肾脏和脑组织也可合成尿素，但甚微。尿素生成的过程在 1932 年由 Hans Krebs 和 Kurt Henseleit 提出，称为鸟氨酸循环（ornithine cycle），又称尿素循环（urea cycle）。催化这些反应的酶主要存在于肝细胞的线粒体及胞液中，具体合成过程如下：

（1）合成氨基甲酰磷酸　反应发生在肝细胞线粒体中，需要消耗 2 分子 ATP，需要 $Mg^{2+}$ 参与，$N$ - 乙酰谷氨酸是此酶的变构激活剂。

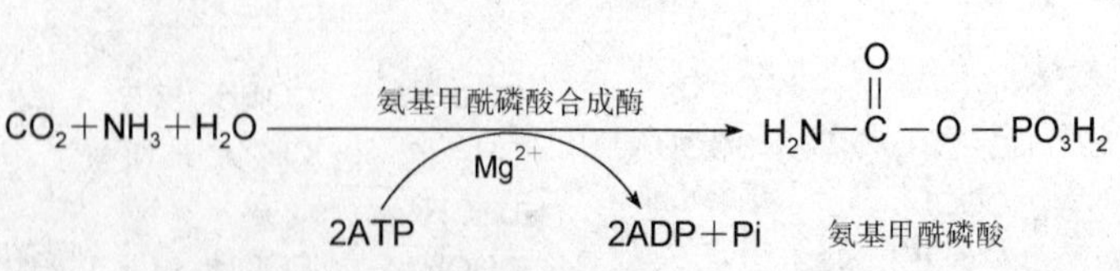

$$CO_2+NH_3+H_2O \xrightarrow[\substack{2ATP \quad\quad\quad 2ADP+Pi}]{\text{氨基甲酰磷酸合成酶} \\ Mg^{2+}} H_2N-\overset{\overset{\displaystyle O}{\|}}{C}-O-PO_3H_2$$

氨基甲酰磷酸

（2）合成瓜氨酸　鸟氨酸氨基甲酰转移酶存在于线粒体中，故反应在线粒体中进行。

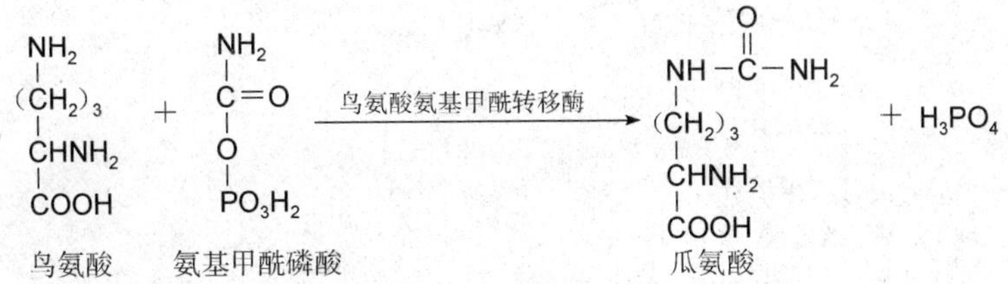

$$
\underset{\text{鸟氨酸}}{\begin{array}{c} NH_2 \\ | \\ (CH_2)_3 \\ | \\ CHNH_2 \\ | \\ COOH \end{array}}
+
\underset{\text{氨基甲酰磷酸}}{\begin{array}{c} NH_2 \\ | \\ C=O \\ | \\ O \\ | \\ PO_3H_2 \end{array}}
\xrightarrow{\text{鸟氨酸氨基甲酰转移酶}}
\underset{\text{瓜氨酸}}{\begin{array}{c} O \\ \| \\ NH-C-NH_2 \\ | \\ (CH_2)_3 \\ | \\ CHNH_2 \\ | \\ COOH \end{array}}
+ H_3PO_4
$$

（3）合成精氨酸　瓜氨酸经过线粒体膜载体转运至细胞液中，与天冬氨酸缩合生成精氨酸代琥珀酸，为尿素合成提供第二个氨基。此反应需要 ATP 供能和 $Mg^{2+}$ 参与。精氨酸代琥珀酸裂解成精氨酸和延胡索酸。

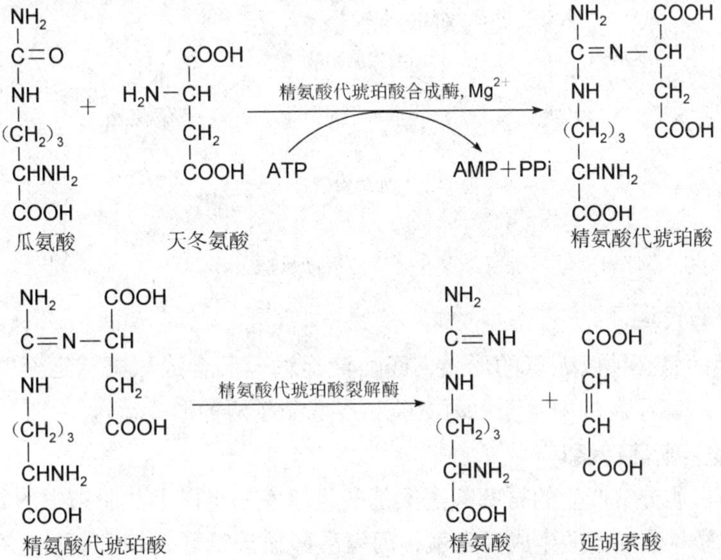

$$
\underset{\text{瓜氨酸}}{\begin{array}{c} NH_2 \\ | \\ C=O \\ | \\ NH \\ | \\ (CH_2)_3 \\ | \\ CHNH_2 \\ | \\ COOH \end{array}}
+
\underset{\text{天冬氨酸}}{\begin{array}{c} COOH \\ | \\ H_2N-CH \\ | \\ CH_2 \\ | \\ COOH \end{array}}
\xrightarrow[\text{ATP} \quad \text{AMP+PPi}]{\text{精氨酸代琥珀酸合成酶,} Mg^{2+}}
\underset{\text{精氨酸代琥珀酸}}{\begin{array}{c} NH_2 \quad COOH \\ | \qquad | \\ C=N-CH \\ | \qquad | \\ NH \quad CH_2 \\ | \qquad | \\ (CH_2)_3 \quad COOH \\ | \\ CHNH_2 \\ | \\ COOH \end{array}}
$$

$$
\underset{\text{精氨酸代琥珀酸}}{\begin{array}{c} NH_2 \quad COOH \\ | \qquad | \\ C=N-CH \\ | \qquad | \\ NH \quad CH_2 \\ | \qquad | \\ (CH_2)_3 \quad COOH \\ | \\ CHNH_2 \\ | \\ COOH \end{array}}
\xrightarrow{\text{精氨酸代琥珀酸裂解酶}}
\underset{\text{精氨酸}}{\begin{array}{c} NH_2 \\ | \\ C=NH \\ | \\ NH \\ | \\ (CH_2)_3 \\ | \\ CHNH_2 \\ | \\ COOH \end{array}}
+
\underset{\text{延胡索酸}}{\begin{array}{c} COOH \\ | \\ CH \\ \| \\ CH \\ | \\ COOH \end{array}}
$$

（4）精氨酸裂解释放出尿素　尿素经血液循环至肾，随尿排出。

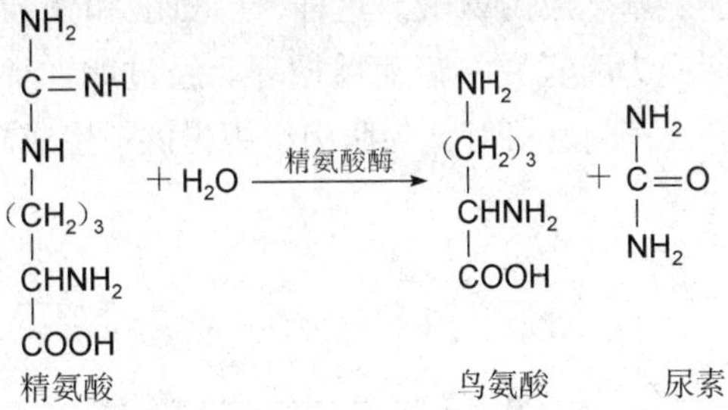

$$
\underset{\text{精氨酸}}{\begin{array}{c} NH_2 \\ | \\ C=NH \\ | \\ NH \\ | \\ (CH_2)_3 \\ | \\ CHNH_2 \\ | \\ COOH \end{array}}
+ H_2O
\xrightarrow{\text{精氨酸酶}}
\underset{\text{鸟氨酸}}{\begin{array}{c} NH_2 \\ | \\ (CH_2)_3 \\ | \\ CHNH_2 \\ | \\ COOH \end{array}}
+
\underset{\text{尿素}}{\begin{array}{c} NH_2 \\ | \\ C=O \\ | \\ NH_2 \end{array}}
$$

尿素分子中的 2 个氮原子，一个来源于氨，一个来源于天冬氨酸。鸟氨酸循环总的结果是通过一次循环，消耗 3 分子 ATP，生成 1 分子尿素。尿素合成过程小结如图 9－4所示。

**2. 合成谷氨酰胺**

在脑、肌肉等组织中，氨与谷氨酸在谷氨酰胺合成酶的催化下合成谷氨酰胺，需要消耗 ATP。

**3. 合成非必需氨基酸**

氨可以与一些 $\alpha$ -酮酸经联合脱氨基逆行氨基化而合成相应的非必需氨基酸。

**4. 转变成其他含氮物质**

氨还可以参加嘌呤和嘧啶等含氮物质的合成。

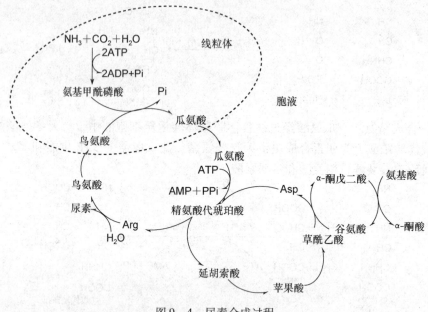

图 9-4　尿素合成过程

### （三）氨的转运

体内产生的氨必须以无毒的形式，经血液运输至肝合成尿素或运至肾脏以铵盐的形式由尿排出。氨在血液中主要以丙氨酸和谷氨酰胺两种形式运输。

#### 1. 丙氨酸 - 葡萄糖循环

肌肉中蛋白质分解产生的氨基酸占氨基酸代谢库一半以上，肌肉中的氨基酸经转氨基作用将氨基转移给丙酮酸生成丙氨酸，丙氨酸经血液循环运输到肝脏。在肝脏，释放出氨用于合成尿素。而丙酮酸经糖异生途径生成葡萄糖，葡萄糖经血液至肌肉重新分解产生丙酮酸，可再接受氨基生成丙氨酸。这样，丙氨酸和葡萄糖反复在肌肉和肝之间进行氨的转运，故称此途径为丙氨酸 - 葡萄糖循环。经过此循环，可将肌肉中的氨以无毒的丙氨酸形式运输到肝，同时，肝脏又为肌肉组织提供了生成丙酮酸的葡萄糖。

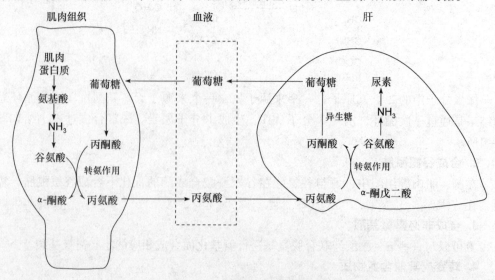

图 9-5　丙氨酸 - 葡萄糖循环

### 2. 谷氨酰胺运氨

谷氨酰胺的合成由谷氨酰胺合成酶催化，需要消耗 ATP。谷氨酰胺的合成与分解是由不同的酶催化的不可逆反应。

$$
\begin{array}{c}
\text{COOH} \\
| \\
(\text{CH}_2)_2 \\
| \\
\text{HC—NH}_2 \quad + \text{ NH}_3 \\
| \\
\text{COOH} \\
\text{谷氨酸}
\end{array}
\xrightleftharpoons[\text{谷氨酰胺酶} \quad H_2O]{\text{ATP} \quad \text{谷氨酰胺合成酶} \quad \text{ADP+Pi}}
\begin{array}{c}
\text{CONH}_2 \\
| \\
(\text{CH}_2)_2 \\
| \\
\text{HC—NH}_2 \\
| \\
\text{COOH} \\
\text{谷氨酰胺}
\end{array}
$$

谷氨酰胺是中性无毒分子，易通过细胞膜，既是氨的解毒形式，又是氨的储存和运输形式。谷氨酰胺主要从脑、肌肉等组织向肝或肾运输，运送到肾脏，经谷氨酰胺酶作用分解成谷氨酸及氨，此氨与原尿中 $H^+$ 结合形成铵盐随尿排出，是尿氨的主要来源，占尿中氨总量的 60%。同时排出体内的酸，有利于调节机体酸碱平衡。临床上对氨中毒的病人可服用或输入谷氨酸盐，以降低氨的浓度。

谷氨酰胺可参与体内嘌呤、嘧啶和非必需氨基酸的合成。

### 四、α–酮酸的代谢

氨基酸脱去氨基后除了产生氨，还生成 α–酮酸。体内 α–酮酸的代谢途径如下。

#### （一）生成非必需氨基酸

α–酮酸经转氨基作用或还原氨基化反应生成相应的氨基酸。这是体内生成非必需氨基酸的重要途径。

#### （二）转变生成糖和脂类

大多数氨基酸脱去氨基后的 α–酮酸，可通过糖异生转变为糖，此类氨基酸称为生糖氨基酸；少数几种氨基酸如亮氨酸和赖氨酸不能转变成糖，只能沿脂肪分解或合成途径转变成酮体和脂肪酸，称为生酮氨基酸；另有苯丙氨酸、异亮氨酸、酪氨酸、色氨酸等分解产物，既能生糖，也能生酮，故称为生糖兼生酮氨基酸。

#### （三）氧化供能

这是 α–酮酸的重要去路之一。α–酮酸先转变成丙酮酸、乙酰 CoA 或 TCA 循环的中间产物，再经过 TCA 循环彻底氧化分解成 $CO_2$ 和 $H_2O$，并释放能量。TCA 循环将氨基酸代谢与糖代谢、脂肪代谢紧密联系起来。

# 第三节　个别氨基酸的代谢

## 一、氨基酸的脱羧基作用

氨基酸的脱羧基作用虽然没有脱氨基作用普遍，但脱羧基产生的胺类物质却具有重要的生理作用。催化此反应的酶称为氨基酸脱羧酶，此酶专一性很高，其辅酶是维生素 $B_6$ 活性形式之——磷酸吡哆醛。下面介绍几种氨基酸脱羧产生的重要活性胺类。

### （一）γ-氨基丁酸

谷氨酸在 L-谷氨酸脱羧酶的作用下，脱去羧基生成 γ-氨基丁酸（GABA）。脑组织中 L-谷氨酸脱羧酶活性很高，所以脑中 GABA 的含量较多。GABA 是抑制性神经递质。临床上用维生素 $B_6$ 治疗神经过度兴奋所产生的妊娠呕吐及小儿抽搐，是因为磷酸吡哆醛是 L-谷氨酸脱羧酶的辅酶，能促进 GABA 的生成从而抑制神经系统的兴奋。

$$
\begin{array}{ccc}
\text{COOH} & & \text{COOH} \\
| & & | \\
\text{(CH}_2\text{)}_2 & \xrightarrow{\text{L-谷氨酸脱羧酶}} & \text{CH}_2 \\
| & & | \\
\text{CHNH}_2 & & \text{CH}_2 \qquad + CO_2 \\
| & & | \\
\text{COOH} & & \text{CH}_2\text{NH}_2 \\
\text{L-谷氨酸} & & \gamma\text{-氨基丁酸}
\end{array}
$$

### （二）组胺

组氨酸在组氨酸脱羧酶的作用下，生成组胺。组胺酸脱羧酶主要存在于肥大细胞，组胺在体内分布广泛，乳腺、肝、肌肉及胃黏膜中含量较高，是一种强烈的血管舒张剂，能增加毛细血管通透性、降低血压、促进胃酸分泌等。过敏反应、创伤或烧伤可释放过量组胺。

$$
\text{组氨酸} \xrightarrow{\text{组氨酸脱羧酶}} \text{组胺} + CO_2
$$

### （三）5-羟色胺

色氨酸在脑中经色氨酸羟化酶催化生成 5-羟色氨酸，后者再经脱羧酶作用生成 5-羟色胺（5-HT）。

5-羟色胺，又名血清素，广泛存在于体内各组织中，特别是大脑皮质及神经突触内含量很高，它也是一种抑制性神经递质。在外周组织，5-羟色胺是一种强血管收缩剂和平滑肌收缩刺激剂。

$$
\text{色氨酸} \xrightarrow{\text{羟化酶、脱羧酶}} \text{5-羟色胺}
$$

**知识链接**

5-羟色胺在体内可以转化成褪黑素，在体内褪黑素由松果体产生，具有促进、诱导自然睡眠，提高睡眠质量的作用。随着年龄增长，褪黑素分泌减少是老年人睡眠质量下降，睡眠障碍增多的原因之一。适当补充可以改善老年人的睡眠质量。脑白金的主要成分就是褪黑素。

### （四）牛磺酸

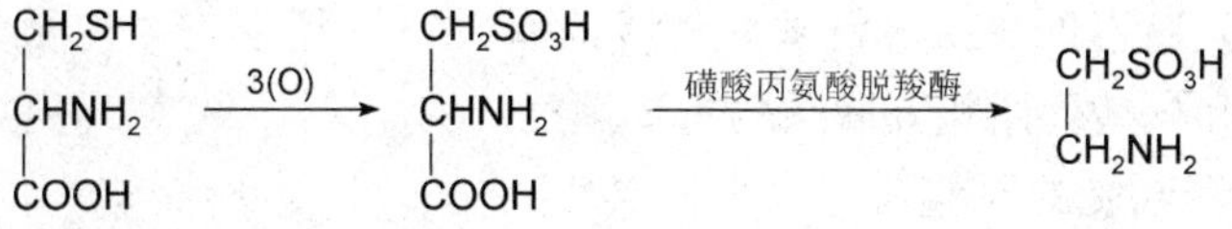

$$\underset{\text{半胱氨酸}}{\overset{\displaystyle \begin{array}{c} CH_2SH \\ | \\ CHNH_2 \\ | \\ COOH \end{array}}{}} \xrightarrow{3(O)} \underset{\text{磺酸丙氨酸}}{\overset{\displaystyle \begin{array}{c} CH_2SO_3H \\ | \\ CHNH_2 \\ | \\ COOH \end{array}}{}} \xrightarrow{\text{磺酸丙氨酸脱羧酶}} \underset{\text{牛磺酸}}{\overset{\displaystyle \begin{array}{c} CH_2SO_3H \\ | \\ CH_2NH_2 \end{array}}{}}$$

半胱氨酸首先氧化成磺酸丙氨酸，再脱羧生成牛磺酸。牛磺酸是构成胆汁酸的重要组成成分，不参与蛋白质合成。人体合成牛磺酸的酶活性较低，主要依靠摄取食物中的牛磺酸来满足机体需要。

**知识链接**

### 认识一下牛磺酸

　　牛磺酸又名牛胆酸，最早从牛胆汁中分离出来而得名，广泛分布于动物组织内，在体内以游离状态存在，牛磺酸的主要功能有：①促进婴幼儿脑组织和智力发育，牛磺酸在脑内的含量丰富，能明显促进神经系统的生长发育和细胞增殖、分化；②提高神经传导和视觉功能，抑制白内障的发生发展；③具有降血脂、防止动脉硬化，并有一定的降糖作用；④改善内分泌状态，增强人体免疫力；⑤改善记忆；⑥维持正常生殖功能。

**课堂互动**

　　想一想，你接触到的哪些产品中添加了牛磺酸？举几个例子吧。

## 二、一碳单位的代谢

### （一）一碳单位的概念

　　一碳单位就是指某些氨基酸分解代谢过程中产生含有一个碳原子的基团，包括甲基（$-CH_3$）、亚甲基（$-CH_2-$）、次甲基（$-CH=$）、甲酰基（$-CHO$）及亚氨甲基（$-CH=NH$）等。

### （二）一碳单位的来源

　　一碳单位来源于氨基酸的代谢，主要有甘氨酸、组氨酸、丝氨酸和蛋氨酸等。一碳单位从氨基酸释放出来后不能自由存在，需要与载体四氢叶酸（$FH_4$）结合而转运或参与代谢。

　　$FH_4$ 由叶酸经两次还原而来，一碳单位结合于 $FH_4$ 的 $N^5$、$N^{10}$ 位上。体内各种一碳单位在适当条件下可以相互转化，但 $N^5-CH_3-FH_4$ 的生成基本是不可逆的。

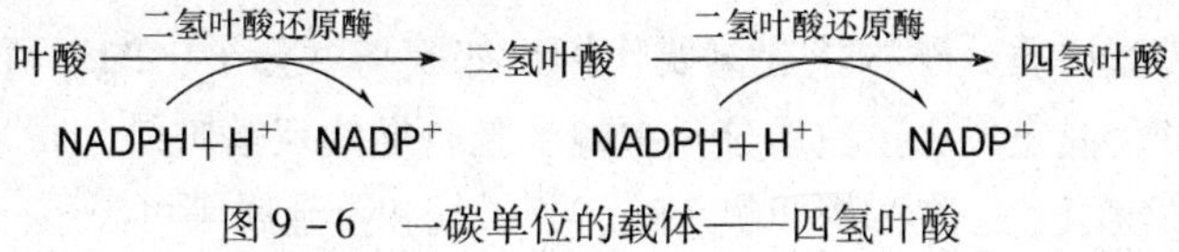

$$\text{叶酸} \xrightarrow[\substack{NADPH+H^+ \quad NADP^+}]{\text{二氢叶酸还原酶}} \text{二氢叶酸} \xrightarrow[\substack{NADPH+H^+ \quad NADP^+}]{\text{二氢叶酸还原酶}} \text{四氢叶酸}$$

图 9-6　一碳单位的载体——四氢叶酸

### （三）一碳单位的生理功能

一碳单位的代谢不仅与一些氨基酸的代谢有关，而且参与体内很多重要化合物的合成，是蛋白质和核酸代谢相互联系的重要途径。

**1. 合成嘌呤和嘧啶的原料**

参与嘌呤和嘧啶的生物合成，如 $N^5,N^{10}—CH_2—FH_4$ 直接提供甲基用于脱氧核苷酸 dUMP 向 dTMP 的转化；$N^{10}—CHO—FH_4$、$N^5,N^{10}\!=\!CH—FH_4$ 参与嘌呤碱的生成。嘌呤和嘧啶是合成核酸的基本成分，所以一碳单位的代谢与机体的生长、发育、繁殖和遗传等重要生物学功能有密切关系。

**2. 为体内甲基化反应提供甲基**

体内多种化合物的合成（例如肾上腺素、胆碱、肌酸等）需要活性甲基，一碳单位通过蛋氨酸循环转变为 S - 腺苷蛋氨酸（SAM），参与体内甲基化反应。

通过影响叶酸合成或影响叶酸转变成 FH_4，可导致一碳单位代谢紊乱，影响正常生命活动。现已阐明的磺胺类药物抗菌作用机制就是通过干扰细菌的四氢叶酸合成，进而影响核酸的合成，从而抑制细菌的生长繁殖。

## 三、含硫氨基酸的代谢

含硫氨基酸包括蛋氨酸、半胱氨酸和胱氨酸三种。蛋氨酸可转变为半胱氨酸和胱氨酸，半胱氨酸和胱氨酸也可以互相转变。

### （一）蛋氨酸

蛋氨酸是必需氨基酸，主要生化作用是在体内蛋白质生物合成时作为起始氨基酸；可转变成半胱氨酸；生成的 S - 腺苷蛋氨酸（SAM）在体内甲基化反应中提供活性甲基。

SAM 失去甲基后，本身变成 S - 腺苷同型半胱氨酸。后者加水脱去腺苷生成同型半胱氨酸，同型半胱氨酸又在 $N^5—CH_3—FH_4$ 和甲基 $B_{12}$ 作用下，经甲基转移生成蛋氨酸，形成一个循环过程，称为蛋氨酸循环。

甲基 $B_{12}$ 是转甲基酶的辅酶，缺乏时，蛋氨酸循环受阻，同时也影响 $FH_4$ 的再生，使组织中游离的四氢叶酸含量减少，不能重新利用它转运一碳单位，最终导致核酸合成障碍，影响细胞分裂，细胞核染色质发生改变形成巨幼变，因此，维生素 $B_{12}$ 供给不足时可产生巨幼红细胞性贫血。

### （二）半胱氨酸和胱氨酸

半胱氨酸含有巯基（—SH），2 分子半胱氨酸可以脱氢以二硫键相连形成胱氨酸，二者可以互相转变。

$$
2\ \begin{array}{c} CH_2SH \\ | \\ CHNH_2 \\ | \\ COOH \end{array} \quad \underset{+2H}{\overset{-2H}{\rightleftharpoons}} \quad \begin{array}{c} CH_2—S—S—CH_2 \\ | \qquad\qquad | \\ CHNH_2 \qquad CHNH_2 \\ | \qquad\qquad | \\ COOH \qquad\ COOH \end{array}
$$

半胱氨酸　　　　　　　　　胱氨酸

二硫键对维持蛋白质分子构象起重要作用，如胰岛素分子中的二硫键被破坏，其活性成分就会发生变化或丧失。蛋白质分子中的半胱氨酸的巯基则是与很多酶的活性相关，如辅酶 A、乳酸脱氢酶。一些毒物如碘乙酸、芥子气和重金属等可与蛋白质分子中的巯基结合而表现出其毒性，药物二巯丙醇可使被结合的巯基恢复原来的状态而解毒。

## 四、芳香族氨基酸的代谢

### （一）苯丙氨酸与酪氨酸的代谢

苯丙氨酸在体内经过苯丙氨酸羟化酶作用转变成酪氨酸。此反应不可逆，体内酪氨酸不能转变为苯丙氨酸。苯丙氨酸经过转氨酶作用可转变成苯丙酮酸。

酪氨酸经酪氨酸羟化酶催化生成3,4－二羟苯丙氨酸（多巴），再经多巴脱羧酶催化生成多巴胺。多巴胺在多巴胺$\beta$－氧化酶催化下生成去甲肾上腺素。后者由$S$－腺苷蛋氨酸提供甲基转变成肾上腺素。酪氨酸的另一条途径是在黑色素细胞中，酪氨酸羟化形成多巴后，进一步转变成黑色素（图9－7）。

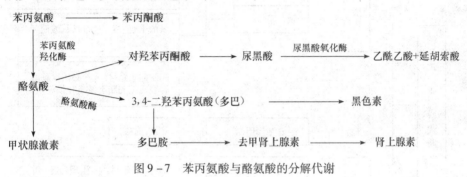

图9－7　苯丙氨酸与酪氨酸的分解代谢

## 知识拓展

### 氨基酸代谢疾病

苯丙酮尿症（PKU）：由苯丙氨酸羟化酶缺乏引起，是临床上最常见的氨基酸代谢的先天缺陷，其生物学特征是苯丙氨酸的蓄积，并经过转氨酶的作用生成苯丙酮酸并随尿液排出。典型症状是智力低下，不会走路和说话、震颤、小头畸形和生长停止。苯丙酮尿症患者还经常表现色素缺乏（头发、皮肤浅色和蓝色眼睛）。未治疗的PKU婴儿在1岁时会出现典型的智力迟缓，由于有新生儿筛查，现在这些临床表现很少见。对PKU患者，通过喂养人工合成的低苯丙氨酸的氨基酸制剂，并补充一些苯丙氨酸含量低的蔬菜水果，使血液中苯丙氨酸浓度维持于接近正常范围。越早开始治疗，越能安全避免神经方面的损伤。

白化病：指酪氨酸酶缺乏而导致黑色素产生不足的一种疾病。这种缺陷导致皮肤、头发呈白色，怕光，看东西总是眯着眼睛，属于家族遗传性疾病，为常染色体隐性遗传，常发生于近亲结婚的人群中。

尿黑酸症：由于尿黑酸氧化酶缺乏导致尿黑酸不能进一步氧化而直接自尿排出，此尿中的尿黑酸被空气氧化呈黑色，是一种罕见代谢病。典型特征有：尿中尿黑酸水平升高，尿黑酸在放置后可被氧化为暗色；大关节炎以及色素沉着。虽然此病不会威胁生命，但与其相关的关节炎可能会导致严重的残疾。

此外，帕金森病是由于脑中多巴胺的合成减少所致的一种神经系统疾病。表现为静止性震颤、肌张力增高、运动迟缓等。临床治疗可采用左旋多巴，左旋多巴是多巴胺的代谢前体，可经脱羧生成多巴胺，起补充多巴胺的作用。

### （二）色氨酸的代谢

色氨酸是一种必需氨基酸。除能生成 5－羟色胺和一碳单位外，还可以降解产生丙酮酸与乙酰乙酰辅酶 A，故是生糖兼生酮氨基酸。色氨酸在体内还可以合成尼克酸，这是体内合成维生素的有限例子。但合成量少，不能满足机体需要。

## 本 章 小 结

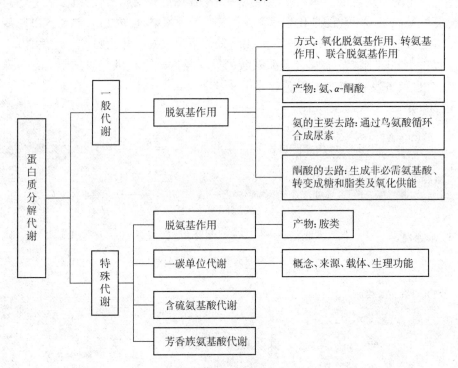

# 目标检测

## 一、单项选择题

1. 体内最重要的脱氨基方式是（　　）。
   A. 氧化脱氨基　　　B. 转氨基　　　　　C. 联合脱氨基
   D. 直接脱氨基　　　E. 加水脱氨基

2. 下列哪种组织内 AST 活性最高（　　）？
   A. 骨骼肌　　　　　B. 心肌　　　　　　C. 肝脏
   D. 脑组织　　　　　E. 肾脏

3. 体内转运一碳单位的载体是（　　）。
   A. 叶酸　　　　　　B. SAM　　　　　　C. 四氢叶酸
   D. 生物素　　　　　E. 二氢叶酸

4. 鸟氨酸循环的意义主要在于（　　）。
   A. 合成瓜氨酸　　　B. 合成鸟氨酸　　　C. 运输氨
   D. 解除氨毒性　　　E. 贮存氨

5. 体内氨的主要去路是（　　）。

A. 随尿排出　　　　B. 合成谷氨酰胺　　　C. 参与合成核苷酸

D. 合成尿素　　　　E. 合成氨基酸

## 二、案例分析

某患者 3 岁，智力低下，生长迟缓，毛发浅色，尿液中有大量苯丙酮酸，最可能的原因是什么？该病如何防治？

# 第十章 │ 核酸代谢与蛋白质的生物合成

核酸是以核苷酸为基本组成单位的生物信息大分子，体内核苷酸主要由机体细胞自身合成，不属于营养必需物质。除少数 RNA 病毒外，DNA 是生物界遗传的主要物质基础。基因（gene）是 DNA 分子的片段，是遗传的功能单位。通过基因转录和翻译，由 DNA 决定蛋白质的一级结构，从而决定蛋白质的功能。DNA 还通过复制，将基因信息代代相传。1958 年，F. Crick 把上述遗传信息的传递方式归纳为中心法则（central dogma）。后来 1970 年 H. Temin 发现逆转录现象后对中心法则的内容进行了补充和修正（图 10 – 1）。

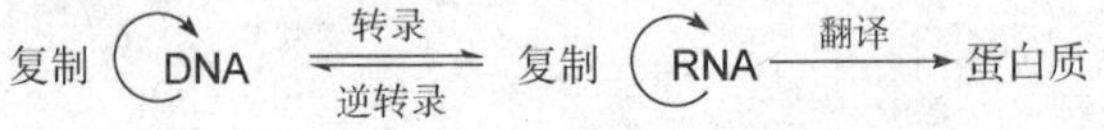

$$复制\ \mathbf{DNA} \underset{逆转录}{\overset{转录}{\rightleftharpoons}} 复制\ \mathbf{RNA} \xrightarrow{翻译} 蛋白质$$

图 10 – 1 中心法则

## 知识拓展

## 核酸分解的研究历史及抗代谢药物

1909 ~ 1934 年，美国生物化学家 Owen 证明，核酸的分解单位是核苷酸，1936 年，Ponnamperuma 在实验中得到了腺嘌呤。后来，又与 R. Mariner、C. Sagan 将腺嘌呤与核糖连接成为核苷；再连接磷酸，得到了腺苷三磷酸。1950 年，J. M. Buchanan 和 G. R. Greenberg 采用同位素示踪结合嘌呤核苷酸降解物 – 尿酸分析证明，嘌呤分子的原子 $N^1$ 来自天冬氨酸，$N^3$ 和 $N^9$ 来自谷氨酰胺等，完成了嘌呤生物合成过程的演绎。1964 年，科学家确定 Lesch – Nyhan 综合征与次黄嘌呤 – 鸟嘌呤磷酸核糖转移酶缺陷有关。至今已发现，某些遗传性、代谢性疾病与核苷酸的合成与分解代谢障碍有关。模拟核苷酸组成成分，如取代碱基、核苷和核苷酸的类似物已应用于临床上的抗代谢药物。

# 第一节　核苷酸代谢

## 一、核苷酸的分解代谢

### （一）核酸的水解

食物中的核酸多以核蛋白的形式存在。进入消化道后，在胃酸作用或小肠中蛋白酶的作用下，分解成核酸和蛋白质，继而在各种酶作用下，水解成碱基、戊糖和磷酸，这些产物又进一步被利用或氧化分解为代谢产物排出体外。

核蛋白

蛋白质　←─────────────→　核酸（DNA和RNA）

核苷酸

　　　　　　胰、肠核苷酸酶

核苷　←─────────────→　磷酸

碱基　←─────────────→　戊糖

核酸酶是重要的工具酶，可以分为外切酶和内切酶，凡是水解核酸分子末端磷酸二酯键的酶，称为核酸外切酶；水解核酸分子内部磷酸二酯键的酶，则属于核酸内切酶；选择具有特定核苷酸序列并在特定位点水解磷酸二酯键的酶称为限制性内切酶。

### （二）嘌呤核苷酸的分解代谢

嘌呤核苷酸首先水解为嘌呤碱基、戊糖和磷酸。其中的腺嘌呤与鸟嘌呤在人类和灵长类动物体内分解的最终产物是尿酸（uric acid）。尿酸仍具有嘌呤环，通过肾脏的泌尿，最终随尿液排出体外。

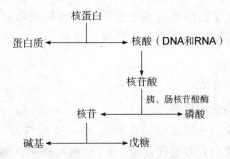

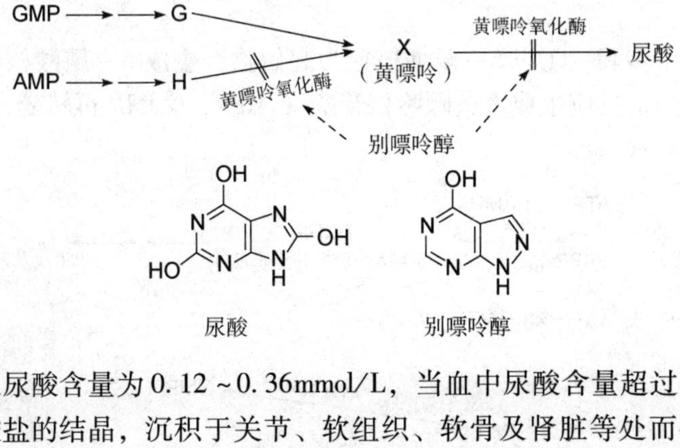

尿酸　　　　　　　　　　别嘌呤醇

正常人血浆尿酸含量为 $0.12 \sim 0.36$ mmol/L，当血中尿酸含量超过 $0.64$ mmol/L 时，尿酸会形成尿酸盐的结晶，沉积于关节、软组织、软骨及肾脏等处而导致关节炎、尿路结石及肾疾病。尿酸盐沉积引起的疼痛症状临床上称为痛风，这种病可能与嘌呤核苷酸代谢酶缺陷有关。此外，当进食高嘌呤饮食、肾疾病导致尿酸排出障碍或恶性肿瘤患者体内核酸分解加强时，均可导致血尿酸含量升高。别嘌呤醇的化学结构与次黄嘌呤相似，可抑制黄嘌呤氧化酶，从而抑制尿酸生成。故别嘌呤醇对治疗痛风有一定疗效。

### （三）嘧啶核苷酸的分解代谢

嘧啶核苷酸首先水解为嘧啶碱基、戊糖和磷酸。与嘌呤不同，嘧啶环可打开并最后被分解为 $NH_3$、$CO_2$ 及 $H_2O$。其中胸腺嘧啶的分解产物 $\beta$ – 氨基异丁酸，有一部分可随尿排出，尿中 $\beta$ – 氨基异丁酸的排泄多少可反映细胞及 DNA 破坏程度，白血病患者往往尿中排泄增多。

## 二、核苷酸的合成代谢

体内核苷酸的合成有两条途径，一种是利用磷酸核糖、氨基酸、一碳单位等简单物质，经过一系列酶促反应合成核苷酸的途径，称为从头合成途径。是人体内合成核苷酸的主要途径，从头合成的酶系主要在肝脏、小肠黏膜和胸腺等组织；另一种是利用体内现存的核苷或碱基经过简单的反应合成核苷酸的途径称为补救合成途径，主要发生在骨髓、脑等组织。

### （一）嘌呤核苷酸的合成

#### 1. 嘌呤核苷酸的从头合成途径

合成原料是谷氨酰胺、天冬氨酸、甘氨酸、5 – 磷酸核糖、一碳单位和二氧化碳，并需 ATP 供能。氨基酸来自氨基酸代谢库，5 – 磷酸核糖来自糖的磷酸戊糖途径，一碳单位由某些氨基酸代谢产生（图 10 – 2）。

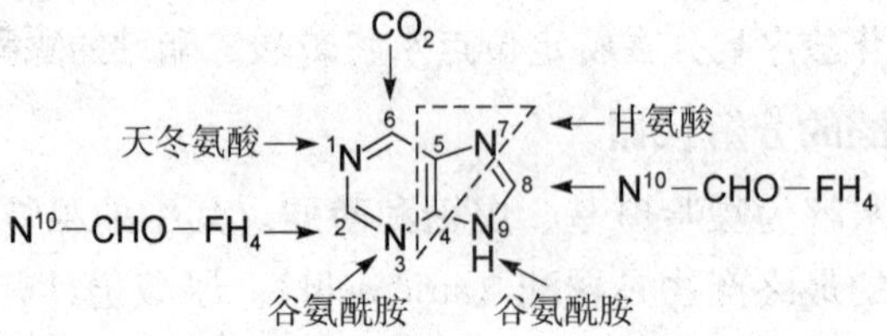

图 10 – 2　嘌呤环合成的原料

反应分为两个步骤：①以 5 – 磷酸核糖为起始物，生成 5 – 磷酸核糖 – 1 – 焦磷酸，然后通过一系列酶促反应生成次黄嘌呤核苷酸（IMP）；②IMP 再转变为 AMP 和 GMP。

（1）IMP 的合成

（2）IMP 转变为 AMP 和 GMP

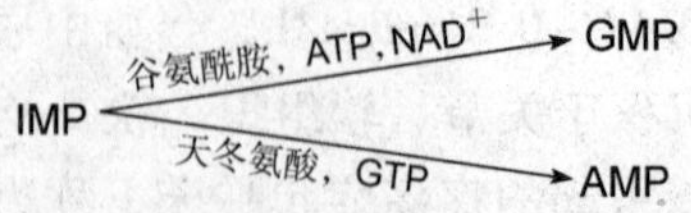

#### 2. 嘌呤核苷酸的补救合成途径

补救合成有两种方式，比从头合成简单得多，消耗 ATP 也少，且可节省一些氨基酸的消耗。

（1）由嘌呤与 PRPP 经磷酸核糖转移酶作用生成核苷酸

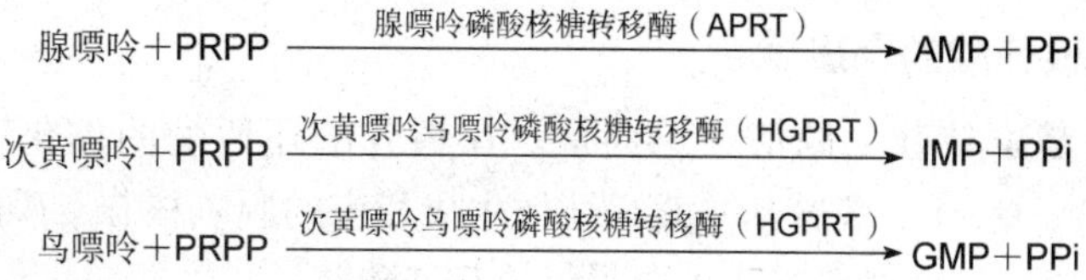

$$腺嘌呤＋PRPP \xrightarrow{\text{腺嘌呤磷酸核糖转移酶（APRT）}} AMP＋PPi$$

$$次黄嘌呤＋PRPP \xrightarrow{\text{次黄嘌呤鸟嘌呤磷酸核糖转移酶（HGPRT）}} IMP＋PPi$$

$$鸟嘌呤＋PRPP \xrightarrow{\text{次黄嘌呤鸟嘌呤磷酸核糖转移酶（HGPRT）}} GMP＋PPi$$

（2）由腺嘌呤核苷经腺苷激酶催化作用生成 AMP

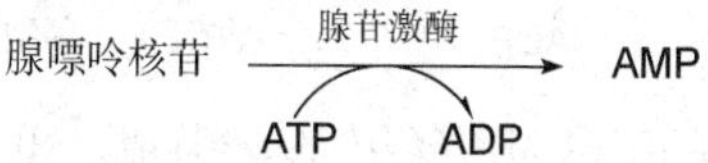

$$腺嘌呤核苷 \xrightarrow[\underset{ATP \quad ADP}{}]{\text{腺苷激酶}} AMP$$

有一种遗传病称 Lesch Nyhan 综合征，又称自毁容貌症（表现为智力发育障碍，共济失调，具攻击性和敌对性，并有咬自己口唇、手指、足趾等），就是由于基因缺陷导致 HGPRT 完全缺失造成的，这种患者很少能存活。

**3. 体内嘌呤核苷酸的相互转变**

体内 IMP 可以转变为 AMP 和 GMP，同样 AMP 和 GMP 也可转变成 IMP。AMP 和 GMP 经过两步激酶的催化，由 ATP 提供能量和磷酸基团，可转变为 ATP 和 GTP。

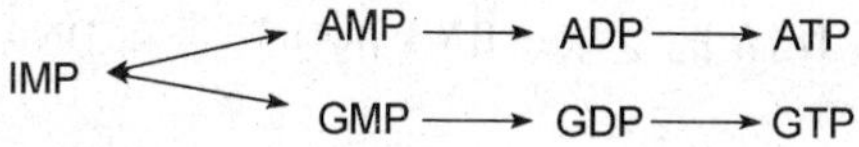

$$IMP \begin{cases} AMP \longrightarrow ADP \longrightarrow ATP \\ GMP \longrightarrow GDP \longrightarrow GTP \end{cases}$$

## （二）嘧啶核苷酸的合成

**1. 嘧啶核苷酸的从头合成途径**

嘧啶核苷酸的从头合成途径主要在肝细胞液中进行。首先合成嘧啶环，再与磷酸核糖相连，形成 UMP。合成原料是谷氨酰胺、天冬氨酸、二氧化碳和 5－磷酸核糖，由 ATP 供能（图 10－3）。

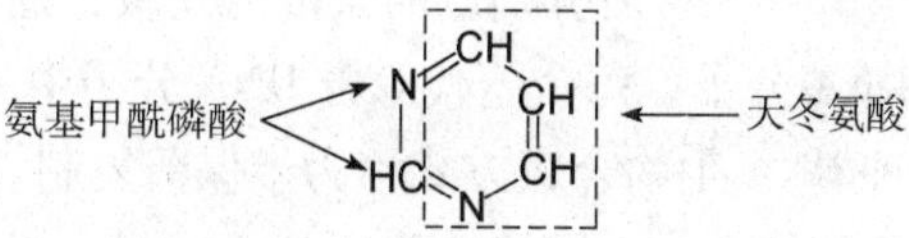

图 10－3　嘧啶环合成的原料

（1）UMP 的合成

$$CO_2 \xrightarrow[\underset{ATP \quad ADP}{谷氨酰胺 \quad 谷氨酸}]{\text{氨基甲酰磷酸合成酶}} 氨基甲酰磷酸 \xrightarrow[天冬氨酸]{} \longrightarrow 二氢乳清酸 \xrightarrow[NAD^+ \quad PRPP]{} UMP$$

（2）胞嘧啶核苷酸的合成　UMP 在激酶的作用下可生成 UTP，UTP 在 UTP 合成酶催化下可产生 CTP。

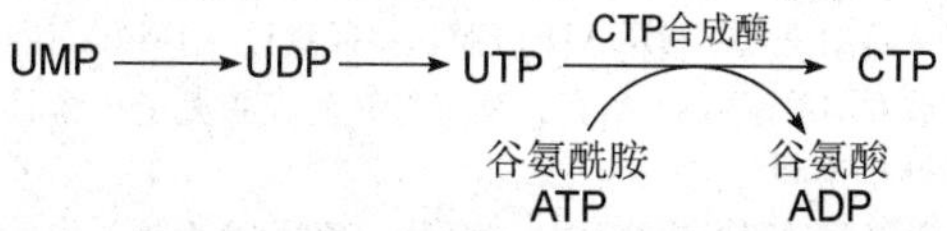

$$UMP \longrightarrow UDP \longrightarrow UTP \xrightarrow[\underset{ATP \quad ADP}{谷氨酰胺 \quad 谷氨酸}]{\text{CTP合成酶}} CTP$$

**2. 嘧啶核苷酸的补救合成**

各种嘧啶核苷主要通过磷酸核糖转移酶和嘧啶核苷激酶的作用，将嘧啶碱基和嘧啶核苷转变成相应的嘧啶核苷酸。

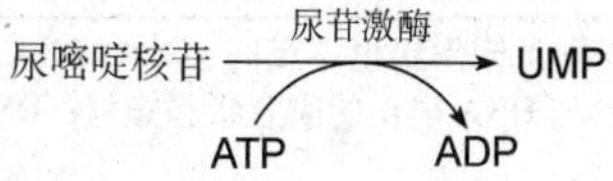

$$尿嘧啶核苷 \xrightarrow[\underset{ATP \quad ADP}{}]{\text{尿苷激酶}} UMP \qquad 尿嘧啶 \xrightarrow[\underset{PRPP \quad PPi}{}]{\text{尿嘧啶磷酸核糖转移酶}} UMP$$

### （三）脱氧核苷酸的合成

脱氧核苷酸是由核苷二磷酸还原而成。在核苷酸还原酶的催化下，核苷二磷酸（NDP，N 代表 A、G、U、C 碱基）直接还原生成相应的脱氧核苷二磷酸（dNDP），脱氧核苷二磷酸形成后，通过磷酸化生成脱氧核苷三磷酸。

$$NDP \xrightarrow[\text{NADPH}+\text{H}^+ \quad \text{NADP}^+]{\text{核苷酸还原酶}} dNDP \xrightarrow[\text{ATP} \quad \text{ADP}]{\text{核苷二磷酸激酶}} dNTP$$

脱氧胸苷酸（dTMP）是由 dUMP 经甲基化生成。dUMP 可由 dCMP 加水脱氨或 dUDP 水解生成。

$$dCMP \xrightarrow[\text{H}_2\text{O} \quad \text{NH}_3]{\text{dCMP脱氨酶}} dUMP \xrightarrow[N^5, N^{10}-\text{CH}_2-\text{FH}_4 \quad \text{FH}_2]{\text{胸苷酸合成酶}} dTMP$$

# 第二节　DNA 的生物合成

DNA 的生物合成包括 DNA 的复制、RNA 的逆转录和 DNA 损伤的修复等。

## 一、DNA 的复制

### （一）DNA 的复制方式——半保留复制

DNA 复制时，首先是亲代 DNA 的双螺旋结构松解，两条链之间的氢键断裂，两条链分开，然后分别以两条链为模板，通过碱基配对，合成其互补链，形成了两个子代 DNA 分子，每个子代双链 DNA 分子中一条链来自亲代 DNA，另一条链是新合成的。这种 DNA 生物合成方式称为半保留复制。该复制方式是 1958 年 Meselson 和 Stahl 利用氮标记技术在大肠埃希菌（*Escherichia coli*）中首次证实。

### （二）DNA 的复制体系

DNA 复制不仅需要亲代 DNA 作为复制模板、四种脱氧核苷三磷酸（dNTP）为原料，还需要引物、多种酶和蛋白质因子。参与 DNA 复制的酶类和蛋白质因子及其作用见表 10-1。

表 10-1　参与 DNA 复制的酶类和蛋白质因子及其作用

| 酶和蛋白质因子 | 作　用 |
| --- | --- |
| 解螺旋酶 | 辨认起始位点，利用 ATP 分解供给能量打开 DNA 双链之间的氢键 |
| 单链 DNA 结合蛋白 | 与解开的单链 DNA 结合，维持打开的模板处于单链状态；避免核酸内切酶对单链 DNA 的水解 |
| 拓扑异构酶 | 松弛复制过程形成的 DNA 超螺旋，理顺 DNA 链 |
| 引物酶 | 以相应复制起始部位的 DNA 链为模板，按碱基互补配对原则，催化短片段 RNA 的合成 |
| DNA 聚合酶 | 以 DNA 为模板，根据碱基配对原则，催化 dNTP 加到 RNA 引物的 3′-OH 末端形成磷酸二酯键连接，依此逐个催化使合成的 DNA 链逐渐延长，延长方向是 5′→3′ |
| DNA 连接酶 | 催化相邻的 DNA 片段以 3′,5′-磷酸二酯键相连接 |

说明：原核生物中，DNA 聚合酶均有 5′→3′聚合酶活性，但不同类型作用也不相同，其中 DNA 聚合酶 I 主要参与修复合成、切除引物、填补空隙；DNA 聚合酶 II 参与 DNA 损伤的应急状态修复；DNA 聚合酶 III 主要催化 DNA 链延长。

### （三）DNA 复制的过程

以下主要介绍原核生物大肠埃希菌的 DNA 复制过程。

**1. 复制起始**

在复制起始位点处，通过解螺旋酶、拓扑异构酶和蛋白质因子等协同作用，局部双链解开，碱基间氢键断裂，形成两条单链 DNA。单链 DNA 结合蛋白（SSB）再与解开的 DNA 单链结合并维持其稳定状态，引物酶结合在 DNA 单链的模板起始处，催化合成短链 RNA 引物，这样形成一个复合结构，这种复合结构包括 DNA 起始复制区域、解螺旋酶、引物酶和单链 DNA 结合蛋白等蛋白质因子，称为引发体。随着 RNA 引物的合成，DNA 聚合酶加入，形成一个像叉子的复制点，称为复制叉，复制进入延长阶段。

**2. DNA 链的延长**

在 DNA 聚合酶Ⅲ催化下，从 RNA 引物的 $3' - OH$ 端开始，分别以解开的两条 DNA 单链为模板，按碱基互补原则，四种 dNMP 逐个加入引物或延长中的子链上，各自合成一条与 DNA 模板链互补的 DNA 新链，其化学本质是磷酸二酯键的不断生成，子链的延长方向是 $5' \rightarrow 3'$。

复制时，由于模板 DNA 的两条链是反向平行的，而 DNA 聚合酶催化合成的新链始终是按 $5' \rightarrow 3'$ 方向进行，故两条新链的合成方向也是相反的，一条新链的合成方向与复制叉前进的方向一致，可连续合成，称为前导链或领头链；另一条新链的合成方向则与复制叉前进方向相反，不能连续合成，而是合成一段较短的 DNA 片段后，需待模板解链到足够长度再合成另一段，这条链称为随从链或滞后链。这些不连续的 DNA 片段称为冈崎片段。

**3. 复制终止**

在 DNA 聚合酶Ⅲ的作用下，新合成的 DNA 链不断延长，当冈崎片段延长到前一个 DNA 片段的引物处时，DNA 聚合酶Ⅰ将 RNA 引物水解除去，出现的空缺继续由 DNA 聚合酶Ⅰ催化 DNA 片段延长填补。但不能把两个相邻 DNA 片段的空缺处连接起来，最终需要由 DNA 连接酶将冈崎片段连接完整。两条新合成的 DNA 子链，分别与其作为模板的母链形成两个完整的子代 DNA。DNA 复制过程见图 10 - 4。

## 二、逆转录

1970 年 H. Temin 和 D. Baltimore 分别从 RNA 病毒中发现能催化以 RNA 为模板合成双链 DNA 的酶，称为逆转录酶（reverse transcriptase），将这种遗传信息从 RNA 传递到 DNA 分子中的过程称为逆转录。这是 DNA 合成的一种特殊形式。逆转录酶具有双重聚合功能，它既可利用 RNA 为模板，合成一条与 RNA 模板互补的 DNA 链，又能以新合成的 DNA 链为模板，合成另一条 DNA 互补链，同时，逆转录酶还具有核糖核酸酶的活性，能专一的水解 RNA - DNA 杂交分子中的 RNA。逆转录过程见图 10 - 5。

逆转录酶存在于所有致癌 RNA 病毒中，当病毒侵入细胞后，在宿主细胞中以病毒 RNA 为模板合成 DNA，并整合到宿主细胞的 DNA 中。逆转录病毒基因组中都含有癌基因，如果由于某种因素激活了癌基因可使宿主细胞转化为癌细胞，引起宿主细胞癌变。

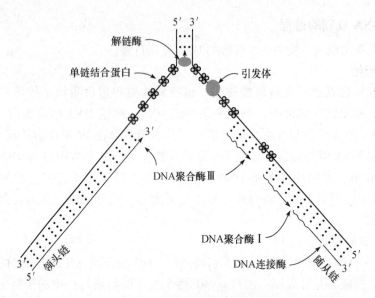

图 10-4　DNA 复制过程简图

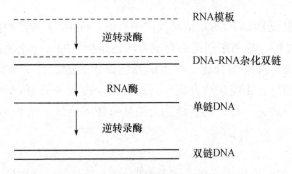

图 10-5　逆转录病毒内的逆转录现象

## 三、DNA 损伤的修复

DNA 的损伤，也称为突变（mutation）是指机体在自发情况下或受某些理化因素的诱发，使 DNA 分子中个别 dNMP 残基甚至 DNA 片段在构成、复制或表型功能上发生的异常变化。即遗传物质结构改变引起遗传信息的改变。如紫外线可引起 DNA 链上相邻的两个嘧啶碱基发生共价结合，生成嘧啶二聚体。

DNA 损伤和修复是细胞内 DNA 复制中并存的过程。在一定条件下，生物体能使其DNA 的损伤得到修复，使 DNA 恢复原有的结构和功能。DNA 损伤的修复主要类型和机制见表 10-2。

表 10-2　DNA 损伤的修复主要类型和机制

| 修复方式 | 机　制 |
| --- | --- |
| 直接修复（光修复） | 在可见光照射下，光修复酶活化，使 DNA 分子中由于紫外线作用生成的嘧啶二聚体分解为原来的非聚合状态，DNA 恢复正常 |
| 切除修复 | 核酸内切酶识别损伤部位并切除该部位 DNA 单链片段，在 DNA 聚合酶作用下，以另一条互补的 DNA 单链为模板，按 5′→3′ 方向修复合成 DNA。然后，在 DNA 连接酶的作用下，修补缺口 |

续表

| 修复方式 | 机　制 |
|---|---|
| 重组修复 | 大面积损伤时，利用健康的母链对应部分与缺口进行交换，填补缺口形成完整的 DNA 子链。母链出现的缺口以另一条子链 DNA 为模板，经 DNA 聚合酶和 DNA 连接酶完成修补 |
| SOS 修复（错误倾向修复） | DNA 受到严重损伤、细胞处于危急状态时所诱导的一种 DNA 修复方式，但留下较多的错误 |

# 第三节　RNA 的生物合成

RNA 的生物合成有转录和 RNA 的复制两种方式。以 DNA 为模板合成 RNA 的过程称为转录（transcription）。转录是 RNA 生物合成的最主要方式。RNA 的复制是以 RNA 为模板合成新的 RNA 分子的过程，此方式常见于病毒。本节主要介绍转录。

## 一、RNA 的转录体系

在 RNA 的生物合成中，其反应体系以 DNA 为模板，原料为 NTP，即 ATP、GTP、CTP、UTP，有 $Mg^{2+}$、$Mn^{2+}$ 存在下，RNA 聚合酶按 $5'\rightarrow 3'$ 的方向合成多核苷酸链。

### （一）转录的模板

在庞大的基因组中，只有少部分基因发生转录。能转录出 RNA 的 DNA 区段称为结构基因（structural gene）。转录的这种选择性称为不对称转录，有两方面含义：其一是 DNA 双链只有一条起模板作用，称模板链，另一条链不同时作为转录模板，称编码链；其二是不同基因的转录模板并非总在同一条单链上（图 10 - 6）。

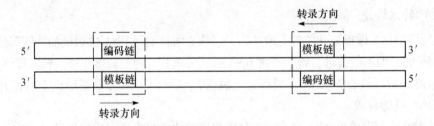

图 10 - 6　同一条染色体上不同基因转录的方向及其模板

### （二）参与转录的酶

参与转录的酶主要是 RNA 聚合酶。大肠埃希菌的 RNA 聚合酶，由含四个亚基的核心酶和一个 $\sigma$ 因子组成全酶。其中 $\sigma$ 因子具有辨认转录起始点的作用。核心酶有两个 $\alpha$ 亚基、一个 $\beta$ 亚基和一个 $\beta'$ 亚基组成，可催化 NTP 按模板的指引合成 RNA。

## 二、RNA 转录过程

转录过程分为起始、延长和终止三个阶段。

### （一）转录起始

转录是从 DNA 分子转录起始点上游的特定部位开始的，这个部位具有特殊的核苷酸序列，称为启动子，RNA 聚合酶的 $\sigma$ 因子能识别这个部位并与之结合，继之核心酶与模板结合，形成转录起始复合物，使 DNA 双链解开约 12~17 个碱基对，随后，根据 DNA 模板上核苷酸的序列，按碱基互补配对原则，从转录起始点开始转录。无论是原核生物还是真核生物，新合成的头一个核苷酸多为嘌呤核苷酸 GMP 或 AMP，以 GMP 常见。

在真核生物，转录起始点除启动子外，还有其他的转录调控序列。

### （二）转录延长

第一个核苷酸结合后，$\sigma$ 因子从转录起始复合物上脱落，核心酶沿 DNA 模板链的 $3'→5'$ 方向不断移动，同时与 DNA 模板链碱基序列互补的 NMP 逐一进入反应体系，并与前一个核苷酸的 $3'-OH$ 末端形成磷酸二酯键连接，使 RNA 链按 $5'→3'$ 方向不断延长。新合成的 RNA 链通过氢键与 DNA 模板链杂交。但 RNA-DNA 杂交双链之间的氢键不太牢固，随着 RNA 的延长，新合成的 RNA 链的 $5'$ 末端逐渐与模板分离，已被转录的 DNA 模板链又与编码链重新形成双螺旋结构。转录的延长如图 10-7 所示。

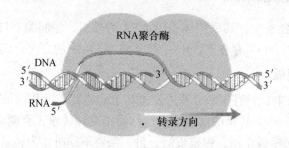

图 10-7  转录延长

### （三）转录终止

转录是在 DNA 模板某一位置上停止的，当核心酶移动到 DNA 模板链的特殊部位，遇到终止信号时，便不能前进，转录产物 RNA 链从转录复合物上脱落下来，转录即终止。

转录终止后，核心酶从 DNA 模板链上脱落，与 $\sigma$ 因子结合重新形成全酶，开始新的一条 RNA 链的合成。

真核生物转录生成的 RNA 只有经过加工修饰后才能成为具有生物活性的 RNA，加工过程主要包括剪切、剪接、添加和修饰等。原核细胞的 mRNA 不需要转录后加工过程。

# 第四节  蛋白质的生物合成

## 一、蛋白质生物合成体系

20 种氨基酸是蛋白质生物合成的基本原料，mRNA、tRNA、核糖体分别是蛋白质生物合成的模板、适配器和装配机。除此之外还需要能量物质、酶类及其他的蛋白因子等。

### （一）mRNA 是蛋白质生物合成的直接模板

mRNA 作为蛋白质生物合成的直接模板，决定蛋白质分子中的氨基酸排列顺序。

mRNA 分子上沿 5′→3′方向，从 AUG 开始每三个连续的核苷酸为一组，代表一种氨基酸或其他与翻译相关的信息，称为一个遗传密码或密码子。mRNA 中的四种碱基可以组成 64 种密码子（表 10 - 3）。其中有 3 个密码子 UAA、UGA、UGA 不编码任何氨基酸，只作为肽链合成终止的信号，称为终止密码，又称无意义密码子；其余 61 个密码子编码蛋白质的 20 种氨基酸，称为有意义密码子。另外 AUG 既编码肽链中的蛋氨酸（原核生物中代表甲酰蛋氨酸），又作为肽链合成的起始信号。因此 AUG 称为起始密码子。

表 10 - 3 遗传密码表

| 第一位碱基 (5′) | 第二位碱基 | | | | 第三位碱基 (3′) |
| --- | --- | --- | --- | --- | --- |
| | U | C | A | G | |
| U | UUU 苯丙氨酸 | UCU 丝氨酸 | UAU 酪氨酸 | UGU 半胱氨酸 | U |
| | UUC 苯丙氨酸 | UCC 丝氨酸 | UAA 酪氨酸 | UGC 半胱氨酸 | C |
| | UUA 亮氨酸 | UCA 丝氨酸 | UAA 终止密码 | UGA 终止密码 | A |
| | UUG 亮氨酸 | UCG 丝氨酸 | UAG 终止密码 | UGG 色氨酸 | G |
| C | CUU 亮氨酸 | CCU 脯氨酸 | CAU 组氨酸 | CGU 精氨酸 | U |
| | CUC 亮氨酸 | CCC 脯氨酸 | CAC 组氨酸 | CGC 精氨酸 | C |
| | CUA 亮氨酸 | CCA 脯氨酸 | CAA 谷氨酰胺 | CGA 精氨酸 | A |
| | CUG 亮氨酸 | CCG 脯氨酸 | CAG 谷氨酰胺 | CGG 精氨酸 | G |
| A | AUU 异亮氨酸 | ACU 苏氨酸 | AAU 天冬酰胺 | AGU 丝氨酸 | U |
| | AUC 异亮氨酸 | ACC 苏氨酸 | AAC 天冬酰胺 | AGC 丝氨酸 | C |
| | AUA 异亮氨酸 | ACA 苏氨酸 | AAA 赖氨酸 | AGA 精氨酸 | A |
| | *AUG 蛋氨酸 | ACG 苏氨酸 | AAG 赖氨酸 | AGG 精氨酸 | G |
| G | GUU 缬氨酸 | GCU 丙氨酸 | GAU 天冬氨酸 | GGU 甘氨酸 | U |
| | GUC 缬氨酸 | GCC 丙氨酸 | GAC 天冬氨酸 | GGC 甘氨酸 | C |
| | GUA 缬氨酸 | GCA 丙氨酸 | GAA 谷氨酸 | GGA 甘氨酸 | A |
| | GUG 缬氨酸 | GCG 丙氨酸 | GAG 谷氨酸 | GGG 甘氨酸 | G |

遗传密码具有如下特点。

**1. 方向性**

是指 RNA 分子中三联体密码子的排列是按 5′→3′方向排列的，即翻译时读码从 mRNA 的起始密码 AUG 开始，按 5′→3′的方向逐一阅读，直至终止密码。这样 mRNA 阅读框架中 5′→3′排列的核苷酸顺序就决定了多肽链中从氨基端到羧基端的氨基酸排列顺序。

**2. 连续性**

两个密码子之间无任何核苷酸隔开，从 AUG 开始向 3′-端连续阅读，直至终止密码。如果在读码框中间出现碱基插入或缺失就会使此后的读码产生错译，造成移码突变，引起下游氨基酸排列的错误。

**3. 简并性**

除了 3 个终止密码外，还有 61 个密码代表 20 种氨基酸，因此大多氨基酸有一个以上的密码，这种多个密码子代表一种氨基酸的现象称为密码的简并性。如丙氨酸就有 GCU，GCC，GCA，GCG 四个密码子。密码子的专一性主要由前两个碱基决定，即使第三个碱基发生突变也能翻译出正确的氨基酸。遗传密码的简并性有利于保持物种的稳定性，并减少基因突变。

**4. 通用性**

整个生物界几乎都共用一套遗传密码，这一特征称为遗传密码的通用性。但线粒体和叶绿体所使用的遗传密码与"通用密码"有差别。例如人线粒体中，UGA 不是终止密码，而是色氨酸的密码子，AGA，AGG 不是精氨酸的密码子，而是终止密码子，加上通用密码中的 UAA 和 UAG，线粒体中共有四组终止密码。

**（二）tRNA 是氨基酸的运载工具及蛋白质生物合成的适配器**

tRNA 分子氨基酸臂的 3′ – 端 CCA – OH 可与氨基酸分子通过共价键结合，将氨基酸由胞液转移到核糖体上；另外，tRNA 分子反密码环上的反密码子与 mRNA 分子中的密码子靠碱基配对原则而形成氢键，达到相互识别的目的，见图 10 – 8。

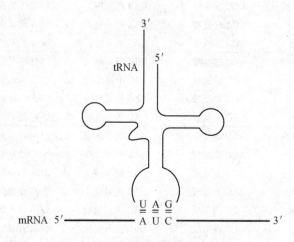

图 10 – 8　密码子和反密码子的相互作用

**（三）核糖体是蛋白质生物合成的装配机**

核糖体又称核蛋白体，是由 rRNA 和几十种蛋白质组成的复合体，其结构由由大、小两个亚基构成，核糖体作为蛋白质的合成场所具有两个重要位点：结合氨基酰 – tRNA 的氨基酰位（aminoacyl site）称 A 位；结合肽酰基 – tRNA 并能给出肽酰基的肽酰位（peptidyl site）称 P 位，起始蛋氨酰 – tRNA 也结合在此部位。

除此之外，蛋白质生物合成需要多种酶类，如氨基酰 – tRNA、转肽酶、转位酶等；在合成的各阶段需要多种蛋白因子，如起始因子、延长因子、终止因子或释放因子等；还需要能量物质 ATP 和 GTP，以及多种无机离子 $Mg^{2+}$ 和 $K^+$ 等。

## 二、蛋白质的生物合成过程

蛋白质的生物合成过程分为两个阶段：氨基酸的活化与转运、核蛋白体循环。

### （一）氨基酸的活化与转运

在合成蛋白质之前，分散在胞液中的各种氨基酸分子需要活化并与 tRNA 结合，形成氨基酰 – tRNA，才能运载到核蛋白体上，参与肽链的合成，此过程称为氨基酸的活化。反应式如下：

$$氨基酸+tRNA \xrightarrow[\text{ATP}]{\text{氨基酰—tRNA合成酶}} 氨基酰—tRNA$$
$$AMP+PPi$$

一种氨基酸虽然通常可有 2~6 种对应的 tRNA 特异结合，但一种 tRNA 只能转运一种特定的氨基酸。

### （二）核蛋白体循环

分为多肽链合成的起始、延伸和终止三个阶。具体步骤在原核生物和真核生物中有所不同，现以原核生物为例分述如下。

**1. 起始阶段**

在起始因子、GTP 和 $Mg^{2+}$ 等参与下，核蛋白体小亚基与 mRNA 的起始部位结合；起始蛋氨酰 – tRNA 借反密码 CAU 与 mRNA 的起始密码 AUG 互补结合，核蛋白体大亚基与上述小亚基复合体结合，形成起始复合体。此时，蛋氨酰 – tRNA 的反密码 CAU 与 mRNA 的起始密码 AUG 互补结合，处于核蛋白体的 P 位，第二个密码暴露在核蛋白体的 A 位，为接受下一个氨基酰 – tRNA 做好了准备（图 10 – 9）。

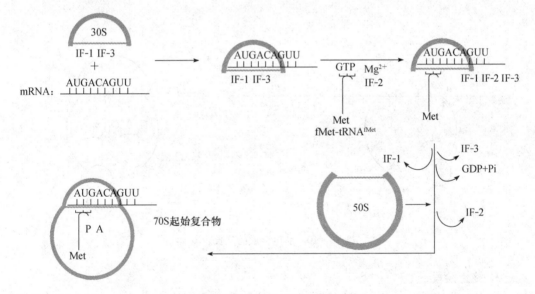

图 10 – 9　肽链合成的起始阶段

**2. 肽链的延长阶段**

起始复合体形成后，核蛋白体沿着 mRNA 分子 $5'{\to}3'$ 方向移动，从 AUG 开始将对应的密码信息翻译成多肽链中从 N 端→C 端氨基酸的排列顺序。此阶段由进位、转肽、移位三个步骤循环进行直至肽链合成终止。见图 10 – 10。

（1）进位　在延长因子、GTP 等参与下，胞液中的氨基酰 – tRNA 分子中的反密码通过碱基互补识别核蛋白体 A 位相对应的 mRNA 分子中的密码，并进入核蛋白体 A 位与之结合。

（2）转肽　在转肽酶催化下，P 位上起始蛋氨酰 – tRNA 的蛋氨酰基或肽酰 – tRNA 的肽酰基转移到 A 位，并与 A 位的氨基酰 – tRNA 的 $\alpha$ – 氨基之间形成肽键连接，此时

P 位上脱去蛋氨酰基或肽酰基的 tRNA 从核蛋白体的 P 位上脱落下来。

（3）移位　在延长因子、GTP、$Mg^{2+}$ 等参与，转位酶的催化下，核蛋白体沿mRNA 的 5′→3′ 方向移动相当于一个密码的距离，使肽酰 – tRNA 从 A 位移到 P 位。此时空出来的 A 位又对应着 mRNA 的下一个密码，依次又可进入下一个核蛋白体循环的进位、转肽、移位。每循环一次多肽链增加一个氨基酸残基。如此反复进行，多肽链按 mRNA 上密码顺序不断从 N 端向 C 端增加氨基酸，使多肽链延长。

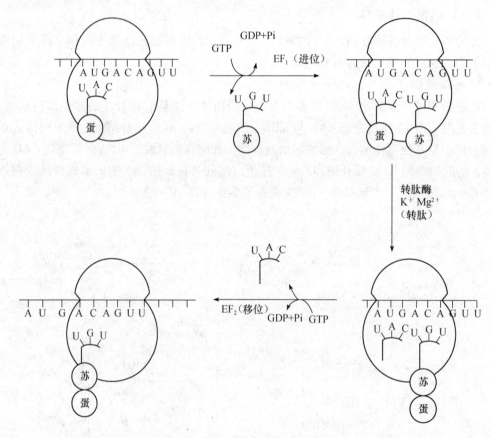

图 10 - 10　肽链合成的延长阶段

### 3. 终止阶段

核蛋白体移位后，当 mRNA 在 A 位上对应的位置出现终止密码时，终止因子与核蛋白体结合后，导致核蛋白体构象改变，转肽酶活性发生改变，使转肽酶没有转肽作用而只有水解作用，催化肽酰 – tRNA 上的酯键水解断裂，多肽链从核蛋白体中释放出来，tRNA 也从 P 位脱落。此时，核蛋白体大、小亚基分开，并与 mRNA 分离。解聚后的核蛋白体大、小亚基又可在 mRNA 的起始密码端结合在一起重新形成起始复合体，进行新一条多肽链的合成。

无论原核还是真核细胞，一条 mRNA 模板往往附着多个核糖体，这些核糖体依次结合起始密码从 5′→3′ 方向读码移动，这种 mRNA 与多个核糖体形成的聚合物称为多聚核糖体。依次可合成多条多肽链，多聚核糖体的形成大大提高了蛋白质的生物合成速度和效率。

### 三、翻译后的加工修饰

新生多肽链必须经过复杂的加工修饰才能转变为具有天然构象的功能蛋白质。翻译后的加工修饰包括肽链一级结构的修饰，空间构象的折叠与修饰等过程。

#### （一）一级结构的修饰

**1. 肽链 N－端的切除**

多数天然蛋白质的第一个氨基酸不是蛋氨酸，因此在肽链的延伸中或合成后，在细胞内脱甲酰基酶或氨基肽酶作用下切除 $N$－甲酰基、$N$－蛋氨酸或 $N$－端附加序列（信号肽）。

**2. 氨基酸残基的化学修饰**

蛋白质分子中某些氨基酸残基的侧链存在共价结合的化学基团，是翻译后经特异加工形成的，这些修饰性氨基酸对蛋白质的生物学活性发挥重要作用。如赖氨酸、脯氨酸羟基化生成羟赖氨酸和羟脯氨酸；肽链内或肽链间半胱氨酸形成二硫键；某些蛋白质的丝氨酸、苏氨酸或酪氨酸残基磷酸化；赖氨酸、精氨酸甲基化等。

**3. 水解修饰**

某些无活性的蛋白质前体经蛋白酶水解生成有活性的蛋白质或多肽。如胰岛素原酶解生成胰岛素；鸦片促黑皮质素原可被水解生成促肾上腺皮质激素、$\beta$－促黑激素、内啡肽等活性物质。

#### （二）高级结构的修饰

多肽链合成后，除了需要正确折叠成天然构象外，还需其他空间结构的修饰。如具有四级结构的蛋白质各亚基的非共价聚合；结合蛋白质如脂蛋白、色蛋白等需结合相应的辅基才能成为功能蛋白。

#### （三）蛋白合成后的靶向运输

蛋白质合成后需运输到相应的部位才能行使其生物学功能。蛋白质合成后大致有两种去向：一种是保留在细胞液，这种蛋白质合成后直接分泌到细胞液即可发挥作用；另一种是进入细胞器或细胞外，这就需要通过膜性结构，经过复杂的靶向运输机制才能到达功能部位。

# 第五节 药物对核酸代谢和蛋白合成的影响

许多物质可干扰肿瘤、病毒和有害细菌的 DNA、RNA 和蛋白质的生物合成，其中一些物质已被广泛用于疾病的治疗，特别是用作抗病毒、抗细菌及抗肿瘤的药物。

## 一、干扰核苷酸合成的药物

此类药物结构类似于核苷酸合成代谢底物或中间产物。主要有三类。

### （一）氨基酸类似物

如重氮乙酰丝氨酸（氮丝氨酸）可干扰核苷酸合成时对谷氨酰胺的利用，因而被用作抗肿瘤药物，主要用于治疗急性白血病。

### （二）叶酸类似物

四氢叶酸作为一碳单位的载体参与嘌呤核苷酸和胸腺嘧啶核苷酸的合成，叶酸类似物如甲氨蝶呤抑制二氢叶酸还原酶，从而抑制四氢叶酸的合成，导致核苷酸合成抑制，是常用的抗肿瘤药物。

### （三）碱基和核苷类似物

此类药物直接抑制核苷酸合成中的有关酶类或掺入核酸分子形成异常的 DNA 或 RNA，从而影响核酸功能。如 6 - 巯基嘌呤、氟尿嘧啶、5 - 碘尿嘧啶、阿糖胞苷和安西他滨（环胞苷）等常用作抗肿瘤药物。

## 二、影响核酸合成的药物

此类药物能与 DNA 结合，使 DNA 失去模板功能，从而抑制复制或转录。主要有三类。

### （一）烷化剂

如氮芥、白消安、环磷酰胺、氮丙啶等，能使鸟嘌呤、腺嘌呤和胞嘧啶的 $N^7$ 烷化，导致复制时的错配，甚至造成 DNA 链断裂。正常情况下这些烷化剂有致癌毒性。目前利用生物工程技术生产的一些烷化剂作为抗肿瘤药物，对正常细胞毒性低。

### （二）嵌合剂

此类药物能嵌入 DNA 分子内部，形成非共价结合，影响 DNA 复制和转录。如某些抗生素类（阿霉素、丝裂霉素、放线菌素 D 等）都可用作抗肿瘤药物。分子生物学中用于检测 DNA 的荧光试剂——溴化乙锭也属于嵌合剂，是极强的致癌物质。

### （三）作用于聚合酶的药物

此类药物直接作用于 DNA 聚合酶或 RNA 聚合酶，如利福霉素及其衍生物利福平能特异抑制某些细菌 RNA 聚合酶活性，抑制转录过程。

## 三、抑制蛋白质生物合成的抗生素

由某些真菌、细菌等微生物代谢产生的抗生素，可阻断细菌蛋白质合成而抑制细菌的生长和繁殖，对宿主无毒性的抗生素可用于预防和治疗人、动物和植物的感染性疾病。此类抗生素较多，如氯霉素、红霉素、土霉素、卡那霉素、链霉素等都能直接抑制蛋白质的生物合成，但作用点不同，见表 10 - 4。

表 10 - 4　抗生素抑制蛋白质生物合成的机制

| 抗生素 | 作用机制 |
| --- | --- |
| 四环素族（金霉素、新霉素、土霉素） | 抑制起始氨基酰 - tRNA 与小亚基结合 |
| 链霉素、卡那霉素、新霉素 | 与小亚基结合，导致构象改变，引起读码错误，抑制起始反应 |
| 红霉素 | 与大亚基结合，抑制转肽酶，抑制移位，妨碍肽链延长 |
| 氯霉素、林可霉素 | 与大亚基结合，抑制转肽酶，抑制转肽，阻断肽链延长 |
| 夫西地酸 | 与大亚基结合，与 EFG - GTP 结合，抑制肽链延长 |
| 放线菌酮 | 与真核大亚基结合，抑制转肽酶，阻断肽链延长 |
| 嘌罗霉素（嘌呤霉素） | 与原核和真核生物核蛋白体结合，氨基酰 - tRNA 类似物，引发未成熟肽链脱落，肽链合成提前释放 |

# 本 章 小 结

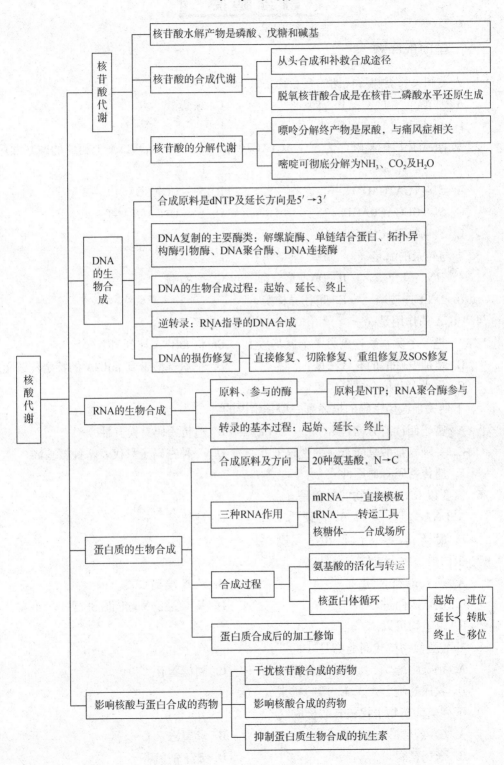

# 目标检测

## 一、单项选择题

1. 人类和灵长类嘌呤代谢的终产物是（　　）。
   A. 尿酸　　　　　　　B. 尿囊素　　　　　C. 尿囊酸
   D. 尿素　　　　　　　E. $\beta$ – 丙氨酸

2. 某 DNA 片段碱基顺序为 5′ – ACTAGTCAG – 3′，转录后 RNA 上相应的碱基顺序为（　　）。
   A. 5′ – TGATCAGTC – 3′　　　　　B. 5′ – UGAUCAGUC – 3′
   C. 5′ – CUGACUAGU – 3′　　　　　D. 5′ – CTGACTAGT – 3′
   E. 5′ – CUGACUAGT – 3′

3. 参与转录的酶是（　　）。
   A. RNA 聚合酶　　B. DNA 聚合酶　　C. 引物酶
   D. DNA 连接酶　　E. 拓扑异构酶

4. tRNA 的作用是（　　）。
   A. 把一个氨基酸连到另一个氨基酸上　　B. 将 mRNA 连到 rRNA 上
   C. 增加氨基酸的有效浓度　　　　　　　D. 把氨基酸带到 mRNA 的特定位置上
   E. 作为多肽链合成的模板

5. 下列关于遗传密码的描述哪一项是错误的（　　）？
   A. 密码阅读有方向性　　　　　　B. 遗传密码有简并性
   C. 一种氨基酸只能有一种密码子　　D. 一种密码子只代表一种氨基酸
   E. 遗传密码有通用性

6. 需要以 RNA 为引物的过程是（　　）。
   A. DNA 复制　　　B. 转录　　　　C. 反转录
   D. 翻译　　　　　　E. RNA 复制

7. 蛋白质生物合成的方向是（　　）。
   A. 从 C 端到 N 端　　　　　　　B. 从 N 端到 C 端
   C. 定点双向进行　　　　　　　　D. 从 C 端、N 端同时进行
   E. 以上均可以

8. 叶酸类似物抗代谢药物是（　　）。
   A. 别嘌呤醇　　　B. 甲氨蝶呤　　　C. 阿糖胞苷
   D. 氟尿嘧啶　　　E. 嘌呤霉素

9. 下列何种药物干扰核苷酸合成（　　）？
   A. 6 – 巯嘌呤（6 – MP）　　　　B. 丝裂霉素 C
   C. 米托蒽醌　　　　　　　　　　D. 苯丁酸氮芥
   E. 氯霉素

10. 常用的抗肿瘤药物中直接与 DNA 结合并阻止复制的药物是（　　）。

A. 放线菌素 D　　B. 博来霉素　　C. 白消安

D. 甲氨蝶呤　　E. 氟尿嘧啶

## 二、问答题

1. DNA 复制与 RNA 转录各有何特点？试比较之。

2. 调研临床上用于抗菌及抗肿瘤的药物中哪些属于影响核酸代谢及蛋白质生物合成的。

# 第十一章 | 代谢和代谢调控总论

## 学习目标

**知识目标**

掌握物质代谢相互联系，酶活性的变构调节和化学修饰的概念及生理意义；熟悉激素水平及整体水平调节；了解酶含量的调节及激素与受体的作用。

**技能目标**

依据物质的代谢联系及调控机制，理解机体是如何适应内、外环境变化的。

物质代谢是生命的本质特征，是生命活动的物质基础。生物体不同器官、组织、细胞等既有共同的代谢途径，又有其自身特殊的结构、代谢与功能。在一个细胞内同时进行着多条代谢途径，每条代谢途径由一组相关的酶促反应组成。不同代谢途径不但能保持相对独立，各代谢途径间还能相互连通与制约。这是因为机体对物质代谢具有一套精确、高效自动的调节机制。这种调节机制是生物进化过程中逐渐形成的一种适应能力。

# 第一节 物质代谢的相互关系

## 一、新陈代谢概述

新陈代谢简称代谢，是机体与外界环境不断进行物质交换的过程。物质在机体内进行化学变化的同时伴有能量转移的过程。前者称为物质代谢，后者称为能量代谢。将复杂的大分子物质分解为简单的小分子物质的过程，称为分解代谢，同时伴有能量的释放，供给生命活动所需。将小分子物质合成生物大分子的过程称为合成代谢，需要提供能量。

$$
新陈代谢
\begin{cases}
合成代谢 \begin{cases} 大分子分解为较简单的小分子 \\ 消耗能量 \end{cases} \\
分解代谢 \begin{cases} 释放能量 \\ 小分子合成生物大分子 \end{cases}
\end{cases}
\left. \begin{cases} \\ \end{cases} 能量代谢 \right\} 物质代谢
$$

## 二、糖、脂类、蛋白质与核酸代谢的关系

生物体内的新陈代谢是一个完整而又统一的过程，这些代谢过程是相互促进和制约的。糖、脂类和蛋白质代谢的联系主要表现在它们通过各个代谢的中间产物可以相

互转变。在合成代谢方面，通过中间代谢产物，如丙酮酸、乙酰 CoA、草酰乙酸等来实现相互转变；在分解代谢方面，它们虽然都能氧化分解成 $CO_2$ 与 $H_2O$，并释放能量，但由于各自的生理功能不同，在氧化供能上以糖和脂肪为主，其中糖是体内能量的主要来源。

### （一）糖与脂类代谢的相互联系

当机体摄入的糖超过体内能量需求时，多余的糖除合成少量的糖原储存外，其分解代谢的中间产物乙酰 CoA，是胆固醇及脂肪酸合成的主要原料，另一方面，糖分解的另一中间产物磷酸二羟丙酮又是生成甘油的原料，因此，人类或动物体过食糖类，很容易转化为脂肪及胆固醇。

正常情况下，脂肪水解生成的甘油可作为糖异生的原料，但由于丙酮酸的氧化脱羧是不可逆，脂肪中大量脂肪酸分解生成的乙酰 CoA 不能转变为丙酮酸，也就不能异生成糖。因此，一般生理情况下，糖可以大量转变为脂肪，而脂肪绝大部分在体内是不能转变为糖的。

### （二）糖与蛋白质代谢的相互联系

除生酮氨基酸（亮氨酸、赖氨酸）外，其他氨基酸都可通过转氨基或脱氨基生成相应的 $\alpha$ -酮酸，这些 $\alpha$ -酮酸一方面可通过 TCA 循环彻底氧化分解生成 $CO_2$ 和 $H_2O$ 并释放能量，另一方面也可转变为糖代谢的某些中间代谢物，如丙酮酸、$\alpha$ -酮戊二酸、草酰乙酸等，循糖异生途径转变为糖。

糖代谢的一些中间产物，如丙酮酸、$\alpha$ -酮戊二酸、草酰乙酸等可氨基化成某些非必需氨基酸。但必需氨基酸不能由糖转变而来，必须由食物供给。由此可见，除亮氨酸和赖氨酸外，其他氨基酸都可以转变为糖，而糖代谢的中间物只能转变为 12 种非必需氨基酸。所以，不能用糖来完全代替食物中蛋白质的供应，蛋白质在一定程度上可以代替糖。

### （三）蛋白质与脂类代谢的相互联系

无论是生糖或生酮氨基酸，其对应的 $\alpha$ -酮酸进一步代谢都会产生乙酰 CoA，然后转变为脂肪或胆固醇。此外，某些氨基酸可作为合成磷脂的原料，如丝氨酸脱羧可变为胆胺，胆胺甲基化可变为胆碱，胆碱和胆胺是卵磷脂和脑磷脂合成的原料。因此蛋白质是可以转变为脂类的。脂肪酸分解生成的乙酰 CoA 虽可进入 TCA 循环生成 $\alpha$ -酮戊二酸，进一步氨基化生成谷氨酸，实际上，单靠脂肪酸分解来合成氨基酸是极其有限的。至于脂肪水解生成的甘油，因其可以异生成糖，故和糖一样可合成某些必需氨基酸。但由于脂肪分子中甘油比例较少，所以甘油转变为氨基酸的量是很有限的。

### （四）核酸与糖、脂类和蛋白质代谢的相互联系

体内核苷酸的合成需要某些氨基酸作为原料，如嘌呤的合成需要甘氨酸、天冬氨酸、谷氨酰胺及一碳单位；嘧啶的合成需天冬氨酸、谷氨酰胺及一碳单位。合成核苷酸所需的磷酸核糖由磷酸戊糖途径提供。体内许多游离的核苷酸在代谢中起重要作用，如 ATP 是重要的能量物质，GTP 参与蛋白质的合成，UTP 参与多糖的合成，CTP 参与磷脂的合成。体内许多辅助因子含有核苷酸组分，如 CoA、FAD、FMN、$NAD^+$ 等。核

酸参与蛋白质生物合成的几乎全过程，而核酸的生物合成需要许多蛋白因子参与。糖、脂类、蛋白质、核酸代谢相互关系见图 11 - 1。

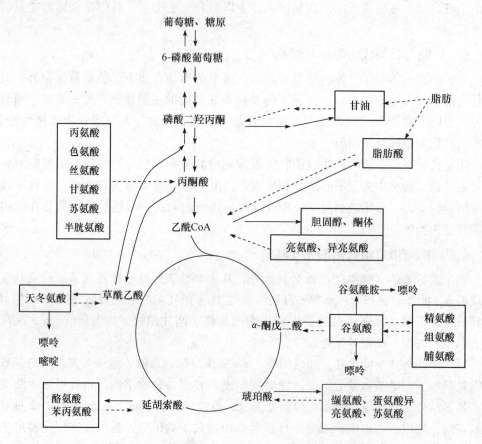

图 11 - 1　糖、脂类、蛋白质和核酸代谢的相互联系

# 第二节　代谢调控总论

　　生命之所以能够健康延续，并能适应千变万化的体内、外环境，除了具备完整的糖、脂类、蛋白质以及核酸代谢和与之偶联的能量代谢以外，机体还存在着复杂完整的代谢调节网络。人体内的代谢调节可分成细胞水平的调节、激素水平的调节及整体水平的综合调节三个不同的层次，他们之间是层层相扣，密切关联的，即后一级水平的调节往往通过前一级水平的调节发挥作用，即细胞水平调节是基础，激素往往通过细胞水平的酶进行调节，神经系统通过下丘脑促激素释放激素、脑垂体促激素与激素等来实施整体的代谢调节。

## 一、细胞或酶水平的调节

　　酶是影响物质代谢的关键因素。物质代谢在细胞水平的调节就是细胞内酶活性的调节，影响酶活性的因素有很多，就酶本身而言，影响因素主要包括酶的含量、分布、结构调节。酶在细胞内的分布是固定的，所以酶活性调节主要是酶的结构和酶的含量调节。

## （一）酶在细胞内分隔分布

细胞内有多种酶，它们分隔分布在不同的亚细胞结构中，某些催化一种物质逐级代谢的酶又往往构成多酶体系在细胞内集中分布，例如，糖酵解酶系和糖原合成、分解酶系存在于胞液中；TCA 循环酶系和脂肪酸 $\beta$ - 氧化酶系定位于线粒体；核酸合成的酶系则绝大部分集中在细胞核内。酶的隔离分布可以避免各种酶催化的代谢过程互相干扰，有利于代谢调节。

物质代谢实质上是一系列的酶促反应，代谢速度的改变常常只取决于某些甚至某个关键酶活性的变化。因此，细胞水平的代谢调节主要是通过对关键酶（或限速酶）活性的调节来实现的。按调节的快慢可分为快速调节及迟缓调节两类。快速调节是通过改变酶的分子结构，从而改变其活性来调节酶促反应的速度，在数秒及数分钟内即可发生。快速调节又分为变构调节及化学修饰调节两种。迟缓调节则通过对酶蛋白分子的合成或降解来改变细胞内酶的含量的调节，一般需数小时或几天才能实现。

## （二）酶结构的调节

### 1. 酶的别构调节

内源或外源小分子化合物能与酶分子上的非催化部位特异地结合，引起酶蛋白分子构象发生改变，从而改变酶的活性，这种现象称为别构调节。能使酶发生变构效应的物质称为变构效应剂（详见酶章节）。代谢途径中的关键酶大多是变构酶（表 11 - 1）。

表 11 - 1 糖和脂肪代谢酶系中某些变构酶及其变构效应剂

| 代谢途径 | 变构酶 | 变构激活剂 | 变构抑制剂 |
|---|---|---|---|
| 糖分解 | 己糖激酶 | AMP、ADP、FDP、Pi | G - 6 - P |
| | 磷酸果糖激酶 | FDP | ATP、柠檬酸 |
| | 丙酮酸激酶 | | ATP、乙酰 CoA |
| | 柠檬酸合成酶 | AMP | ATP、长链脂酰 CoA |
| 糖异生 | 异柠檬酸脱氢酶 | ADP、AMP | ATP |
| | 果糖 -1，6 - 二磷酸酶 | | AMP |
| | 丙酮酸羧化酶 | 乙酰 CoA、ATP | AMP |
| 脂肪酸合成 | 乙酰 CoA 羧化酶 | 柠檬酸、异柠檬酸 | 长链脂酰 CoA |

变构效应剂可以是酶的底物，也可以是酶体系的终产物或其他小分子代谢物如 ATP、ADP 和 AMP 等。酶促反应的终产物常常对酶活性有抑制作用，称为反馈抑制。变构调节在生物界普遍存在，它是人体内快速、灵敏的调节酶活性的一种重要方式。

### 2. 酶分子化学修饰调节

酶分子肽链上的某些基团可在另一种酶的催化下发生可逆的共价修饰，从而引起酶活性的改变，这种调节称为酶的化学修饰，又称共价修饰调节。主要有磷酸化和脱磷酸，乙酰化和去乙酰化，腺苷化和去腺苷化，甲基化和去甲基化以及 - SH 基

和 $-S-S-$ 基互变等，其中磷酸化和脱磷酸作用在物质代谢调节中最为常见（表 11 - 2）。

表 11 - 2　某些酶的酶促化学修饰调节

| 酶　类 | 反应类型 | 效　应 |
|---|---|---|
| 磷酸化酶 b 激酶 | 磷酸化/脱磷酸 | 激活/抑制 |
| 磷酸化酶磷酸酶 | 磷酸化/脱磷酸 | 激活/抑制 |
| 糖原合成酶 | 磷酸化/脱磷酸 | 抑制/激活 |
| 黄嘌呤氧化（脱氢）酶 | 腺苷化/脱腺苷 | 抑制/激活 |

化学修饰的酶类的绝大多数具有无活性（或低活性）和有活性（或高活性）两种形式；由不同酶催化引起的反应，迅速发生且有多级酶促级联，具有放大效应。体内关键酶的活性经变构调节与化学修饰调节两种方式，相辅相成，调节着体内正常、合适的新陈代谢速度。

### （三）酶含量的调节

酶含量的调节主要表现在对酶蛋白的合成和降解的调节。由于酶的合成和降解所需时间较长，因此酶含量调节属迟缓调节。

**1. 酶蛋白生物合成的诱导与阻遏**

使酶蛋白合成增加的作用称为诱导，引起诱导作用的物质称为诱导剂；而使酶蛋白合成减少的作用称为阻遏，引起阻遏作用的物质称为阻遏剂。酶的底物、产物、激素或药物均可以影响酶的合成。诱导剂与阻遏剂发挥作用的环节是通过转录与翻译过程，尤其是通过转录过程。

底物的诱导。底物诱导酶蛋白生物合成的例子在自然界存在相当普遍。高等动物体内，因有激素的调节，底物诱导作用不如微生物重要。

激素的诱导。激素是高等动物体内影响酶合成的最重要的调节因素。如糖皮质激素能诱导一些氨基酸分解代谢中催化起始反应作用的酶和糖异生途径关键酶的合成；而胰岛素则能诱导糖酵解和脂肪酸合成途径中关键酶的合成。长期用糖皮质激素药物的重度慢性哮喘和慢性肾性、红斑狼疮患者，体内糖异生关键酶合成与活性就偏高，促使蛋白质转化生成糖，因此常可表现出高血糖，且骨骼疏松而容易骨折、皮肤细薄、全身抵抗力降低容易感染等。

药物的诱导。很多药物和毒物可促进肝细胞微粒体中加单氧酶或其他一些药物代谢酶的诱导合成，从而促进药物本身或其他药物的氧化失活，这对防止药物或毒物的中毒和累积有着重要的意义。安眠药苯巴比妥可以诱导肝微粒体中葡萄糖醛酸转移酶的生物合成，使胆红素更容易结合葡萄糖醛酸后排泄，可用以治疗新生儿黄疸。但长期服用易产生了耐药性，服用剂量常需不断增加，乃因诱导肝中生物转化的酶合成升高。

产物的阻遏。代谢反应的终产物不但可通过变构调节直接抑制酶体系中的关键酶，有时还可阻遏这些酶的合成。例如高胆固醇可以阻遏肝中胆固醇合成中的 HMG - CoA 还原酶的生物合成。但在小肠中并无此阻遏作用，因此高脂血症，尤其是高胆固醇血症的病人还需注意减少日常饮食中胆固醇的摄入量。

**2. 酶蛋白分子降解的调节**

酶蛋白受细胞内溶酶体中蛋白酶的催化而降解。凡能改变蛋白酶活性或蛋白酶在溶酶体内分布的因素，都可间接地影响酶蛋白的降解速度。在调节酶含量方面，酶蛋白降解远不如酶蛋白诱导和与阻遏来得明显与重要。

## 二、激素和神经系统的调节

高等生物体的内分泌腺分泌的激素，通过体液运输到相应组织，作用于靶细胞，改变酶活性，调节代谢反应的方向和速度，称为激素水平调节。在中枢神经的控制下，通过释放经递质对效应器产生直接影响，或改变激素分泌，再通过各种激素的相互协调，对整体的代谢进行综合调节。因此这两种调节水平又称神经体液调节（图 11 – 2）。

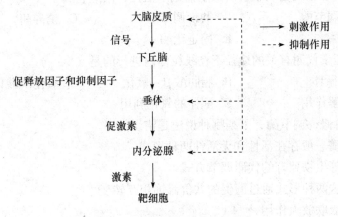

图 11 – 2　神经和体液的调节

# 本 章 小 结

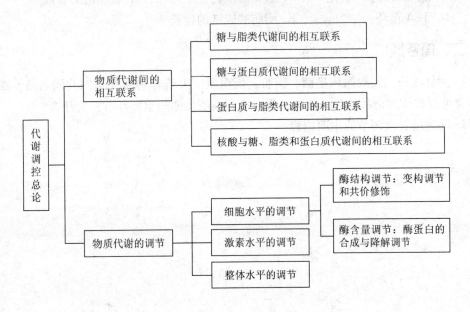

# 目标检测

## 一、单项选择题

1. 下列哪一种酶催化的反应不是限速反应 （　　　）？
   A. 丙酮酸激酶　　　　　　B. 磷酸果糖激酶　　　　　　C. 己糖激酶
   D. 磷酸丙糖异构酶　　　　E. 柠檬酸合酶

2. 磷酸化酶通过接受或脱去磷酸基而调节活性，因此它属于 （　　　）。
   A. 变构调节酶　　　　　　B. 共价调节酶　　　　　　　C. 诱导酶
   D. 同工酶　　　　　　　　E. 固定化酶

3. 下列与能量代谢有关的途径不在线粒体内进行的是 （　　　）。
   A. TCA 循环　　　　　　　B. 脂肪酸 $\beta$ - 氧化　　　　C. 氧化磷酸化
   D. 糖酵解作用　　　　　　E. 酮体的氧化利用

4. 关于共价修饰调节酶，下列哪种说法是错误的 （　　　）？
   A. 这类酶一般存在活性和无活性两种形式
   B. 是高等生物独有的代谢调节方式
   C. 酶的这两种形式通过酶促的共价修饰相互转变
   D. 伴有级联放大作用
   E. 属于快速调节的类型

5. 下面哪一项代谢是在细胞质内进行的 （　　　）？
   A. 脂肪酸的 $\beta$ - 氧化　　B. 氧化磷酸化　　　　　　C. 软脂酸的合成
   D. TCA 循环　　　　　　　E. 脂肪酸碳链的延长

## 二、简答题

1. 为什么说三羧酸循环是糖、脂肪、蛋白质三大营养物质代谢的共同通路？哪些化合物可以被认为是联系糖、脂肪、蛋白质和核酸代谢的重要环节？为什么？

2. 简述酶合成调节的主要内容。

# 第十二章 | 生物化学技术

**知识目标**

掌握膜分离技术、层析技术和电泳技术的基本概念、原理和方法；熟悉常用的透析、超滤、分配层析、凝胶层析、亲和层析、离子交换层析和区带电泳等技术；了解各类生物化学技术在药学领域中的应用。

**技能目标**

依据生化物质的理化性质，熟练选择各类生物化学技术对其进行分离、分析。

生物化学是生命科学的重要组成部分，生物化学技术是研究生物化学基本理论最重要的方法。通过生物化学技术可以了解生化物质的本质，掌握其变化规律，并可以进一步对其进行深刻分析和研究。另外，通过生物化学技术还可以对生化物质进行分离、纯化，为将来从事制药行业奠定基础。

## 第一节 膜分离技术

膜分离技术（membrane separation technique）是生物大分子分离技术中一个重要的组成部分，尤其是在生物大分子的工业生产中具有独特的作用。

膜分离技术的原理是根据被分离物质的分子大小，选择几种半透膜，使一种物质或一定大小的分子透过，而阻碍另一种或相对分子质量较大的物质透过，此法的实质是各种物质通过膜的传递速度不同而得到分离。

膜分离技术所用的膜材料为半透膜。半透膜在溶液中能迅速溶胀形成能让小于膜孔直径的小分子自由通过薄膜，具有化学稳定性和抗拉能力。不同型号的半透膜，溶胀后孔径的大小不同，可以截留不同大小的生物大分子。

膜分离技术方法主要有渗透、透析、电渗析、反渗透及超滤等。这些方法与传统的分离方法相比，具有效率高、费用低、无相的变化等优点。目前不仅用于生物大分子分离纯化过程中的浓缩、脱盐，而且也应用于基因工程产品和单克隆抗体的回收。超滤技术还可用于连续发酵和动、植物细胞的连续培养。

### 一、透析

透析（dialysis）是利用半透膜将大分子溶液中的离子和小分子物质去掉的一种方法。

## （一）原理

透析是将分子大小不同的混合物水溶液装入由半透膜制成的透析袋内，然后将透析袋口扎紧，浸入含有大量低离子强度的缓冲液或双蒸水中，依靠可透过物质浓度差的推动，使小分子物质自由地扩散透过半透膜孔进入透析外液中，大分子物质不能扩散透过膜孔而留在透析袋内，从而使混合溶液中不同大小的物质达到分离的目的。

## （二）透析膜

用于透析的半透膜通常有玻璃纸、火棉纸和其他合成材料（聚砜膜、聚甲基丙烯酸甲酯膜等），它们均可制成孔径大小不同的透析膜。

## （三）透析方法

### 1. 自由扩散透析法

根据样液的体积截取一段管状半透膜，放入蒸馏水中溶胀一段时间，在半透膜一端用透析夹夹死或用线绳捆紧制成一个盲端的圆形口袋，把样液转移到袋内，然后将袋上端用同样的方式捆紧，放入蒸馏水或低渗溶液中透析。透析袋内的溶液渗透压高，小分子可以自由扩散到低渗溶液中，大分子被阻止在袋内。当袋内的小分子与袋外小分子趋于平衡时，更换一次蒸馏水，又产生了新的渗透压差，小分子继续往外扩散，如此重复几次，就可以将大分子和小分子分离。如图 12 – 1（A）。

### 2. 搅拌透析

搅拌透析的方式与自由扩散式相似，前者在透析容器下面安装一个电磁搅拌器，透析容器内的蒸馏水在电磁搅拌的作用下，形成一个涡旋流，自由扩散出来的小分子很快被分散到整个容器中，使透析袋外周始终保持低渗状态，克服了无搅拌形成的浓度梯度大、有自由扩散以及达到的平衡时间长等不足，节省透析时间提高透析效率。如图 12 – 1（B）。

### 3. 连续流透析

连续流透析是将需要透析的样液装入透析袋内，悬挂在空中，利用重力差，透析袋内的小分子挤出透析膜外，然后通过蠕动泵将蒸馏水输送到透析袋的顶端，蒸馏水沿透析袋的四周往下淋洗，并将渗出的小分子带走。这种透析方式不但能使透析袋外周始终保持低渗状态，而且还有效地防止溶剂分子进入透析袋内，起到浓缩作用。如图 12 – 1（C）。

### 4. 反流透析

反流透析是使样液和蒸馏水在半透膜的两侧缓缓流动，两相溶液都处于动态透析状态，既有较大的透析面积，又能使膜内外的浓度差达到最大限度，提高了透析的效率。这种装置是将需要透析的样液由输液泵从膜内的底部注入，流向向上，蒸馏水从膜外的顶部注入，流向向下。使膜两侧分别形成不同流向的、不等渗的溶液，克服了透析袋内外两相溶液所形成的浓度差，极大地提高了透析的效率，但是这种透析装置操作比较麻烦。如图 12 – 1（D）。

### 5. 减压透析

减压透析是将溶胀好的透析袋上口与一个漏斗相连，透析袋的下端穿过抽滤瓶的橡皮塞孔，袋与漏斗的接口位于橡皮塞孔内，系紧，袋的下端用线绳捆紧。然后把橡皮塞将抽滤瓶口塞紧，透析袋内位于抽滤瓶中，把需要透析的样液装入漏斗中，抽真空，透析袋内的样液受负压的影响加速往外渗透，提高透析的效率。这种透析装置不但能够透析，而且还能进行浓缩。尤其适用于体积大浓度稀的样液。如图 12 - 1（E）。

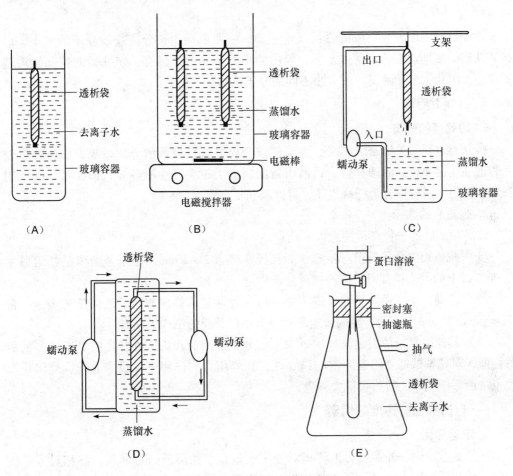

图 12 - 1　各种透析操作示意图

## （四）应用

透析常用于大分子溶液的脱盐和稀样品溶液的浓缩，也用于去除或分离小分子物质。

**知识链接**

　　人工肾是一种替代肾脏功能的装置，主要用于治疗肾衰竭和尿毒症。它将血液引出体外利用透析、过滤、吸附、膜分离等原理排除体内过剩的含氮化合物，新陈代谢产物或逾量药物等，调节电解质平衡，然后再将净化的血液引回体内。亦有利用人体的生物膜（如腹膜）进行血液净化。它是目前临床广泛应用、疗效显著的一种人工器官。

## 二、超滤

超滤（ultrafiltration）是在一定压力下，使用一种特制半透膜对混合溶液中不同溶质分子进行选择性滤过的分离方法。

### （一）原理

超滤技术的原理与一般的透析技术一样，主要依赖于被分离物质分子的大小、形状和性质的区别。在一定压力差下，膜内的小分子能通过具有一定孔径的特制膜渗透到膜外，阻止大分子通过，使大小不同的分子达到分离的目的。

### （二）超滤膜

**1. 超滤膜的分类**

膜分离过程的关键是膜本身，为了使被分离物获得较好的分离效果，膜应具有较大的透过速度和较高的选择性。目前市售的膜种类很多，性能各异，根据制造膜所用高分子材料不同可以分为纤维素膜、聚砜膜和复合膜。

**2. 超滤膜的选择**

商品超滤膜的选择必须注意以下几点。

（1）截留相对分子质量　超滤膜的孔径一般为 $2\sim20nm$，分子截留值是指阻留率达90%以上的最小被截留物质的相对分子质量。

（2）流动速率　通常用在一定压力下每分钟通过单位面积膜的液体量来表示。常用 $ml/(cm^2 \cdot min)$ 表示。膜的流速和孔径大小以及膜的结构类别有关。

（3）其他因素　使用超滤技术时除考虑分子截留值和流速外，还应具有良好的机械性能，对化学试剂和热有一定的稳定性，在静压力的作用下，膜的通透性受溶质类型及浓度影响较小，抗污染能力强等。

### （三）影响超滤速度的因素

**1. 浓差极化**

在超滤过程中，外加压力迫使相对分子质量较小的溶质通过薄膜，而相对分子质量较大的溶质截留于膜表面形成凝胶层，产生阻塞作用，使超滤速度减慢，这种现象就称为浓差极化。它是超滤速度的限速因素，克服浓差极化的主要措施有震动、搅拌、错流等，需根据实际情况灵活掌握。

**2. 压力**

超滤时应控制合适的压力，同时增大流速，这样可减小浓差极化层厚度，使溶质系数增大，而且通量也增大。

**3. 膜的吸附**

各种超滤膜对溶质分子均有不同程度的吸附能力。当溶质分子吸附在孔道壁上时，会影响孔道的有效直径，使截留率增大。此外，超滤时某些介质也可能影响膜的吸附能力，有时会使膜的吸附作用增大（如磷酸缓冲液）。

### （四）常见的几种超滤器及适用范围

根据不同的使用目的，目前生产的超滤器可分为实验用超滤器和工业用超滤器。市售的大致有四种类型：管式、中空纤维式、螺旋卷式和平板式。其中板式装置由于结构简单、适应性强、压力损失小、透过量大、清洗安装方便，目前较其他类型应用广泛。无论何种类型的膜装置，应具备的条件是：①单位体积中的膜面积尽可能大；②膜面切线方向的超滤速度相当快，以减小浓差极化现象；③保留体积和死角尽量少；④操作方便，容易拆洗。

### （五）超滤技术的应用

**1. 浓缩和脱盐**

浓缩的效果随具体样品而异。蛋白质最终浓度可达40%～50%。

**2. 分级分离**

根据被分离物质相对分子质量的大小不同，选择不同截留量的滤膜，可以将各组分分离，类似于分子筛。

---

**知识链接**

用超滤法对蛋白质或酶等相对分子质量分布较大的提取液先进行组别分离，再进行层析柱分离将会得到较满意的分离结果。在干扰素生产中，常先选择 MWCO 为 $10^5$ 的中空纤维超滤器去除细胞碎片，含干扰素的透过液再经 MWCO 为 $10^4$ 的超滤器进行纯化，其收率可达 80%～100%

---

**3. 除菌**

超滤法是一种很好的冷灭菌法，对于不能高压消毒灭菌的生化制剂的除菌尤为合适。

**4. 去热原**

对于一些相对分子质量较小的生化药物，都可用超滤的方法将热原去除。

**5. 加工细胞悬液**

在生物工程研究和生产中，往往要对细胞进行洗涤或对细胞悬液浓缩。用超滤法处理细胞不仅速度快，而且还可避免用离心法容易引起的细胞凝集。

此外超滤膜还可设计成一种酶反应器，用于酶促分解反应，使分解产物生成后立即与底物分离，以提高底物的利用率，减少酶用量，提高酶促反应的速度。

---

**课堂互动**

想一想，比较透析和超滤有何异同点？

---

# 第二节 层析技术

层析技术亦称色谱技术或层离技术等。层析分离技术是目前广泛应用于物质的分离纯化、分析鉴定最重要的方法之一，已经成为分离无机化合物、有机化合物及生物大分子等不可缺少的重要手段。

层析技术的应用范围很广，凡是溶于水和有机溶剂的分子或离子，在性质上有一定差异均可通过层析方法进行分离。分离的范围包括无机化合物（如无机盐类、无机酸类、络合物类等）、有机化合物（如烷烃类、有机酸和有机胺类、杂环类等）、生物大分子（如核酸和核苷酸类、蛋白质、酶及肽类、多糖及寡糖类、激素类等）以及活体生物（如病毒、细菌、细胞器等）。

常规的层析分离技术，是以从混合物中分离单一成分，制备一定量的产品为主，以分析鉴定化合物的性质，获得分析参数为辅。因此，通过层析方法可以对物质进行定量、定性和纯度鉴定。

层析的分类非常多，按层析的分离机制可以分为常用的吸附层析、分配层析、凝胶层析（排阻层析）、离子交换层析、亲和层析等。

## 一、分配层析

分配层析（partition chromatography）也称分配色谱。被分离组分在固定相和流动相中不断发生吸附和解吸附的作用，在移动的过程中物质在两相之间进行分配。是利用被分离物质在两相中分配系数的差异而进行分离的一种方法。

分配系数（$K$）是指分配平衡后，组分在固定相与流动相中的浓度之比。$K$ 与组分、固定相、流动相及温度有关。$K$ 值越大的组分随展开剂移动的速度越慢。如果固定相为硅胶，则极性越强的组分 $K$ 值越大，移动速度越慢。若组分固定，则展开剂的极性越强，$K$ 值越小，即极性强的展开剂的洗脱能力越强，推进组分向前移动的速度越快。

分配层析常用的载体有硅胶、硅藻土、硅镁型吸附剂与纤维素粉等。

纸层析是典型的分配层析，系统简单；操作方便。另外还有薄层层析、气相层析和液相层析等技术。

### （一）纸层析

纸层析是指以滤纸作为基质的层析。

#### 1. 原理

滤纸纤维和水有较强的亲和力，能吸收 22% 左右的水。纸层析是以滤纸纤维的结合水为固定相，以有机溶剂为流动相，当流动相沿纸经过样品时，样品点上的溶质在水和有机相之间不断进行分配，一部分样品随流动相移动，进入无溶质区，此时又重新分配，一部分溶质由流动相进入固定相（水相）。随着流动相的不断移动，各种不同的样品按其各自的分配系数不断进行分配，并沿着流动相移动，从而使物质得到分离和提纯。

#### 2. 滤纸的选择

层析用的滤纸要求均匀、厚度适当，纤维素的密度适中，具有一定的机械强度和纯度；保持纸面洁净，避免尘埃或吸附异味，不得被污染及有折痕。

#### 3. 操作

（1）点样　可用微量点样器或毛细管点样。试样应点于距纸底边约 2cm 的起点线上，每点间距 2cm 左右，点的大小一般为其直径不超过 3mm，也可点成 3mm 横的长条。

（2）展开　展开缸需预先加入足够量的展开剂，将点好样品的纸放入展开缸的展开剂中，浸入展开剂的深度为距底边 0.5 ~ 1.0cm，切勿将样点浸入展开剂中，密封缸盖，待展开至规定距离（溶剂前沿至全纸长 3/4 处），取出滤纸，用铅笔画出溶剂前沿位置（防止干燥后溶剂前沿消失）。

（3）显色和定位　干燥后的滤纸，采用先看（日光下看）、再照（紫外灯下照）、再喷（需要时喷显色剂）的步骤进行显色。注意画出斑点位置。

### （二）薄层层析

薄层层析是将细粉状的吸附剂或载体涂布于一块具有光洁表面的玻璃板、塑料片或铝基片上，形成一均匀薄层（厚度 0.25 ~ 1mm），待点样、展开后，各组分在薄层上得到彼此分离的方法。

**1. 薄层层析的优点**

薄层层析是一种微量、快速的分离分析方法，其优点主要有：①测定快速，灵敏性高，展开时间短，可供快速鉴定用；②方法简便，所用的仪器简单，不需要特殊设备；③固定相特别是流动相可选择的范围宽，有利于不同性质化合物的分离；④在同一色谱上可根据被分离化合物的性质选择不同显色剂喷雾显色，有助于定性鉴别；⑤固定相一次使用，不会被污染，样品的预处理也比较简单；⑥对被分离物质的性质（挥发性或非挥发性、极性或非极性）没有限制，故应用范围广；⑦所有被分离物质的斑点均贮存在薄层板上，可随时对谱图在相同或不同参数下重复扫描检测，得出最佳结果，并可与对照品在数据上、色谱上作对比及计算。

**2. 操作**

（1）制板　将 1 份固定相和 3 份水在研钵中向一方向研磨混合，去除表面的气泡后，倒入涂布器中，在玻板上平稳地移动涂布器进行涂布（厚度为 0.2 ~ 0.3mm），取下涂好薄层的玻板，置水平台上于室温下晾干，然后在 110℃ 烘 30min 活化，立即置于干燥器中备用。使用前应检查其均匀度（可通过透射光或反射光检视）。

固定相中需加入一定量的黏合剂，一般常用 10% ~ 15% 煅石膏（$CaSO_4 \cdot 2H_2O$ 在 140℃ 加热 4h），混匀后加水适量使用，或用羧甲基纤维素钠水溶液（0.5% ~ 0.7%）适量调成糊状，均匀涂布于薄板上。

（2）点样　样品溶液一般用乙醇、丙酮等挥发性有机溶剂制备，这样点样后溶剂能迅速挥发，减少色斑的扩散。试样液浓度约为 0.01% ~ 0.1%。用点样器点样于薄层板上，样点一般为圆点，点样基线距底边 2.0cm，样点直径为 2 ~ 4mm，点间距离约为 1.5 ~ 2.0cm，点间距离可视斑点扩散情况以不影响检出为宜。如果样品浓度较稀，点样后，吹干，再点，可反复数次至点完规定的样品溶液。点样时必须注意勿损伤薄层表面。自动点样仪可进行程序控制点样。

（3）展开　展开缸需预先用展开剂饱和，可在缸中加入足够量的展开剂，并在壁上贴两条与缸一样高、宽的滤纸条，一端浸入展开剂中，密封缸顶的盖子，使系统达到平衡。然后将点好样品的薄层板放入展开缸的展开剂中，浸入展开剂的深度为距底边 0.5 ~ 1.0cm，切勿将样点浸入展开剂中，密封缸盖，待展开至规定距离（一般为

10～15cm），取出薄层板，晾干。展开方式多为上行法，还有下行展开、双向展开、多次展开等方式。

（4）显色和定位 为了确定色斑位置，可以在日光下、紫外灯下观察色斑。如果用荧光薄层板，在紫外灯下，待测物质产生荧光淬灭，呈现的是暗斑。也可以利用喷洒显色剂的方法进行显色反应使组分显色而定位。常用的通用型显色剂有碘、硫酸溶液和荧光黄溶液等。

## 二、离子交换层析

离子交换层析（ion exchange chromatography）是根据溶液中各种带电颗粒与离子交换剂之间结和力的差异而进行分离的技术。离子交换层析是吸附、吸收、穿透、扩散、离子交换、离子亲和力等物理化学过程综合作用的结果。

### （一）原理

当溶液中存在 A、B 两种或两种以上的离子，并通过离子交换层析柱时，原来吸附在离子交换介质上的离子与溶液中高浓度的 A、B 离子发生交换作用，脱离离子交换介质，游离在流动相中，并随流动相流出。A、B 两种离子在同一溶液中溶解度不同、所带电荷不同，因此在层析柱内洗脱时的迁移速度就不同，从起始原点至 A、B 两离子的层析峰间的距离逐渐加大，最终完全分离。

### （二）离子交换层析介质

离子交换层析介质主要由惰性载体、功能基团和平衡离子组成。

载体是由高分子化合物聚合而成的球形颗粒或多糖类化合物交联而成的球形颗粒。一般应具有良好的亲水性、水不溶性、较好的化学稳定性或较多的容易被活化剂活化的基团。

平衡离子带正电荷的为阳离子交换剂，平衡离子带负电荷的为阴离子交换剂，离子交换剂是一类具有活性基团的荷电固相颗粒。

阴（阳）离子交换现象可用下式表示。

阳离子交换反应：

$$R-SO_3^- \ X^+ + Y^+ \Longleftrightarrow R-SO_3^- \ Y^+ + X^+$$

阴离子交换反应：

$$R-\overset{\overset{\displaystyle CH_3}{|}}{\underset{\underset{\displaystyle CH_3}{|}}{N}}-H^+ A^- + B^- \Longleftrightarrow R-\overset{\overset{\displaystyle CH_3}{|}}{\underset{\underset{\displaystyle CH_3}{|}}{N}}-H^+ B^- + A^-$$

式中 R 表示阴（阳）离子交换剂中大分子聚合物的主体结构（载体），$-SO_3^-$、$-N(CH_3)_2H^+$ 为离子交换剂中的功能基团，$X^+$、$A^-$ 为平衡离子，$Y^+$、$B^-$ 为交换离子。平衡离子和样品中的交换离子间的作用是由静电引力而产生的，是一个可逆的反应过程。当此反应达到动态平衡时，其平衡点随着 pH、温度、溶剂的组成及交换剂本身性质的改变而变化。

### （三）离子交换层析操作

**1. 离子交换剂的选择**

离子交换剂种类很多，实际应用中，应根据具体情况考虑下列一些因素：被分离物质带电性质；相对分子质量大小；被分离物质所处的环境，即环境中是否有其他离子存在；被分离物质的物理化学性质等。另外，交换剂母体孔径的大小会影响交换容量，因为有些功能基团在交换剂内部，大分子溶质不易接近，因此在选择交换剂时也要注意它的孔径大小。此外，还应考虑离子交换剂的功能基团。一般情况下，酸性物质用阴离子交换剂分离；碱性物质用阳离子交换剂分离。

**2. 装柱及加样**

（1）柱的装填及平衡 选择合适的层析柱，若用碱式（或酸式）滴定管代替，管底部应先用玻璃纤维填塞。将溶胀或已转型的离子交换剂与起始缓冲液混合成浆状物均匀装柱。离子交换剂的装柱与一般层析法相同，主要在装填过程中应避免引入气泡。为防止产生气泡和分层，装柱时可先加 1/3（$V/V$）的水，而后靠水的浮力加入树脂或其他交换剂，使其均匀缓慢地沉降。装柱完毕后，用水或缓冲液平衡到所需条件，如特定的 pH、离子强度等，进一步对着光检查，观察填充是否均匀，若均匀即可上样。

（2）加样 被分离物质的分离效果好坏与加样量及样品浓度有关，样品用量又取决于所选离子交换剂的交换容量。一般控制样品用量为交换容量的 10%～20%，可获得较好的分辨率。另外，样品浓度不能太高，因为有些样品中的杂质本身就是离子，会使溶液中离子强度增加，减弱样品与交换剂之间的作用。

（3）洗脱与收集 加样后，用足够量的起始缓冲液洗柱，以除去未吸附的物质，而后再进行洗脱。离子交换层析的洗脱方式多采用梯度洗脱和阶段洗脱，前者是将两种不同离子强度的缓冲溶液按线性关系比例混合，以获得离子强度的变化具有线性关系的洗脱剂，后者是采用不同离子强度的相同缓冲液进行分段洗脱。洗脱液常用部分收集器收集，根据实验目的每管收集相同毫升数，并用记录仪观察和分析流出物的分离情况，得到洗脱图谱。

（4）树脂的再生 树脂的再生是让使用过的树脂重新获得使用性能的处理过程。对使用后的树脂首先要去杂，即用大量水冲洗，以去除树脂表面和孔隙内部物理吸附的各种杂质。然后再用酸、碱处理除去与功能基团结合的杂质，使其恢复原有的静电吸附能力。树脂去杂后，为了发挥其交换性能，还要对树脂进行转型，即按照使用要求赋予平衡离子的过程。对于弱酸性树脂需用碱（NaOH）或酸（HCl）转型。对于强酸或强碱性树脂除使用碱、酸外还可以用相应的盐溶液转型。在稳定性方面，碱性树脂不及酸性树脂，在处理和再生过程中应加以注意。

## 三、凝胶层析

凝胶层析（gel chromatography）是指混合物随流动相流经装有凝胶作为固定相的层析柱时，混合物因分子大小不同而被分离的技术。因整个层析过程与过滤相似也称凝胶过滤，又由于物质在分离过程中的阻滞减速现象，也称排阻层析或称凝胶扩散层析。凝胶的每个颗粒的细微结构就如同一个筛子，小的分子可以进入凝胶网孔，而大的分子被排阻于凝胶颗粒之外，因而也称分子筛层析。

凝胶层析由于有设备简单、操作方便、不需要有机溶剂、对高分子物质有很高的分离效果和样品回收率高等优点，目前已在生物化学、分子生物学、生物医学等领域广泛使用。

### （一）原理

凝胶层析介质是一种在球内部具有大孔网状结构的凝胶微粒，当含有各种物质的样品溶液缓慢流经凝胶层析柱时，各物质在柱内同时进行着两种不同的运动：垂直向下的移动和无定向的扩散运动。每种物质的分子大小和形状各不相同，大分子物质由于直径较大，不易进入凝胶颗粒的网孔，而只能分布于颗粒间隙，所以向下移动的速度较快。小分子物质除了可以在凝胶颗粒间隙中扩散之外，还可以进入凝胶孔内，故向下移动的速度较慢。由于上述大小分子在凝胶中的分离受到多种力的相互作用，这样便使它们的层析行为也不相同。借助混合物中各物质分子大小不同，选用适当的凝胶装柱，然后用大量蒸馏水或稀溶液洗柱，相对分子质量大的物质因不能进入凝胶网孔而沿凝胶颗粒间的空隙最先流出柱外，相对分子质量小的物质因能进入网孔内，故下移速度落后于大分子物质，从而使样品中分子大小不同的物质按顺序流出柱外而得到分离。基本原理如图 12-2。

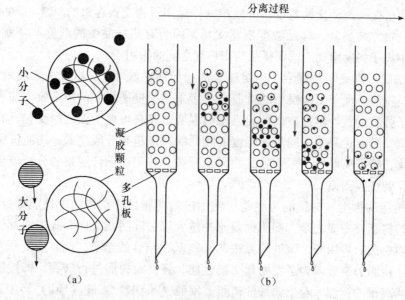

图 12-2　凝胶层析分离原理示意图

（a）表示球形分子和凝胶颗粒网状结构；

（b）分子在凝胶层析柱内的分离过程

### （二）凝胶层析的几个物理学概念

#### 1. 排阻极限

排阻极限又称排阻限，是指不能扩散进入凝胶颗粒内部的最小溶质分子的相对分子质量，即能有效地分离一定形状样品物质分子相对分子质量的最大极限，一种物质分子若其相对分子质量大于排阻极限而不能进入网孔内部，则不能有效地分离。

**2. 分级分离范围**

分级分离范围是指某种凝胶容许溶质相对分子质量在多大范围内能得到线性分离。

**3. 得水率**

得水率是指 1g 干凝胶吸收水分的克数。凝胶层析所用凝胶多以干燥方式保存，故使用前需吸水膨胀。每种凝胶由于其结构和性质不同，其得水率也不同。

**4. 床体积**

床体积为 1g 干胶吸水膨胀后所得的最后体积。

除了上述几个概念外，层析用凝胶的颗粒大小和形状以及外水体积 ($V_0$)、内水体积 ($V$) 等均在凝胶商品出厂时标明，它们与凝胶层析的分离效果有直接的关系。

---

**知识链接**

Sephadex G－50 的排阻限为 $3.0 \times 10^4$，凡相对分子质量超过 $3.0 \times 10^4$ 的样品物质都不能进入凝胶网孔内部，只能从凝胶颗粒之间的空隙流出柱外；分级分离范围为 $1.5 \times 10^3 \sim 3.0 \times 10^4$，表明相对分子质量在这一范围的物质，可在这种凝胶中得到理想分离；得水率为 $5.0 \pm 0.3g$，表示 1g 干胶膨胀时能吸收 $(5.0 \pm 0.3)$ g 水；床体积为 $9 \sim 11ml/g$ 干胶。

---

### （三）凝胶层析介质的种类

目前，常用的凝胶层析介质主要有四大类：葡聚糖凝胶、琼脂糖凝胶、聚丙烯酰胺凝胶和琼脂糖－聚丙烯酰胺凝胶。

**1. 葡聚糖凝胶**

葡聚糖凝胶又称交联葡聚糖凝胶，也是目前凝胶层析中最常用的凝胶。葡聚糖凝胶是由多聚葡聚糖与环氧氯丙烷交联而成，是一类具有网状结构的珠状凝胶颗粒。其孔径大小可以通过调节葡聚糖与交联剂的配比及反应条件来控制，交联度越大，孔径越小。

**2. 聚丙烯酰胺凝胶**

聚丙烯酰胺凝胶是一种全化学合成的人工凝胶，它由单体丙烯酰胺合成线状多聚物，再与交联剂次甲基双丙烯酰胺通过自由基引发聚合反应形成聚丙烯酰胺，聚合过程中可适当控制单体用量和交联剂的比例，从而得到不同类型和不同特征的聚丙酰胺凝胶。

**3. 琼脂糖凝胶**

琼脂糖凝胶是一种大孔凝胶，相对分子质量分离范围远大于葡聚糖凝胶和聚丙烯酰胺凝胶，主要用于分离相对分子质量 400kD 以上的生物大分子。琼脂糖凝胶是一种天然凝胶，在交联时无需化学交联剂，化学稳定性较差，一般只能在 pH 4～9 范围内使用。

**4. 琼脂糖－聚丙烯酰胺凝胶**

琼脂糖－聚丙烯酰胺凝胶是由琼脂糖和聚丙烯酰胺按不同比例制成的混合凝胶，此类凝胶刚性好，孔径大，适合于生物大分子的分离。

### （四）凝胶层析的操作

**1. 凝胶的选择**

凝胶层析效果的好坏，关键性的因素是根据样品的性质和种类选择合适的凝胶。大部分凝胶层析有两个目的：分组分离和分级分离。

分组分离的目的是将样品混合物按它们相对分子质量大小分为大分子和小分子，小分子物质可自由地进出凝胶孔内部，而大分子则完全被排阻。

分级分离是将多组分的混合样品中，一组相对分子质量相近的物质分离开。常常选用排阻极限略大于样品中最高相对分子质量的凝胶。

**2. 凝胶柱的装填**

装柱是凝胶层析中极为关键的一个操作步骤。为了避免装柱过程中产生气流、形成界面以及装填不均匀等现象，一般应将层析柱垂直安装在无直接光照和无空气对流处，并在柱底部出口和各接口处事先通入洗脱剂去除气泡，而后将配制成适当黏稠度的凝胶悬浮液一次倾入层析柱内，开启柱下面的出口开关，流出液体，使凝胶自然下沉。在进胶过程中，要控制流速稳定，胶下沉需连续、均匀。

对装填好的凝胶柱，应在凝胶面上加盖一片滤纸，以防加样过快冲动胶面，引起区带扩散，分辨率下降。

**3. 加样**

凝胶层析的上样量与床体积有关，分级分离时上样量一般为床体积的 1%～5%，组别分离时样品用量可以增加。

加样时通常采用直接法，即将已平衡好的层析床表面的液体流至凝胶面（注意不能流干）或用吸管将胶面上的液体吸至距床面 2mm 处。检查床表面平整后，用滴管将已准备好的样品沿管壁轻轻加入。样品加完后，打开出口，让样品慢慢渗入凝胶内，距床面 1mm 时，关闭下出口，用少量相同洗脱液清洗表面几次，使样品尽可能全部进入凝胶内（尽可能不稀释样品），之后接通恒压洗脱瓶开始层析。

**4. 洗脱与收集**

和其他层析法相同，洗脱时要控制适当的流速。流速与操作压及所选凝胶的型号有关。

洗脱液应与平衡液一致，否则会使凝胶体积发生改变，影响分离效果。洗脱液的收集多采用部分收集器，并用记录仪观察和分析流出物的分离情况，得到洗脱图谱。

**5. 凝胶的再生与保养**

凝胶层析所用凝胶不会与溶质发生任何作用，每次使用之后只需稍加平衡即可进行下一次层析。但大多数凝胶属于多糖类物质，极易被微生物污染，尤其在夏季，由于微生物的生长，会影响被分离物的层析性质，产生降解物，引起不完全的洗脱，所以在实际操作中常加防腐剂以抑制微生物的生长。

如果是经常使用的凝胶，则可在防腐剂存在下以湿态保存，不需干燥。如需进行干燥保存，先将凝胶水洗滤干，而后依次加入 50%、70%、90%、95% 的乙醇逐步脱水，平衡至乙醇浓度达 90% 以上，抽滤。再用乙醚洗去乙醇，抽滤，干燥后保存。

### 四、亲和层析

亲和层析（affinity chromatography）是根据流动相中的生物大分子与固定相表面偶联的特异性配基发生亲和作用，有选择吸附溶液中的溶质而进行的层析分离方法。与其他类型的层析技术有所不同，它是在一种特制的具有专一性吸附能力的吸附剂上进行的层析。

在生物体内许多生物大分子具有与其结构相对应的专一分子可逆结合的特性，如酶与底物或抑制剂、抗体与抗原、激素与其受体、RNA 与其互补的 DNA 等。这种结合往往是专一的，而且是可逆的，生物分子间的这种能力称为亲和力。亲和层析方法就是利用分子间这种亲和吸附和解析的原理建立和发展起来的。

由于亲和层析中使用的亲和吸附剂亲和力大、专一性强，因此只要通过较简单的步骤，即可达到预期的分离效果。

#### （一）原理

利用亲和层析技术分离某一生物大分子时，首先必须寻找能被该分子识别和可逆结合的生物专一性物质，此物质称为配基。其次要把配基结合到层析介质，此层析介质称为载体。最后把固定化配基填充在层析柱内做成亲和柱，使欲分离的物质混合物流经亲和柱。混合物中只有能与配基专一性结合形成络合物的分子被吸附，不能被结合的杂质则直接流出，通过更换洗脱液的方法，促使被吸附物从配基上解吸下柱，从而获得亲和物。亲和层析的基本过程如图 12 – 3。

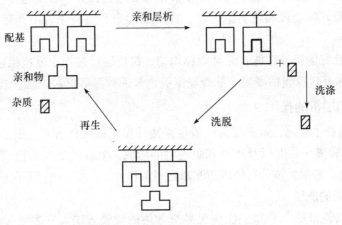

图 12 – 3　亲和层析基本过程示意图

#### （二）亲和介质的制备

**1. 配基的选择**

在亲和层析中，分离生物大分子的配基必须具备下列条件。

（1）配基必须有适当的化学基团能与活化剂的活化基团发生偶联作用，以便使载体得到较高的偶联率，偶联后不致影响配基和被分离生物大分子的专一结合特性。

（2）配基必须能与被分离物质容易发生亲和作用，且专一性要强，以便更有效地分离目标产物。

（3）配基与生物大分子结合后，在一定条件下能够被解吸附，且不破坏生物大分子的生物活性和理化性质。

（4）若分离物质是生物分子，尽量选择相对分子质量较大的化合物作为配基，以减少在分离过程中的空间阻碍。

常用的配基有：①有机小分子类，主要有苯基类、烷基类、氨基酸类、核苷酸类等；②生物大分子类，主要有酶类、抑制剂类、蛋白质类、抗原抗体类等；③染料，主要有蓝色葡聚糖、荧光染料等。

**课堂互动**

纯化酶、激素、核酸、抗原或抗体、细胞等物质时可选择什么样的配基来进行亲和层析？

### 2. 载体的选择

亲和层析的载体一般是凝胶类层析介质。一般比较理想的亲和层析介质的载体应具备以下特性。

（1）载体应是惰性的，尽量减少物理吸附和离子交换等非专一性吸附。

（2）载体上必须有足够数量的可活化的化学基因，这些可活化的基因应能在较温和的条件下与大量配基偶联。

（3）具有多孔的立体网状结构，能使被亲和吸附的大分子自由通过。

（4）具有较好的物理和化学稳定性，在一般的亲和层析条件下，载体的结构不会破坏。

（5）具有良好的机械性能，并且颗粒均匀，保持层析过程中流速稳定。

常用的载体有：琼脂糖凝胶、葡聚糖凝胶、聚丙烯酰胺凝胶、多孔玻璃珠等。

### （三）亲和层析的操作

同其他层析技术相同，亲和层析一般也采用柱层析的操作方式。所选平衡缓冲液应具有合适的 pH 和离子强度以利于亲和吸附物的形成。上样时要在低温（4℃）下进行，流速要尽可能慢。应根据被分离物质与配基之间亲和力的大小，选择不同的洗脱方法。

### 1. 亲和层析的洗脱

（1）非专一性洗脱　非专一性洗脱是最常用的洗脱方法。它主要靠改变缓冲液的pH、离子强度、介电常数或温度等方法，使固定在配基上的亲和物的构象发生改变，降低其亲和力，将被亲和物从配基上洗脱下来，达到纯化的目的。在非专一性洗脱中，使用较多的是改变溶液的离子强度。例如在洗脱液中加入氯化钠，以提高溶液的离子强度，可使某些被吸附物比较容易地洗脱下来。

在亲和层析中，有些洗脱剂中的某一组分可能会和固定配基形成复合物，因而使配基对相应的生物大分子的亲和力降低，最后被从亲和吸附剂上洗脱下来。这时非专一性洗脱剂的作用不再是使被分离的生物大分子的构象发生变化，而是靠配基与非目的物之间形成复合物而进行洗脱的。

（2）专一性洗脱　当所用配基带有电荷或配基本身对几种生物大分子都具有亲和力时，非专一性洗脱就难以奏效。因为配基上带有电荷，会使待分离的生物大分子和被吸附的杂蛋白同时被洗脱下来。当配基对被分离混合物中的几种大分子的亲和力均相近时，即使用非专一的梯度洗脱也难将它们分离。但选用专一性的洗脱剂，可以只解吸待分离的生物大分子。

**2. 亲和吸附剂的再生**

已使用过的亲和吸附剂必须经过再生处理，除去非专一性吸附的杂质才能重复使用。通常，每次层析之后应用 2 ~ 6mol/L 尿素溶液洗涤层析柱。有时也加入适量的二甲基甲酰胺、链霉蛋白酶以恢复亲和吸附剂的吸附容量。如果每次层析以后，层析柱都经过适当的再生处理，则可使层析柱的寿命大大延长。

# 第三节 电泳技术

电泳技术就是各种带电粒子在电场作用下，向着与其电性相反的电极方向移动，从而得到分离的实验技术。生物大分子在电场中移动的速度决定于它的分子形状、相对分子质量大小、分子的带电性质及数目，还与分离介质的阻力、溶液黏度及电场强度等因素有关。

电泳技术已经成为生物化学、分子生物学、医学、药学等多种学科进行分析鉴定必不可少的一门技术。

## 一、区带电泳

区带电泳（zone electrophoresis）是指电泳过程中，不同的离子成分在均一的缓冲溶液体系中分离成独立的区带，可用染色法显示出来。

区带电泳是用固体做支持介质的电泳，所需样品少、分辨率高、设备简单，减少了扩散和对流，也可分离小分子物质，是目前应用最广的电泳技术。

按支持介质的不同可分为：纸电泳、醋酸纤维素薄膜电泳、琼脂糖凝胶电泳和聚丙烯酰胺凝胶电泳等。

**知识链接**

凝胶电泳有分子筛和电荷效应双重性质，大大提高了分辨率，因此在凝胶电泳基础上建立了测定分子量的 SDS - 凝胶电泳、测定蛋白质等电点的等电聚焦电泳；凝胶电泳与免疫学方法相结合建立了免疫电泳，可用于抗原、抗体的定性及纯度测定；凝胶电泳与膜转移相结合的印迹术，近年来发展极为迅速，在方法学和印迹类型上都有很大发展。

**（一）原理**

不同带电颗粒，因其所带电荷的性质和多少、形状和大小等差异，使其在同一电场强度、相同的支持介质和缓冲液的条件下，各自的泳动速度不同，从而使各种不同的带电颗粒分离。带电颗粒的泳动速度用迁移率（mobility）表示。迁移率为带电颗粒在单位电场强度下的泳动速度。

$$m = \frac{v}{E} = \frac{d/t}{V/l} = \frac{dl}{Vt}$$

式中：$m$ 为迁移率，$cm^2/(V \cdot s)$；$v$ 为带电颗粒的泳动速度，$cm/s$；$E$ 为电场强度，$V/cm$；$d$ 为带电颗粒的泳动距离，$cm$；$l$ 为支持介质的有效长度，$cm$；$V$ 为实际电压，$V$；$t$ 为通电时间，$s$。

影响迁移率的因素如下。

（1）带电颗粒的电荷数、分子大小和形状　一般颗粒的净电荷数越高、半径越小、形状越接近球形，其电泳速度就越快；反之，就越慢。

（2）电场强度　电场强度越高，电泳速度就越快；反之，就越慢。

（3）溶液性质　溶液性质包括 pH、离子强度和黏度。溶液的 pH 影响带电颗粒的解离程度。如蛋白质 pH 离其等电点越远，电泳速度越快；反之，就越慢。离子强度过高，降低颗粒的电泳度；离子强度过低，降低了缓冲液的缓冲能力。溶液的黏度越高，电泳速度就越慢；反之，就越快。

（4）支持介质　支持介质不是惰性物质时，会发生电渗现象。当颗粒的泳动方向与电渗方向相同时，电泳速度加快；反之，减慢。凝胶介质具有分子筛效应，筛孔大的电泳速度快；反之，减慢。

除上述因素外，还应考虑温度和仪器的影响。

### （二）纸电泳法

纸电泳法是以滤纸为支持介质的区带电泳。

#### 1. 仪器装置

纸电泳仪包括：直流电源和电泳槽两部分。常压电泳一般为 100 ~ 500V，分离时间长，从数小时到数天，多用于分离大分子物质；高压电泳一般为 500 ~ 10 000V，电泳时间短，有时只需几分钟，多用于分离小分子物质。电泳槽可根据要求自制或购买，有水平式、悬架式和连续式等类型，要求能控制溶液的流动，能防止滤纸中液体由于通电发热而蒸发。常用的为水平式电泳槽，其装置见图 12 - 4。

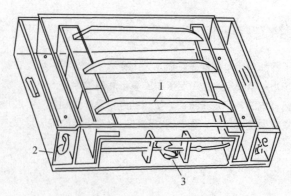

图 12 - 4　水平式电泳槽
1 - 滤纸架；2 - 电极；3 - 活塞

#### 2. 操作方法

（1）配制缓冲液　根据待测样品的理化性质选择 pH 和离子强度合适的缓冲液。电泳时加入两槽中缓冲液应一致，保持两槽的水平液面相同。

（2）滤纸 滤纸要求纸质均匀，吸附力小，否则会造成电场强度不均匀，区带不整齐。一般选用国产新华层析滤纸直接使用。将选择好的滤纸根据实验要求和电泳槽大小，裁成适当长度的条状或长方形。条状滤纸一般每条点一个样品；长方形滤纸，根据其宽度可点若干样品，点样间距为 2.5 ~ 3cm。

（3）点样 有湿法和干法两种点样方法。

湿法点样是将裁好的滤纸全部放入电泳缓冲液润湿后，用镊子取出，将其夹在干净的干燥滤纸中，吸干后平放在滤纸架上，使起始线靠近阴极端，然后将滤纸的两端浸入缓冲液中，在标记处点样。样品可点成长条形或圆点状，长条形分离效果好。但样品量少时，点成圆点比较集中，便于显色。双向电泳必须点成圆形。定量分析时，点样量必须准确。一般可用微量注射器，整个点样操作要快，点完立即开启电源，以防止样品扩散。

干法点样是将样品直接点在滤纸的标记处，第一次样品晾干或冷风吹干后，再点第二次，直到全部点完。点样后，将滤纸两端浸入缓冲液中浸润至距样品数厘米处，立即取出，让缓冲液扩散至点样处，将滤纸置于支架上电泳。

干法点样可起到浓缩作用，适用于浓度低的样品，但易损伤滤纸，不适用于不稳定的样品。湿法点样可保持样品的自然状态，但浓度要高。

点样量随滤纸的厚度、点样宽度、样品溶解度和检测方法的不同变化，过多易产生拖尾，过少不易检测。

点样位置，对未知物，初次实验时，应将样品点在纸中央，观察区带向两极移动的方向；对已知物根据样品性质，确定点样位置。

（4）电泳 点样完后，接通电源稳压档，开启电源，根据滤纸有效长度计算电压梯度，并调整电压在规定的范围内保持稳定。经电泳一段时间（一般应使圆点移动 6 ~ 8cm）切断电源，立即连同支架取出滤纸，水平放置，用冷风吹干或烘干，使被分离的组分固定在滤纸上。

（5）染色或显色 根据被测组分的性质可用紫外灯检测或用特定的显色剂显色，对成分不明、不能确定适当的显色剂时，用碘蒸气显色了解区带位置，进行检测。

**（三）醋酸纤维素薄膜电泳**

醋酸纤维素薄膜电泳是以醋酸纤维素薄膜为支持介质的，该膜具有均一的泡沫状的结构，有强渗透性，对样品吸附力小，亲水性小，因此，比纸电泳样品量少、时间短、分离效果好、灵敏度高、对样品无拖尾和吸附现象。该法已用于血液制品的检测。

**1. 仪器装置**

醋酸纤维素薄膜电泳装置见图 12-5，其电泳槽和直流电源与纸电泳法相同。

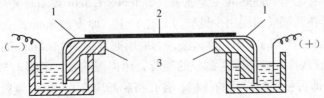

图 12-5 醋酸纤维薄膜电泳装置示意图

1-滤纸桥；2-醋酸纤维薄膜；3-电泳槽支架

**2. 操作方法**

（1）醋酸纤维素薄膜　将醋酸纤维素薄膜裁好（一般为2cm×8cm），把粗糙面朝下，浸入巴比妥缓冲液中，使其漂浮于液面，若膜条迅速润湿，整条薄膜色泽一致，表示质地均匀，可供实验用。若薄膜薄厚不匀，电泳后区带扭曲不齐，界限不清，使结果难于重复。将选好的薄膜用镊子轻压，使其全部浸润缓冲液，约20min后取出，夹在清洁的普通滤纸中，轻轻吸去多余的缓冲液，将膜条粗糙面朝上，备用。市售的醋酸纤维素薄膜一般为长度约8cm的薄膜。

（2）滤纸桥　取普通滤纸，裁剪成大小合适的长条，取双层滤纸二条，经缓冲液浸润后（驱除滤纸间的气泡，以免干扰电泳），分别附着在电泳槽两侧的支架上，使其一端与支架的前沿对齐，与醋酸纤维素薄膜相连，另一端浸入电板槽的缓冲液内。电泳时，通过滤纸桥使醋酸纤维素薄膜与缓冲液相连。

（3）点样　将处理好的薄膜粗糙面朝上，架于电泳槽支架上，两端搭在滤纸桥上。根据样品性质点样，一般蛋白质在负极端2cm处点样。点样量不宜过大，且用条状点样法（醋酸纤维素薄膜吸水性较差）。条状点样的好坏是获得清晰区带的电泳图谱的重要环节。

（4）电泳　点样后立即盖好电泳槽盖，打开电源，调节电压和电流强度，至区带的展开距离约4cm，停止电泳。

由于醋酸纤维素薄膜的亲水性比滤纸小，所容纳的缓冲液较少，因此，电流的大部分通过样品传导，样品分离速度快，但同时产生更多的热使样品蒸发。

（5）染色与透明　电泳后，取出膜条浸入染色液（氨基黑B或考马斯亮蓝）中，2~3min后，用漂洗液浸洗数次，直至脱去底色。将漂洗干净的薄膜吹干，浸入用冰醋酸–无水乙醇（25∶75）制成的透明液中浸泡10~15min，取出平铺在洁净的玻璃板上，干后即成透明的薄膜，可于分光光度计上测量和做标本长期保存。

**（四）琼脂糖凝胶电泳法**

以琼脂糖凝胶为支持介质的为琼脂糖凝胶电泳法。除电荷效应外，还有分子筛效应，可根据被分离物质的形状和大小不同进行分离，大大提高了分辨率。已成为生命科学和基因工程中研究核酸、蛋白质等生物大分子的一项重要技术。

**1. 仪器装置**

其电泳槽和直流电源与纸电泳法相同。

**2. 操作方法**

（1）凝胶板的制备　根据所需的琼脂糖凝胶的浓度，称取适量，先加少量水或缓冲液，迅速加热至约90℃，使琼脂糖全部熔化至对光看不到胶液中闪亮的小碎片。将熔化的胶液冷却至60℃，趁热灌注于玻板（2.5cm×7.5cm或4cm×9cm，用胶带封住边缘）或胶膜（在两端或四周用少量胶液封住）上，厚度约3mm，立即将样品孔模板（俗称样品梳）插在胶膜的一端，梳齿必须与胶膜底部保持1~2mm的距离，室温放置15~20min后，胶液冷却成凝胶（制成的凝胶，用肉眼检视，不得有气泡）。使用前轻轻拔下样品梳，即可见到加样用的孔格，各孔格底部应有1~2mm凝胶，保持样品不会泄漏。

（2）点样　将制好的凝胶板通过滤纸桥与缓冲液相连，或将琼脂糖凝胶板放入电泳槽中，加入浸过胶面约 1mm 的电泳缓冲液，用微量注射器在凝胶板上负极端直接点样或加至样品孔内（约 1μl）。

（3）电泳　点样完后，立即接通电源，根据样品的性质，调节电位梯度进行电泳（玻璃板电泳前撕去胶带）。

（4）染色　根据样品的性质选择不同的染色剂。蛋白质类用考马斯亮蓝，黏多糖类用甲苯胺蓝，核酸和脱氧核糖核酸用溴化乙啶。

### （五）聚丙烯酰胺凝胶电泳

聚丙烯酰胺凝胶电泳（PAGE）根据电泳时缓冲液的组成、pH 和凝胶浓度，可分为连续凝胶和不连续凝胶。连续凝胶是指用的缓冲液组成、pH 和凝胶孔径均相同的电泳分离系统。一般只用于分离组成比较简单的样品（无浓缩效应）。不连续凝胶，又称园盘电泳，是指在电泳系统中使用了两种或两种以上不同的缓冲液和不同的凝胶浓度。电泳时，使样品（特别是稀浓度样品）在浓缩胶和分离胶两种不连续的界面先浓缩成一窄的起始带，待进入分离胶时，再根据分子大小和电荷效应分离得到窄的分离区带，此法的分离效果好，分辨率高。

**1. 仪器装置**

通常用稳流电泳仪和圆盘电泳槽（用稳流档）或垂直平板电泳槽（用稳压档），其电泳室有上、下两槽，每个槽中都有固定的铂电极，铂电极经隔离电线接于电泳仪稳流档上。

**2. 凝胶的配制**

根据样品的性质配制浓度不同的凝胶。一般先将丙烯酰胺和交联剂亚甲基双丙烯酰胺配成储备液，再按不同比例配成浓度不同的分离胶（浓度为 4%）。在不连续电泳时，还需制备浓缩胶（浓度为 7.5% ~ 20%）。

**3. 制胶**

将配好的分离胶立即用长的细滴管或带有粗针头的注射器，加到洁净、干燥的玻璃管或电泳玻璃板间的空隙中，加胶时应尽量将滴管头或针头插入底部，并沿壁注入胶液至高约 6 ~ 7cm，注意在注胶时避免产生气泡。然后用带针头的注射器沿壁在胶液的顶端加水（防止氧进入胶液影响聚合；消除凝胶液层表面的弯月面）至高出胶面 5mm 左右，加水时注意防止水与胶液混合，切忌加水时呈滴状坠入胶液，使胶液的顶部浓度变稀而改变凝胶孔径或凝聚不良造成表面不平，最终影响电泳的分辨率和区带形状。当第二次出现两液层界面，说明凝胶已聚合。聚合反应一般控制在 30 ~ 60min，再静置 30min 使聚合完全，吸去顶部水层，再用滤纸吸去残留水，并加水洗涤凝胶表面 2 ~ 3 次，除去未聚合的丙烯酰胺。

将浓缩胶按加分离胶的方法在分离胶的顶部加入高约 1cm 的胶层，再按上法覆盖水层，至两液层间再次出现界面时，表示凝胶已聚合，放置 20min。如为平板电泳，在加浓缩胶到达凹型玻板的顶部，将梳子小心插入未聚合的浓缩凝胶，室温放置约 40min，当在梳齿附近的凝胶呈现光线折射的波纹时，聚合反应已完成。

**4. 安装凝胶管（或凝胶板）**

园盘管状电泳，选择透明无气泡的凝胶管，通过橡胶塞插入上槽底板的各圆孔中，然后将凝胶管末端的胶塞除去，滴加电极缓冲液，使凝胶管底部充满缓冲液（不能有气泡）。先在下槽加入缓冲液，然后将装好凝胶管的上槽放入下槽上。吸去各凝胶管覆盖的水层，并加电极缓冲液至管口，再在上槽加电极缓冲液至液面高于玻璃管约1cm左右。垂直平板电泳，待浓缩胶凝固后，将凝胶板移至电泳槽中，在内外（或上下）电泳槽中加入电极缓冲液，确保凝胶的上部和底部都浸在缓冲液中。小心拔出梳子，用电泳缓冲液或水洗样品孔，并检查加样孔是否有气泡或损坏，黏附在凝胶上的气泡应除尽，保证电流畅通。

**5. 加样**

一般将样品制成1mg/ml的溶液。配制样品的缓冲液（可加入20%的蔗糖或10%的甘油），连续电泳用稀释约10倍的缓冲液，不连续电泳用稀释后的浓缩胶缓冲液。样品溶液必要时可用离心除去不溶物。用硫酸铵盐析或用高盐溶液从柱层析中洗脱的样品要先透析或经交换树脂脱盐，否则电泳区带变形，界面不清。

用微量注射器的针头穿过覆盖在胶面的缓冲液，在靠胶面的顶部加入配好的样品液。样品数较少时，在多余的样品孔加入样品缓冲液（放置邻近带的扩散，同时可做对照）。圆盘电泳每管加样 $5\sim100\mu l$，垂直平板电泳加样一般为 $5\sim10\mu l$。连续电泳加样孔厚度一般不超过 $2\sim3mm$。

**6. 电泳**

接通电源，圆盘电泳在指示染料未进入凝胶前，调节电流为 $1\sim3mA$/管，待色带进入胶面后，增大电流至 $3\sim5mA$/管，一般应维持 $4mA$/管。当指示染料移至玻璃管底部约1cm处，关闭电源。垂直平板电泳，初始电压为80V，代进入凝胶时调至 $150\sim200V$，当标志指示剂移至底部约5mm处关闭电源。

**7. 取胶**

管状凝胶可用带长针头的注射器吸满水，将针头插入凝胶管壁间，边慢慢旋转玻璃管边推压注水，靠水流压力和润滑力将凝胶从玻璃管中挤出。凝胶浓度高时，用10%的甘油水溶液代替水按上法操作。垂直平板电泳，取出凝胶板，轻轻撬开凝胶两边的玻板，使胶黏附在一块玻板上，再戴手套把胶移到固定液（考马斯亮蓝染色法用7%乙酸或12.5%三氯乙酸；银染色法用50%甲醇或加甲醛的甲醇液）或染色液（考马斯亮蓝染色法或银染色法）中。

**8. 固定、染色和脱色**

固定的目的是防止凝胶中分离的物质扩散。染色（常用考马斯亮蓝染色法）是检验区带的关键步骤，染色时选用的染料必须与被测物质专一性结合。将胶条浸入稀染色液过夜或用染色液浸泡 $10\sim30min$，以水漂洗干净，再用脱色液脱至无蛋白区带凝胶的底色透明。固定液、染色液和脱色液的配制方法很多，根据情况选用。固定和染色时间的长短取决于凝胶的孔径和厚度，一般固定时间可以长一些，但染色的时间不宜过长，否则脱色时间延长。若脱色后发现染色不完全，可重新染色或经甲醇漂洗后改用灵敏度较高的银染色法。银染色法适用于微量样品的分析。

## 二、其他电泳

### （一）毛细管电泳法

毛细管电泳法又称高效毛细管电泳法（high performance capillary electrophoresis,

HPCE）。HPCE 是近年来发展最为迅速的分离分析技术之一。它兼有 CE 的高速、高分辨率和 HPLC 的高效率，广泛应用于离子型生物大分子的分析、DNA 序列和 DNA 合成中产物纯度的测定、单个细胞和病毒的分析、中性化合物的分析等。

HPCE 具有高效、快速、分离模式多，选择自由度大、分析对象广，具有"万能"分析功能、自动化程度高、样品用量少、无污染等优点。主要缺点为制备能力低、要求检测器灵敏度高、填充柱需要专门的技术、管壁对样品的作用容易被放大、需控制电渗现象等。

### （二）等电聚焦电泳法

等电聚焦（isoelectric focusing，IEF）是一种高分辨率的蛋白质分离和分析技术。它是利用蛋白质分子或其他两性电解质分子具有不同的等电点，从而在一个稳定、连续、线性的 pH 梯度中得到分离。

等电聚焦分辨率高、重复性好、样品容量大，只需要一般电泳设备，操作简单快捷，应用较广泛。

## 本 章 小 结

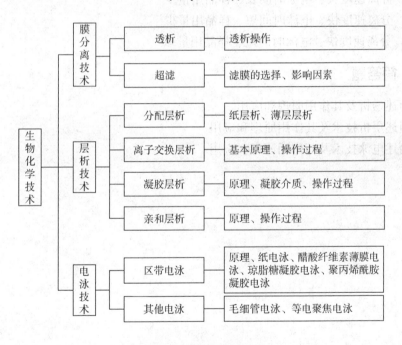

## 目标检测

### 一、单项选择题

1. 关于膜分离技术说法正确的是（    ）。

   A. 膜分离技术是利用膜的孔径大小以及膜表面的特性来进行分离的技术

   B. 膜分离技术仅以膜孔径大小为通用指标

C. 膜分离技术只有透析和超滤两种类型

D. 膜分离技术只能分离一定范围相对分子质量的分子

2. 根据被分离物在固定相和流动相中的不断的吸附和解吸附，在两相中的分配系数差异来进行分离的层析技术是（    ）。

A. 吸附层析　　　　B. 分配层析　　　　C. 凝胶层析　　　　D. 离子交换层析

3. 属于专一性吸附能力进行层析的技术是（    ）。

A. 分配层析　　　　B. 离子交换层析　　C. 凝胶层析　　　　D. 亲和层析

4. 电泳时 pH、颗粒所带电荷和电泳速度的关系，下列描述正确的是（    ）。

A. pH 离等电点越远，颗粒所带电荷越多，电泳速度也越慢

B. pH 离等电点越近，颗粒所带电荷越多，电泳速度也越快

C. pH 离等电点越远，颗粒所带电荷越少，电泳速度也越快

D. pH 离等电点越远，颗粒所带电荷越多，电泳速度也越快

5. 醋酸纤维素薄膜电泳的特点是（    ）。

A. 分离速度慢、电泳时间短、样品用量少

B. 分离速度快、电泳时间长、样品用量少

C. 分离速度快、电泳时间短、样品用量少

D. 分离速度快、电泳时间短、样品用量多

## 二、简答题

1. 简述透析及其作用原理和应用。

2. 简述层析技术及其作用原理和应用。

3. 简述电泳技术及其作用原理和应用。

参考答案

## 第一章

**一、单项选择题**

C C B D E

## 第二章

**一、单项选择题**

D C A A A B B D B

## 第三章

**一、单项选择题**

C B B B C

## 第四章

**一、单项选择题**

C C E C C B C B D D E C A A C

## 第五章

**一、单项选择题**

D B D A D A C A A

## 第六章

**一、单项选择题**

C A D D B A C

# 第七章

一、单项选择题

E D C D B E B A D C

# 第八章

一、单项选择题

C C C B A A C D B E

# 第九章

一、单项选择题

C C C D D

# 第十章

一、单项选择题

A C A D C A B B A A

# 第十一章

一、单项选择题

D B D B C

# 第十二章

一、单项选择题

A B D D C

# 参 考 文 献

[1] 王镜岩. 生物化学 [M]. 第3版. 北京：高等教育出版社，2002.

[2] 黄纯. 生物化学 [M]. 第2版. 北京：科学出版社，2009.

[3] 查锡良. 生物化学 [M]. 第7版. 北京：人民卫生出版社，2009.

[4] 吴梧桐. 生物化学 [M]. 第6版. 北京：人民卫生出版社，2010.

[5] 贾弘褆. 生物化学 [M]. 第3版. 北京：人民卫生出版社，2007.

[6] 陈电容. 生物化学与生化药品 [M]. 郑州：河南科学技术出版社，2007.

[7] 周爱儒. 生物化学 [M]. 第6版. 北京：人民卫生出版社，2004.

[8] 王易振. 生物化学 [M]. 北京：人民卫生出版社，2009.

[9] 张景海. 生物化学实验 [M]. 北京：中国医药科技出版社，2006.

[10] 陈辉. 生物化学基础 [M]. 北京：高等教育出版社，2010.

[11] 周克元，罗德生. 生物化学 [M]. 第2版. 北京：科学出版社，2010.

[12] T. M. 德夫林，等. 生物化学——基础理论与临床 [M]. 第6版. 北京：科学出版社，2008.

[13] 金丽琴. 生物化学 [M]. 杭州：浙江大学出版社，2007.

[14] 陈明雄. 生物化学 [M]. 北京：中国医药科技出版社，2009.

[15] 许激扬. 生物化学实验与指导 [M]. 北京：中国医药科技出版社，2009.

[16] 姚文兵. 生物化学 [M]. 北京：人民卫生出版社，2011.

[17] 张洪渊，万海清. 生物化学 [M]. 北京：化学工业出版社，2006.

[18] 张云贵，刘祥云，李天俊. 生物化学实验指导 [M]. 天津：天津科学技术出版社，2005.

[19] 陈电容，朱照静. 生物制药工艺学 [M]. 北京：人民卫生出版社，2009.

[20] 周先碗，胡晓倩. 生物化学仪器分析与实验技术 [M]. 北京：化学工业出版社，2003.

[21] 盛龙生，何丽一，等. 药物分析 [M]. 北京：化学工业出版社，2003.

[22] 林元藻，王凤山，王转花. 生化制药学 [M]. 北京：人民卫生出版社，1998.

[23] 吴梧桐. 生物制药工艺学 [M]. 北京：中国医药科技出版社，1993.

[24] 郝乾坤，郑里翔. 生物化学 [M]. 西安：第四军医大学出版社，2011.

[25] 陈芬，徐固华. 生物化学与技术 [M]. 武汉：华中科技大学出版社，2010.